Report on China Urban Underground Pipeline Development (2021)
—Gas and Heating Pipeline

2021 年中国城市地下管线发展报告
——燃气、热力

刘克会　主　编

马长城　刘　荣　副主编

中国城市燃气协会
中国城镇供热协会　组织编写
中国测绘学会地下管线专业委员会

中国建筑工业出版社

图书在版编目（CIP）数据

2021年中国城市地下管线发展报告. 燃气、热力 ＝
Report on China Urban Underground Pipeline
Development（2021）—Gas and Heating Pipeline /
刘克会主编；马长城，刘荣副主编；中国城市燃气协会，
中国城镇供热协会，中国测绘学会地下管线专业委员会组
织编写. — 北京：中国建筑工业出版社，2023.12
ISBN 978-7-112-29301-8

Ⅰ. ①2… Ⅱ. ①刘… ②马… ③刘… ④中… ⑤中…
⑥中… Ⅲ. ①市政工程－城市燃气－输气管道－研究报
告－中国－2021②市政工程－供热管道－研究报告－中国
－2021 Ⅳ. ①TU990.3

中国国家版本馆CIP数据核字(2023)第205223号

责任编辑：高　悦　张　磊
责任校对：芦欣甜
校对整理：张惠雯

2021年中国城市地下管线发展报告
——燃气、热力

Report on China Urban Underground Pipeline Development（2021）
—Gas and Heating Pipeline

刘克会　主　编

马长城　刘　荣　副主编

中国城市燃气协会

中国城镇供热协会　组织编写

中国测绘学会地下管线专业委员会

*

中国建筑工业出版社出版、发行(北京海淀三里河路9号)

各地新华书店、建筑书店经销

北京红光制版公司制版

北京云浩印刷有限责任公司印刷

*

开本：787毫米×1092毫米　1/16　印张：18½　字数：457千字
2023年10月第一版　　2023年10月第一次印刷
定价：168.00元
ISBN 978-7-112-29301-8
（42008）

编 委 会

主　任：刘贺明

副主任：徐小连　马志勇

委　员：（按拼音排序）

迟炳章　侯至群　江贻芳　李学军　刘会忠

刘克会　刘　荣　马长城　田学军　汪　枫

王晓东　吴其伟

编 写 组

主　编：刘克会

副主编：马长城　刘　荣

成　员：（按拼音排序）

白丽萍　陈　飞　陈贤朋　陈志丽　葛如冰

韩金丽　韩　晶　何　哲　贾丽华　刘　欢

罗国栋　乔　佳　田学军　王荣鑫　王湘宁

肖梅杰　解智强　徐　栋　杨玉亮　章勤辉

朱兆虎

编 制 单 位

组织单位： 中国城市燃气协会

中国城镇供热协会

中国测绘学会地下管线专业委员会

主编单位： 北京市科学技术研究院

参编单位：（排名不分先后）

北京市燃气集团有限责任公司

北京市热力集团有限责任公司

广州市城市规划勘测设计研究院

天津市燃气热力规划设计研究院有限公司

中国冶金地质总局地球物理勘查院

淄博市热力集团有限责任公司

杭州咸亨国际精测科技有限公司

中交城市能源研究设计院有限公司

郑州热力集团有限公司

云南大学

北京市公用工程设计监理有限公司

北京市燃气集团研究院

秦皇岛市热力有限责任公司

淄博市清洁能源发展有限公司

北京市新技术应用研究所有限公司

北京热力装备制造有限公司

浙江庆发管业科技有限公司

序　言

　　地下管线作为城市重要的基础设施，是保障城市运行的关键命脉，担负着输送资源、能源和传输信息的功能，是地域经济发展的根基。随着我国经济的快速发展和城市规模的日益扩大，燃气和热力管道规模显著增加。据《2021年中国城市建设统计年鉴》，2021年底我国城市燃气管道长度达到94.12万km，城市集中供热管道长度达到46.15万km，20年来分别以平均每年11.89%和12.12%的速度增长。

　　2021年我国发生了多起地下管线事故，造成了严重的后果。据统计，城镇燃气中全年发生天然气事故455起、死亡59人、受伤316人；其中，天然气管网事故339起，死亡37人，受伤186人，分别占比74.5%、62.7%、57.0%。2021年6月13日湖北省十堰市发生的燃气爆炸事故造成26人死亡、138人受伤，直接经济损失约5395.41万元。保障地下管线安全运行，快速提升地下管线建设管理水平是当前城市建设发展过程中重要且紧迫的任务。

　　中共中央、国务院高度重视地下管线建设管理工作。习近平总书记在2021年12月8日中央经济工作会议上专门作了一个批示，要求"十四五"期间，必须把管道改造和建设作为重要的一项基础设施工程来抓。国务院办公厅及相关部委近年陆续出台了一系列文件，包括《关于加强城市地下管线建设管理的指导意见》《关于进一步加强城市规划建设管理工作的若干意见》《关于进一步加强城市地下管线建设管理有关工作的通知》《关于加强城市地下市政基础设施建设的指导意见》《城市燃气管道等老化更新改造实施方案（2022—2025年）》等，为推进地下管线的建设管理工作提供了政策环境。

　　围绕贯彻落实中央关于地下管线建设管理的要求，各省市在地下管线建设管理方面积极探索和实践，机制体制建设不断完善，标准体系覆盖越来越全面，信息化建设成果显著，数字化治理模式初步呈现，形成了符合各地实际的建设和管理工作模式，为推进地下管线管理工作、提高城市综合承载能力、保障城镇化发展质量提供了有力支撑。

为了全面把握燃气和热力地下管线建设管理的现状和发展，中国城市燃气协会、中国城镇供热协会、中国测绘学会地下管线专业委员会联合组织编写了《2021年中国城市地下管线发展报告——燃气、热力》（以下简称《报告》）。《报告》在广泛调研国内外燃气和热力地下管线相关法律法规、政策文件、标准规范、文献资料、实践经验等基础上，系统梳理我国燃气和热力管道建设管理现状、基础保障体系及技术支撑体系建设情况、国外典型城市实践经验，并展望发展前景。

《报告》的出版将有助于广大读者全面了解燃气和热力地下管线的发展状况，将为我国地下管线现代化建设和管理提供重要参考和借鉴，促进我国地下管线事业再上新台阶。

刘贺明

2023年9月

前　言

随着我国经济社会的发展和城镇化进程的快速推进，城市规模日益扩大，城市地下管线作为支撑城市健康发展和保障民生的重要基础设施，其作用更加凸显，规模显著增加。城市燃气和热力管道由于其输送介质的重要性和危险性，一旦出现问题不仅会导致能源输送的中断，还可能导致人员伤亡，甚至群死群伤等重大安全事故，城市燃气和热力管道的重要性不言而喻。

为了摸清我国城市燃气管道和供热管道建设管理现状及发展趋势，提升管道管理水平，保障城市运行安全，我们编写了《2021年中国城市地下管线发展报告——燃气、热力》（以下简称《报告》）。《报告》分为城市燃气管道和城市热力管道上下两卷，分别包括态势篇、策略篇、行动篇、借鉴篇以及展望篇。阐述了管道建设发展总体概况、基本情况及安全形势，总结了建设管理、运营管理、安全与应急管理的内容和创新举措，梳理了相关法律法规、标准规范，以及相关技术的应用现状、存在问题和提升建议，调研了国外管道管理模式、先进实践经验，探讨了管道发展特点、趋势。

《报告》中所述内容时间节点均截至2021年底，所涉及的全国性统计数据均未包括香港、澳门特别行政区和台湾省数据。

《报告》由中国城市燃气协会、中国城镇供热协会和中国测绘学会地下管线专业委员会组织编写，全书统稿由北京市科学技术研究院城市系统工程研究所完成。《报告》的编写工作得到了所有编制组专家和编制单位的大力支持与配合，在此表示感谢！

《报告》编写人员坚持实事求是的精神，广泛收集资料、深入实际调查，与业内专家学者进行了多轮沟通和研讨，但《报告》编写时间紧迫，难免有疏漏或差错之处，敬请业内同仁和广大读者批评指正。

编写组

2023 年 9 月

目　　录

上 卷　城 市 燃 气 管 道

下 卷　城 市 热 力 管 道

上 卷

城市燃气管道

第一篇 态 势 篇

第1章 概 述

1.1 城市燃气行业概况

城市燃气是供给居民生活、商业、公共建筑和工业企业生产中作燃料用的公用性质的燃气,是建设现代化城市必须具备的一整套现代化设施的组成部分。发展城市燃气既是城市现代化建设的需要,又是节约能源消耗、保护城市环境、提高人民生活水平的重要措施。

随着城市化进程加快及家庭小型化,我国天然气需求持续增长。根据观研报告网《中国天然气行业发展现状分析与投资前景报告》(2022—2029)的数据显示,2020年我国天然气消费量达到3280亿 m^3,较上年同比增长7.2%;2021年我国天然气消费量达3690亿 m^3,较上年同比增长12.5%(图1-1)。从地区消费情况看,广东、江苏、四川天然气消费量大,2021年分别为364.00亿 m^3、314.00亿 m^3、268.00亿 m^3(图1-2)。

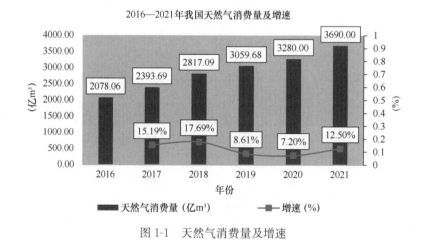

图 1-1 天然气消费量及增速

1.1.1 城市燃气在城市发展建设中扮演着十分重要的角色

城市燃气作为一种清洁能源,目前在多个行业都发挥着重要作用,比如炊事、采暖、发电等都可以看到它的身影,它关系着人们生活质量,也是企业生产中不可或缺的能源。

2

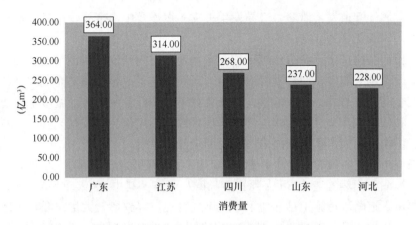

图 1-2 2021 年我国天然气消费量 TOP5 省市

在城市化发展的过程中，城市燃气管道属于一种市政基础设施，其安全运行及发展不仅会对社会经济发展产生明显影响，同时对国计民生的稳定性有着明显影响，这也对城市其他功能的发挥产生影响。

在城市建设不断推进的今天，燃气的重要性可谓不言而喻，可以说它是全局性基础产业，是人们生产、生活不可或缺的能源和原材料。城市燃气的利用对改善能源结构、保护大气环境、缓解石油供应紧张、提高能源利用效率，进而实现国民经济的可持续发展具有重要的促进和保障作用。

1.1.2 城市燃气作为清洁高效的能源发展潜力大

城市燃气主要包括天然气、液化石油气和人工煤气。由于人工煤气生产成本高、气质差、气源厂在生产过程中污染环境等，目前正在逐步淡出人们的视线，天然气和液化石油气应用成为主流。天然气燃烧产生的二氧化硫、二氧化碳较其他燃料少，因此通常被看作清洁高效能源，随着我国经济社会的快速发展，城市燃气得到广泛推广应用，在保障经济社会健康发展、改善大气环境及民生等方面起到重要作用。

2020 年 9 月，习近平总书记在第 75 届联合国大会首次提出我国的"双碳"发展目标，承诺"二氧化碳排放力争于 2030 年前达到峰值，努力争取 2060 年前实现碳中和"。天然气是我国实现清洁能源替代战略的重要抓手，增加其利用规模是落实绿色发展理念、提高人民生活水平的必然举措。且从供给角度看，天然气是资源供应相对宽松的化石能源，将成为新增能源消费和替代煤炭的重要选项。

天然气是优质高效、绿色清洁的低碳能源，伴随经济发展、能源消费增长和日趋严格的二氧化碳减排，天然气长期消费增长速度高于煤和石油。近年来，我国天然气消费量呈现快速增长的趋势，2020 年中国天然气消费量 3280 亿 m^3，占一次能源消费总量的 8.4%。2021 年，全国天然气消费量 3690 亿 m^3，增量 410 亿 m^3，同比增长 12.5%，占一次能源消费总量的比例升至 8.9%。

1.1.3 城市燃气的发展需要给予高度关注

城市燃气为城市发展和人民生活带来了诸多益处，但由于其成分有易燃、易爆和有毒的特点，一旦燃气管道发生泄漏，极易发生火灾、爆炸及中毒事故，造成国家和人民生命财产的损失，以及恶劣的社会影响。

随着城市的快速扩张，城市建筑设施密布，地下空间开发利用也飞速发展，地铁、地下商业体等设施越来越多，使燃气管道的运行环境发生了变化，随之而来的是各种之前鲜少发生的安全问题。另外，燃气的供应关系着城市中各行业的运转，城市生命线系统具有高度关联性和依存性，一旦城市燃气管道出现事故，不仅仅会造成燃气供应中断，也会对城市供热、供电等造成严重影响，牵一发而动全身。

近年来城市燃气事故时有发生，如 2021 年 6 月，湖北省十堰市一燃气中压钢管严重锈蚀破裂，泄漏的天然气造成 25 人死亡、138 人受伤（其中 37 人重伤）。2017 年 7 月，吉林省松原市因道路改造施工钻漏地下中压燃气管道，导致燃气大量泄漏，扩散到附近建筑物空间内，积累达到爆炸极限，遇随机不明点火源引发爆炸，造成 7 人死亡，85 人受伤。

1.2　燃气管道发展规模

1.2.1　总体规模

我国城市燃气管道建设初期是以人工煤气为基础，20 世纪 60 年代后期部分城市开始使用天然气，相应也建设了少量的城市天然气管网，1978 年天然气管道长度仅 560km，1996 年开始逐步推广，2005 年后开始大范围使用。液化石油气的供应形式主要还是通过钢瓶，因此液化石油气管道长度并没有随其用气量的增加而迅速增加。人工煤气与天然气管道长度则随其用气量的变化而变化，人工煤气从 2004 年后逐年减少，天然气管道随着城市发展，建设规模不断扩大。之后，基本形成了以天然气管道为主、液化石油气和人工煤气为辅的多种气源并存的供气格局。

截至 2021 年，城市燃气管道长度达到 94.12 万 km。其中 98% 为天然气管道，长度为 92.91 万 km；人工煤气管道长度为 0.92 万 km；液化石油气管道长度为 0.29 万 km。2000 年以来三类燃气管道长度详见图 1-3。

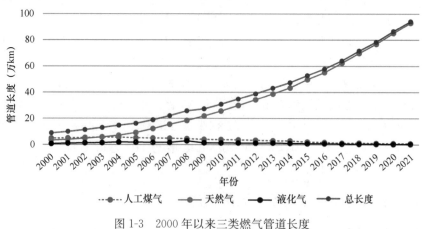

图 1-3　2000 年以来三类燃气管道长度

城市燃气管道总长度在近 20 年间增长率波动不大，年平均增长率为 11.89％，如图 1-4 所示。

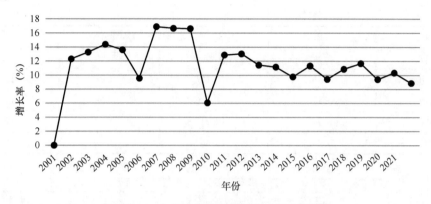

图 1-4　2000 年以来城市燃气管道长度增长率

1.2.2　密度情况

2021 年，城市建成区范围内燃气管道密度为 13.81km/km²，是 2000 年管道密度的 5.15 倍。其中，人工煤气、天然气和液化气三类管道的管道密度分别为 0.14km/km²、13.60km/km² 和 0.06km/km²，分别是 2000 年管道密度的 0.14 倍、12.43 倍和 0.30 倍。2000 年以来，人工煤气、天然气和液化气管道以及燃气管道的管道密度详见表 1-1 和图 1-5。

2000 年以来各类燃气管道的管道密度　　　　　　　　　　　　表 1-1

年份	管道密度（km/ km²）			
	人工煤气管道	天然气管道	液化气管道	燃气管道
2000	1.38	1.09	0.21	2.68
2001	1.47	1.33	0.33	3.13
2002	1.48	1.51	0.37	3.36
2003	1.46	1.68	0.42	3.56
2004	1.35	1.93	0.50	3.78
2005	1.16	2.33	0.44	3.94
2006	1.09	2.96	0.41	4.47
2007	1.00	3.56	0.39	4.96
2008	0.91	4.14	0.62	5.66
2009	0.78	4.71	0.32	5.82
2010	0.71	5.27	0.29	6.27
2011	0.63	5.76	0.25	6.65
2012	0.54	6.37	0.24	7.15
2013	0.47	6.91	0.23	7.62
2014	0.44	7.49	0.19	8.12
2015	0.31	8.38	0.15	8.85

年份	管道密度（km/ km²）			
	人工煤气管道	天然气管道	液化气管道	燃气管道
2016	0.27	8.90	0.14	9.31
2017	0.17	9.86	0.10	10.13
2018	0.19	10.70	0.08	10.98
2019	0.17	11.55	0.08	11.80
2020	0.15	12.71	0.07	12.93
2021	0.14	13.60	0.07	13.81

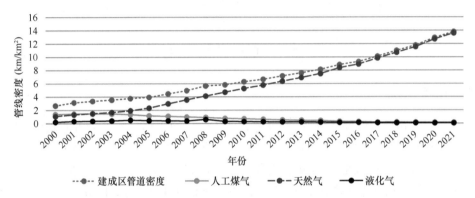

图 1-5 2000 年以来各类燃气管道的管道密度

燃气管道的管道密度增长率变化见图 1-6，在近 21 年间平均增长率 8.16%。

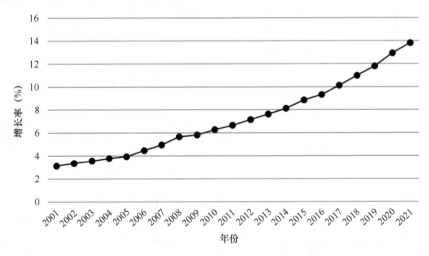

图 1-6 2000 年以来燃气管道的管道密度增长率

1.2.3 万人保有量情况

2021 年，城市建成区范围内燃气管道的万人保有量为 16.10km/万人，是 2000 年万人保有量的 8.94 倍。其中，人工煤气、天然气和液化石油气三类管道的万人保有量分别为 0.17km/万人、15.86km/万人和 0.07km/万人，分别是 2000 年管道万人保有量的 0.18 倍、21.58 倍和 0.51 倍。2000 年以来，人工煤气、天然气和液化气管道以及燃气管道的万人保有量详见表 1-2 和图 1-7。

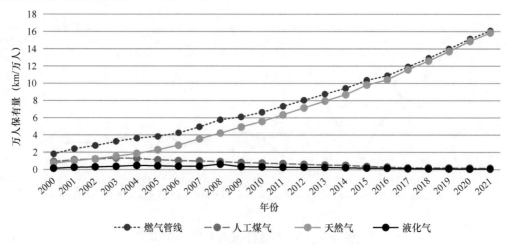

图 1-7　2000 年以来各类燃气管道万人保有量

2000 年以来各类燃气管道的万人保有量　　　　表 1-2

年份	万人保有量（km/万人）			
	人工煤气管道	天然气管道	液化气管道	燃气管道
2000	0.92	0.73	0.14	1.80
2001	1.13	1.03	0.26	2.41
2002	1.22	1.25	0.31	2.78
2003	1.34	1.54	0.38	3.26
2004	1.30	1.86	0.49	3.64
2005	1.14	2.28	0.43	3.85
2006	1.04	2.83	0.39	4.26
2007	1.00	3.57	0.39	4.97
2008	0.93	4.22	0.63	5.78
2009	0.82	4.96	0.34	6.12
2010	0.76	5.60	0.31	6.66
2011	0.70	6.36	0.28	7.34
2012	0.61	7.16	0.27	8.04
2013	0.54	7.95	0.27	8.76
2014	0.51	8.70	0.22	9.43
2015	0.37	9.81	0.18	10.36
2016	0.31	10.40	0.16	10.88
2017	0.20	11.58	0.12	11.90
2018	0.22	12.60	0.10	12.93
2019	0.20	13.70	0.09	13.99
2020	0.18	14.89	0.08	15.15
2021	0.17	15.86	0.07	16.10

燃气管道的万人保有量增长率变化见图 1-8，在近 20 年间平均增长率 11.15%。

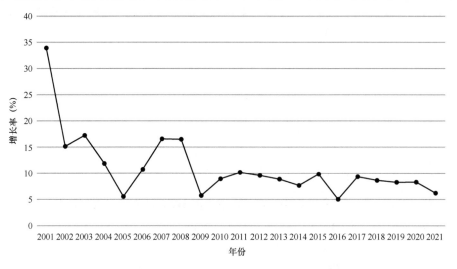

图 1-8　2000 年以来燃气管道万人保有量增长率

1.2.4　燃气普及率

2021 年燃气普及率为 98.04%，是 2000 年燃气普及率的 2.16 倍。2000 年以来燃气普及率见图 1-9。

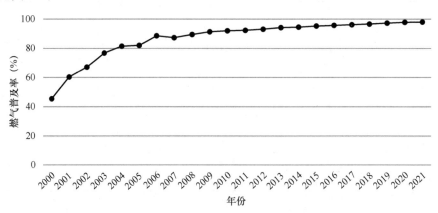

图 1-9　2000 年以来燃气普及率

注：该数据来自于《中国城市建设统计年鉴（2021 年）》，自 2006 年起，燃气普及率指标按城区人口和城区暂住人口合计为分母计算。

第 2 章　燃气管道基本情况

2.1　管道分类

燃气管道可依据用途、输送的气体种类、管道压力和管道材质等分别进行分类。

2.1.1　按用途分类

燃气管道按用途不同可以分为输气管道、配气管道和用户引入管三类。输气管道是指城镇燃气门站至城市配气管道之间的管道。配气管道是指在供气地区将燃气分配给居民用户、商业用户和工业企业用户的管道，包括敷设于市政道路下的和敷设于庭院的分配管道。用户引入管是指室外配气支管与用户室内燃气进口管总阀门之间的管道。

输气管道的作用是将门站接收到的上游来气输送到各个调压站/箱，这些调压站/箱可以是一些大型工业或电厂用户的专用调压站/箱，可以是一些为该区域供气的区域调压站/箱，也可以是多级管网系统中比门站出口压力低的下一级调压站/箱。输气管道上会接出多个不同功能的调压站/箱。

配气管道的作用是将输气管道或区域调压站/箱与用户连接起来，将燃气分配给不同的用户。对于一些住宅来讲，小区调压箱之后的配气管道又称为庭院管，最靠近引入管的配气管道又称为楼前管。

用户引入管的作用是将配气管道输送来的燃气接入不同用户的用气建筑，通常引入管会在室外设置阀门，必要时用以切断室内燃气气源。

2.1.2　按输送的气体分类

燃气是多种气体燃料的总称，它能燃烧并放出热量，供城市居民和工业企业使用。燃气主要有低级烃（甲烷、乙烷、丙烷、丁烷、乙烯、丙烯、丁烯）、氢气和一氧化碳等可燃组分，以及氨、硫化物、水蒸气、焦油、萘和灰尘等杂质组成。

按照燃气的来源不同，燃气可分为天然气、液化石油气和人工煤气。因此，燃气管道按照输送气体的来源不同，可分为天然气管道、液化石油气管道和人工煤气管道。天然气、液化石油气和人工煤气的来源情况如下：

天然气是指生物化学作用及地质变质作用，在不同地质条件下生成、运移，在一定压力下储集的可燃气体。天然气根据生产方式不同，分为石油伴生气、气田气、矿井气三种。

液化石油气是在提炼原油时生产出来的，或从石油、天然气开采过程中挥发出的气体，其大部分来自石油炼制时的副产品。液化石油气的主要组分为丙烷、丙烯、丁烷和丁烯。

人工煤气是由煤、焦炭等固体燃料或重油等液体燃料经干馏、汽化或裂解等过程所制得的气体。按照生产方法，一般可分为干馏煤气和汽化煤气（发生炉煤气、水煤气、半水煤气等）。人工煤气的主要成分为烷烃、烯烃、芳烃、一氧化碳和氢气等可燃气体，并含有少量的二氧化碳和氮等不可燃气体。

2.1.3　按输送燃气的压力分类

按照国家标准《燃气工程项目规范》GB 55009—2021，根据输气压力的不同，燃气管道可分为八类，具体分类见表2-1。

城镇燃气管道分类　　　　　　　　　　　　表 2-1

名称		压力（MPa）
超高压燃气管道	—	$P > 4.0$
高压燃气管道	A	$2.5 < P \leqslant 4.0$
	B	$1.6 < P \leqslant 2.5$
次高压燃气管道	A	$0.8 < P \leqslant 1.6$
	B	$0.4 < P \leqslant 0.8$
中压燃气管道	A	$0.2 < P \leqslant 0.4$
	B	$0.01 < P \leqslant 0.2$
低压燃气管道		$P \leqslant 0.01$

《燃气工程项目规范》GB 55009—2021中规定，输配管网系统的压力级制应结合用户需求、用气规模、调峰需要和敷设条件等进行配置。液态燃气输配管道、高压A及高压A以上的气态燃气输配管道不应敷设在居住区、商业区和其他人员密集区域、机场车站与港口及其他危化品生产和储存区域内。

我国大部分城市的居民用户和商业用户都采用低压供气方式，个别城市，如深圳、海南等地采取了中压供气方式。《城镇燃气设计规范（2020版）》GB 50028—2006规定，中压供气时，需要在燃气表前设置一个用户调压器，将燃气压力调节至灶具、热水器或其他商业用燃具或用气设备的额定压力，这些民用燃具或用气设备的额定压力详见表2-2。

民用燃具或用气设备的额定压力（表压 kPa）　　　　　表 2-2

燃气 燃烧器	人工煤气	天然气		液化石油气
		矿井气	天然气、油田伴生气、液化石油气混空气	
民用燃具	1.0	1.0	2.0	2.8 或 5.0

2.1.4　按管道材质分类

依据管道材质的不同，燃气管道主要分为铸铁管、钢管和聚乙烯（PE）管。

燃气管道使用的铸铁管为球墨铸铁管，产品执行的标准为《水及燃气用球墨铸铁管、管件和附件》GB/T 13295—2019。铸铁管通常用于低压燃气管道系统。

燃气管道使用的钢管包括无缝钢管和焊接钢管，执行的产品标准包括：《输送流体用无缝钢管》GB/T 8163—2018、《低压流体输送用焊接钢管》GB/T 3091—2015、《石油天然气工业 管线输送系统用钢管》GB/T 9711—2017。钢管环刚度、抗拉强度和屈服强度较高。

燃气管道使用的聚乙烯（PE）管，执行的产品标准为《燃气埋地用聚乙烯（PE）管道系统 第 1 部分：管材》GB/T 15558.1—2015。聚乙烯（PE）管柔性好，断裂伸长率大，当量粗糙度小。聚乙烯（PE）管有着良好的绝缘、耐腐蚀特性，可以有效弥补钢管的不足，解决杂散电流对钢质管道系统腐蚀严重的问题，通常用于口径不超过 DN400，压力不超过中压 A 的埋地燃气管道系统。

2.2　管道系统构成

2.2.1　输配系统组成

城市燃气输配系统通常由燃气门站、储气设施、燃气管道、调压设施，以及配套的管理设施和信息系统等构成。

门站是燃气长输管道和城镇燃气输配系统的交接场所，由过滤、调压、计量、配气、加臭等设施组成。门站的功能主要有两个，一是将长输管道的压力减压至城市输配系统所要求的压力；二是计量城市供应企业按合同所购进的燃气量。

储气设施是进行季节调峰或储备气源以确保安全供气不可或缺的部分，天然气供气系统常见的储气设施包括地下储气库和液化天然气储气站。人工煤气和液化气供气系统常见的储气设施为储罐。

调压设施用于将较高压力的燃气降低至用户用气设备需要的压力后供用户使用。常见的调压设施包括调压站和调压箱。调压设施按用途或使用对象不同可分为区域调压设施、专用调压设施或用户调压设施。

燃气门站接收上游来的燃气后，通过调压、计量输送至各储配站、调压站（箱），并通过靠近用户的调压站（箱）和下游的管道将燃气输送至各类用户供其使用。

配套的管理设施和信息系统是燃气输配系统中重要的组成部分，其中信息系统的功能包括：数据采集与监控、地理信息系统、客户服务系统等。燃气企业依靠管理设施和信息系统对输配管网和各类用户进行有效管理和服务。

2.2.2　城市燃气管道系统的压力级制

城市燃气输配系统的主要部分是燃气管道，根据所采用的管网压力级制可分为以下几种形式：

一级系统：仅用一种压力级制的管网来分配和供给燃气的系统，通常为低压或中压管道系统。一般用于小城镇供气系统。当采用中压系统时，应在各居民小区或商业用户处设调压设施。

二级系统：由两种压力级制的管网来分配和供给燃气的系统，一般由中压 A-低压或中压 B-低压等，如图 2-1 所示。

三级系统：由三种压力级制的管网来分配和供给燃气的系统，一般由高压-中压-低压或次高压-中压-低压等组成，如图 2-2 所示。

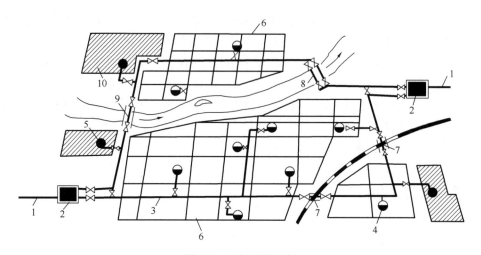

图 2-1　二级系统示例

1—长输管线；2—门站；3—中压 A 管网；4—区域调压站；5—工业企业专用调压站；

6—低压管网；7—穿越铁路的套管敷设；8—穿越河底的过河管道；

9—沿桥敷设的过河管道；10—工业企业

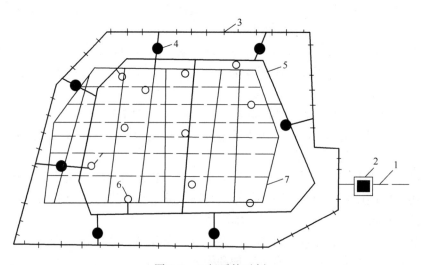

图 2-2　三级系统示例

1—长输管线；2—门站；3—次高压 A 管网；4—次高压-中压 B 调压站；

5—中压 B 管网；6—中-低压调压站；7—低压管网

多级系统：由三种以上压力级制的管网来分配和供给燃气的系统，如图 2-3 所示。

不同压力级制的管网之间通过调压设施连接。一般来说，城市规模越大，供气系统越复杂，城市规模越小，供气系统可以相对简单。城市中不同压力级别的管道敷设主要是考虑到以下几个方面：

（1）城市中有不同压力级别要求的用户，如居民用户、小型商业用户等要求低压供气，而许多较大的工业企业或商业用户则要求中压或高压供气。

（2）输气量大或输气距离较远的管道，采用中压或高压，虽技术要求高，但经济上比较合理。

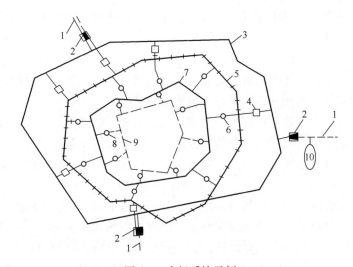

图 2-3　多级系统示例

1—长输管线；2—门站；3—高压 A 管网；4—高-高压调压站；5—次高压 A 管网；

6—次高压-中压 A 调压站；7—中压 A 管网；8—中-中压调压站；

9—中压 B 管网；10—地下储气库

（3）在城市的中心地区或商业区，一般建筑物密集、道路狭窄、地下设施稠密，敷设高压管道难以满足较高的技术要求（包括间距）。

（4）大城市的多级管网系统还在于其燃气管网在建设、发展和改造过程中均经历了一段很长的时期。城市中心区和商业区与新区相比采用较低的压力有些是历史造成的。例如，北京的二环以里基本都是中低压管道，三环及三环以外才是次高压及以上管道。

2.2.3　附属设备

燃气管道附属设备主要有阀门、法兰、补偿器、排水器、放散管、套管及检漏管、井室等。

阀门：用来启闭管道通路或调节管道内介质流量的设备。燃气管道常用的阀门有球阀、旋塞阀、闸板阀、蝶阀等。一般要求阀体的机械强度要高，转动部件灵活，密封部件严密耐用，对输送介质具有抗腐蚀性。同时零部件的通用性要好。

法兰：一种标准化的可拆卸连接件，依据法兰与管道的固定方式可分为平焊法兰、对焊法兰和螺纹法兰三类。法兰的选用，应与管道的公称直径和公称压力相等。燃气管道上的法兰，其公称压力一般不低于 1.0MPa。法兰材质一般应与钢管材质一致或接近，法兰的结构尺寸按所选用的法兰标准号确定。

补偿器：用于调节管段张缩量的设备，多用于架空管道和大跨度的过河管段上。另外，补偿器还常安装在阀门的出口段，利用其伸缩性能，方便阀门的拆卸和检修。燃气管道上所用的补偿器主要有波形补偿器和波纹管补偿器两种，在架空燃气管道上偶尔也用方形补偿器。

排水器：人工燃气或气相液化石油气中含有一定的水和其他液态杂质。因此输送湿燃气的燃气管道施工时，应保持一定的坡度，并在管段最低处设置排水器，及时排出管道中的冷凝水和积液，保证管道畅通，否则会影响管道的流量甚至出现管堵，造成事故。

放散管：用来排放管道中燃气或空气的装置，它的作用主要有两方面，一是在管道运行时，利用放散管排空管道内的空气或其他置换气体，防止在管内形成爆炸性混合气体；二是在管道或设备检修时，利用放散管排空管道内的燃气。放散管一般安装在阀门前后的钢短管上，在单向供气的管道上则安装在阀门之前的钢短管上。放散管也可根据管道敷设实际情况利用排水器抽液管代替，不再单独设置。

套管及检漏管：燃气管道在穿越铁路或其他大型地下障碍时，需采取敷设在套管或地沟内的防护措施施工。为判明管道在套管或地沟内有无漏气及漏气程度，需在套管或地沟的最高点（比空气密度小的燃气）或最低点（比空气密度大的燃气）设置检查装置，即检漏管。

井室：为保证管网的安全运行与操作维修方便，地下燃气管道上的阀门一般都设置在井室中，凝水器、补偿器、法兰等附属设备、部件有时根据需要也对砌筑井室予以保护，井室作为地下燃气管道的一个重要设施，应坚固结实，具有良好的防水性能，并保证检修时有必要的操作空间。井室的砌筑目前大多采用钢筋混凝土地板和砖墙结构的砌筑方法，重要地段或交通繁重地段，宜采用全钢筋混凝土结构。

2.3　敷设方式

城市燃气管道一般采用埋地敷设，敷设方式分为直埋敷设、管沟敷设、非开挖敷设和管廊敷设，其中以直埋敷设方式为主。

2.3.1　直埋敷设

城市燃气管道最常见的敷设方式是直埋敷设。直埋敷设也就是直接埋设，是指管道直接埋设于土壤中的敷设方式。但根据燃气管道材质或管理要求不同，直埋敷设也有很多具体的要求。

直埋敷设时，沟槽开挖是第一道工序。沟槽断面形式以梯形槽和直槽最为常见。直埋敷设燃气管道的沿线还需连续敷设有警示带。警示带敷设在管道的正上方，距管顶 0.3～0.5m 位置，警示带为黄色聚乙烯等不易分解的材料制成，并印有明显、牢固的警示语，如：下有燃气，严禁开挖等，同时有管道权属单位的联系电话。

当直埋敷设 PE 燃气管时，按照相关规范的要求，还应在管道沿线敷设能够进行管道定位的示踪线，以及防第三方挖断的保护板。也有部分燃气企业采用的是同时具有警示、示踪和保护功能的新型 PE 保护板。

2.3.2　管沟敷设

在局部埋深不够或一些特殊地段为了检修方便等原因，有时会采用管沟敷设的方式，一般是不通行管沟断面，沟内填干砂，沟盖板根据路面荷载核算确定，沟两端会分别设置检漏和检水的装置，方便检测管沟内燃气泄漏和沟内积水的情况。燃气管道道沟敷设如图2-4所示。

2.3.3　非开挖敷设

当燃气管道需要穿越铁路、高速公路、电车轨道、城镇主要干道时，一般采用非开挖敷设方式，包括顶管（钢筋混凝土套管或钢套管）、浅埋暗挖和定向钻。

顶管法一般用于敷设套管，适用的口径较大（一般不小于DN800），顶管施工完毕后，燃气工艺管道采用滑动支架或滚轮支架的形式安装于套管中。

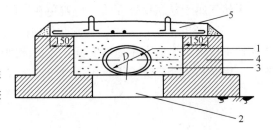

图 2-4　燃气管道管沟敷设示例
1—燃气管道；2—原土夯实；
3—填砂；4—砖墙沟壁；5—盖板

定向钻穿越如图 2-5 所示，钢管的曲率半径一般不小于 $1200D$，聚乙烯（PE）管曲率半径一般不小于 $500D$，D 为管道直径。

当燃气管道需要穿越河流时，一般采用随桥跨越、水域开挖或定向钻穿越三种敷设方式。

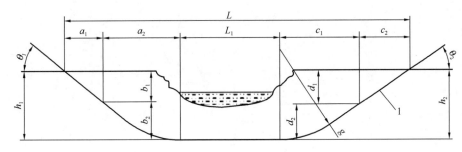

图 2-5　定向钻穿越

2.3.4　管廊敷设

在一些特殊项目、特殊地段，燃气管道也可采用管廊敷设方式（图 2-6），燃气管道敷设于管廊舱室内，舱室断面为通行断面，采用机械通风，且设置有可燃气体报警系统。

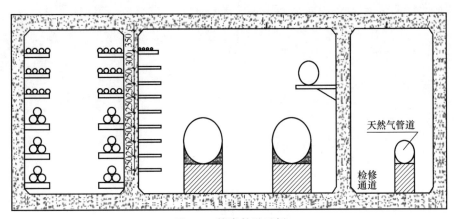

图 2-6　管廊敷设示例

天然气属于易燃易爆介质，应避免在密闭空间内敷设。根据《城市综合管廊工程技术规范》GB 50838—2015，采用管廊敷设时燃气管道应在独立舱室内敷设，因此与直埋方式相比不仅会更多地占用地下空间，还会增加建设和运维成本，加大运行管理的复杂性和难度，因此不适合广泛应用，仅适合于一些经安全论证的特殊项目和特殊地段中采用。

第 3 章 燃气管道现状分析

3.1 分布情况分析

根据《2021年城乡建设统计年鉴》，从行政区划来看，燃气管道总长度排前三位的省是江苏（10.91万km）、山东（8.01万km）、四川（7.64万km），分别占全国地下燃气管道总长度的11.59%，8.51%和8.11%，详见表3-1和图3-1。

2021年我国各省（区、市）和新疆生产建设兵团燃气管道长度分布情况　　表 3-1

地区名称	总长度（万 km）	各类燃气管道			所占比例
		人工煤气（万 km）	天然气（万 km）	液化石油气（万 km）	
北京	3.05	0.00	3.03	0.02	3.24%
天津	5.17	0.00	5.17	0.00	5.50%
河北	4.31	0.08	4.22	0.01	4.57%
山西	2.66	0.08	2.58	0.00	2.83%
内蒙古	1.22	0.03	1.19	0.00	1.29%
辽宁	3.50	0.39	3.08	0.03	3.72%
吉林	1.41	0.03	1.37	0.00	1.50%
黑龙江	1.28	0.02	1.24	0.01	1.36%
上海	3.35	0.00	3.32	0.03	3.56%
江苏	10.91	0.00	10.90	0.01	11.59%
浙江	5.91	0.00	5.88	0.03	6.28%
安徽	3.48	0.00	3.46	0.02	3.69%
福建	1.61	0.00	1.59	0.02	1.71%
江西	2.11	0.04	2.07	0.00	2.24%
山东	8.01	0.00	8.01	0.00	8.51%
河南	2.87	0.02	2.84	0.00	3.04%
湖北	4.91	0.06	4.84	0.01	5.22%
湖南	2.63	0.00	2.63	0.00	2.79%
广东	4.69	0.00	4.61	0.08	4.99%
广西	1.35	0.05	1.30	0.00	1.43%
海南	0.56	0.00	0.56	0.00	0.60%
重庆	2.43	0.00	2.43	0.00	2.58%

续表

地区名称	总长度 （万 km）	各类燃气管道			所占比例
		人工煤气 （万 km）	天然气 （万 km）	液化石油气 （万 km）	
四川	7.64	0.08	7.53	0.02	8.11％
贵州	0.99	0.00	0.99	0.00	1.06％
云南	0.98	0.00	0.98	0.00	1.04％
西藏	0.62	0.00	0.62	0.00	0.66％
陕西	2.87	0.00	2.87	0.00	3.05％
甘肃	0.49	0.03	0.46	0.00	0.52％
青海	0.47	0.01	0.47	0.00	0.50％
宁夏	0.76	0.00	0.76	0.00	0.80％
新疆	1.90	0.01	1.90	0.00	2.02％
新疆生产建设兵团	0.17	0.00	0.17	0.00	0.18％

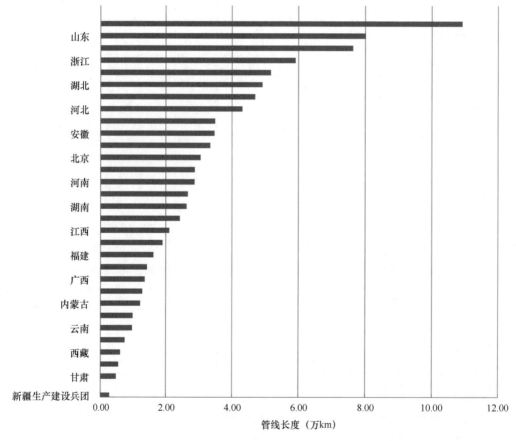

图 3-1　2021 年我国部分省（区、市）和新疆生产建设兵团燃气管道长度分布情况

3.2　供应能力分析

城市燃气的年供应量基本呈上升趋势，其中天然气供应量逐年上升（图 3-2），2021 年供气量为 1721.06 亿 m^3，是 2000 年的 20.95 倍；液化石油气年供气自 2018 年起逐渐减少，2021 年供气量为 860.68 万 t；人工煤气自 2009 年起逐年减少，2021 年供气量为 18.72 亿 m^3。

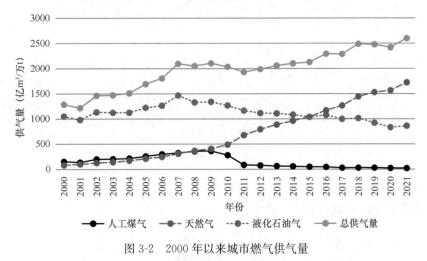

图 3-2　2000 年以来城市燃气供气量

2021 年总用气人口为 54832 万人，其中天然气用气人口 44196 万人，液化石油气用气人口 10180 万人，人工煤气用气人口 456 万人。2000 年以来城市燃气用气人口见图3-3。

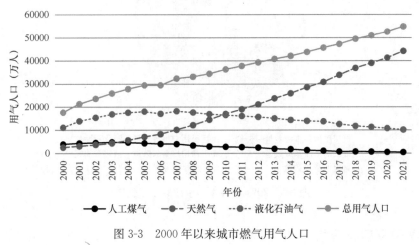

图 3-3　2000 年以来城市燃气用气人口

3.3　安全形势分析

3.3.1　事故总体情况

根据中国城市燃气协会安全管理工作委员会统计数据，2021 年全年燃气管道事故 339

起，管道事故率为 0.321 起/千 km。2018—2020 年，燃气管道事故数量不断下降，2020 年达到低点，但 2021 年燃气管道事故数量增加较为明显，见图 3-4。

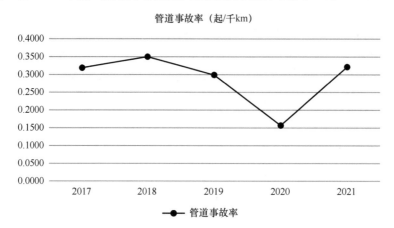

图 3-4　2017—2021 年燃气管道事故率变化趋势图

据统计，2021 年燃气管道事故在全年总的燃气事故量中占比为 31%，仅次于居民液化气用户事故数量，见图 3-5。

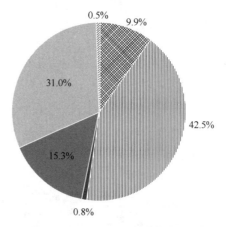

图 3-5　2021 年各类型事故数量占比图

3.3.2　原因及后果分析

从事故原因看，根据中国城市燃气协会安全管理工作委员会统计数据，在 248 起已核实事故原因的天然气管道事故分析样本中，第三方施工破坏引发的事故占比最高，占比为 81.5%；管道腐蚀泄漏造成事故占比为 5.6%；车辆撞击造成的事故占比为 5.2%。事故原因占比见图 3-6。

从伤亡情况看，2021 年燃气管道事故死亡人数占比为 34.9%，管道事故死亡人数在各类燃气事故中占比最高，受伤人数占比 25.9%，见图 3-7 和图 3-8。

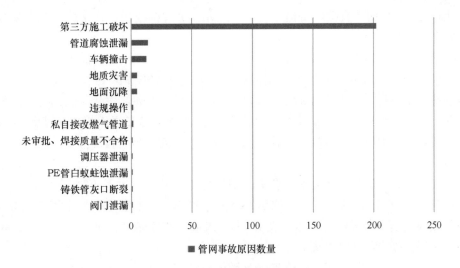

图 3-6　燃气管道事故原因占比

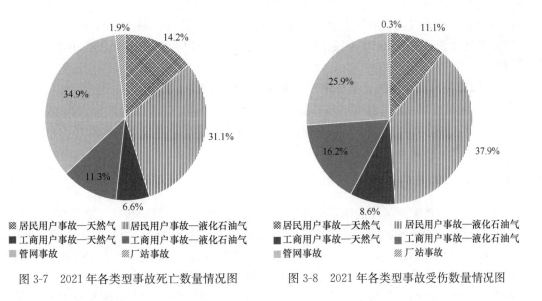

图 3-7　2021 年各类型事故死亡数量情况图　　图 3-8　2021 年各类型事故受伤数量情况图

3.3.3　典型事故案例

1. "2021.6.13" 湖北十堰市重大燃气事故

2021 年 6 月 13 日 6 时 42 分许，位于湖北省十堰市张湾区艳湖社区的集贸市场发生重大燃气爆炸事故，造成 26 人死亡，138 人受伤，其中重伤 37 人，直接经济损失约 5395.41 万元。湖北十堰 "6·13" 重大燃气爆炸事故调查报告公布，认定这是一起重大生产安全责任事故。

事故直接原因为天然气中压钢管严重锈蚀破裂，泄漏的天然气在建筑物下方河道内密闭空间聚集，遇餐饮商户排油烟管道排出的火星发生爆炸。事发前 1h 抢修人员曾到现场处置，通报处置结束 4min 后发生爆炸。

2. "2021.1.25" 辽宁大连燃气管道爆炸事故

2021 年 1 月 25 日，大连金普新区友谊街道金渤海憬小区发生较大燃气爆炸事故，造成 3 人死亡、6 人轻伤，直接经济损失 900 余万元。事故调查报告认定此次燃爆事故为较大生产安全责任事故。

2021 年 1 月 24 日 22 时至 23 时，大连金普新区友谊街道金渤海憬小区附近的中压燃气管道出现断裂，导致大量天然气开始泄漏，并通过地下电缆线套管扩散，从电缆线通道、地下井、地下管道溢出，分别在停车场内部分车辆底部、居民楼一至二层公建外墙干挂石框架空间内和东侧 150m 处的聚鑫汽车美容维修中心二层小楼内聚集形成爆炸气体，达到爆炸极限遇明火后发生了二次爆炸，爆炸致聚鑫汽车美容维修中心贴邻建筑局部坍塌起火。

3. "2021.11.22" 内蒙古呼和浩特燃气泄漏爆炸事故

2021 年 11 月 22 日 7 时 35 分，位于内蒙古呼和浩特市玉泉区东五十家街民和花园 3 号楼一单元内发生一起天然气爆炸一般生产安全事故，共造成 1 人死亡，2 人重伤，12 人轻伤，直接经济损失约 868 万元。

事故直接原因燃气管道发生环向断裂导致燃气泄漏，泄漏的天然气在输送压力的作用下，迅速窜入离其最近的热力管沟并快速蔓延，通过 3 号楼一单元 1 楼的热力管沟检查井入口迅速进入楼道内，与空气混合形成爆炸性混合气体。随着天然气不断涌入，楼道内爆炸性混合气体快速达到爆炸极限范围，遇一楼电子 LED 灯箱在工作中产生静电放电，造成爆炸。

4. "2020.4.25" 四川成都市燃气泄漏爆炸事故

2020 年 4 月 25 日 21 时 47 分，四川成都市青白江区清泉镇龙洞村一处民宅发生天然气燃爆事故，导致 2 人死亡，6 人受伤。事故起因为该农户私自使用装载机进行院坝平场时导致天然气管道破裂发生泄漏遇火导致燃爆。

3.3.4　影响因素分析

影响燃气管道安全运行的因素大体上可以分为三类，一是管道自身可能出现的安全问题，如敷设方式不合理、管道材质缺陷、输送介质影响等造成的管道腐蚀、疲劳失效等；二是管道周边环境因素，如周边土体病害、周边挖掘施工活动、重型车辆碾压等；三是管理因素，如规划设计、建设施工和运行维护过程中的设计不合理、施工质量缺陷、巡检不到位等。以下从影响燃气管道安全的主要因素出发，分析当前的安全现状及未来的安全需求。

1. 第三方破坏是影响安全的重要因素

随着城市的不断发展，城市建设需要不断的改进提升，相关基础设施也需要不断地完善，所以近年来各地的建设施工数量一直居高不下。施工造成燃气管道破坏主要包括以下几种情况，一是不按规定获取管道信息，直接进行野蛮施工；二是获取的管道信息不准确，按错误信息指引导致管道破坏；三是施工前的勘探作业中导致的钻机打穿管道等。目前，各地积极采取措施避免或减少此类事故的发生，有的城市出台了相关的制度文件，有的城市借鉴美国 "811" 一呼通平台，建立了防挖掘系统，但目前看来还是没有很好地解决这类问题。

2. 管道施工质量不满足要求

管道施工质量问题主要体现在两方面，分别是防腐层的施工质量以及管道的焊接质量。在对防腐层进行施工作业的过程中，非常容易出现三类问题，分别是防腐层材料的质量相对较低，防腐层与管道外壁之间连接不紧密，以及防腐层破损问题。这三种类型的问题都会使得管道外壁的腐蚀速率加快，进而对管道的运行安全产生较大的威胁。由于城市燃气管道的走向以及结构都相对复杂，所以焊接点的数量比较多，如果焊接质量较低，则管道的承压能力也将降低，管道的使用寿命大大缩短，进而影响管道安全。

3. 城市自然和人为环境的变化带来新的风险

近年来，严寒、暴雨、台风等极端天气时有发生，极大地危害管道运行安全。另外，城市地下空间大规模地开发和利用，使燃气管道的运行条件发生了变化，随之而来的是各种新的安全问题产生。比如，大量地下工程的开展，可能造成管道周边土体的扰动，进而演变成地下病害，使得燃气管道受力不均，造成管道结构损坏；此外，高压线缆入地、地铁、高铁等运行，导致土壤中的杂散电流增强，从而加剧管道腐蚀。伴随着城市的发展，燃气管道面临着诸多复杂的新风险，系统性风险防控的难度日趋增大。

第二篇 策略篇

第4章 建设管理

4.1 规划管理

4.1.1 管理内容要求

1. 《中华人民共和国城乡规划法》规定的管理内容

2007 年 10 月 28 日第十届全国人民代表大会常务委员会第三十次会议通过了《中华人民共和国城乡规划法》（以下简称《城乡规划法》），并于 2019 年 4 月 23 日第十三届全国人民代表大会常务委员会第十次会议通过了第二次修正。《城乡规划法》是制定和实施城乡规划，在规划区内进行建设活动的上位法，规定了城乡规划的制定、实施、修改以及监督检查等内容。

《城乡规划法》中涉及燃气管道规划管理的内容主要有：

（1）在制定规划时，应该将燃气管道等重大基础设施的布局纳入省域城镇体系规划；规划区范围、规划区内基础设施和公共服务设施用地等内容，应当作为城市总体规划、镇总体规划的强制性内容。

（2）在规划实施阶段，城市的建设和发展应当优先安排基础设施以及公共服务设施的建设；城市、县、镇人民政府应当根据城市总体规划、镇总体规划、土地利用总体规划和年度计划以及国民经济和社会发展规划，制定近期建设规划，近期建设规划应当以重要基础设施、公共服务设施……为重点内容，明确近期建设的时序、发展方向和空间布局；城乡规划确定的铁路、公路……输配电设施及输电线路走廊、通信设施、广播电视设施、管道设施……和公共服务设施的用地以及其他需要依法保护的用地，禁止擅自改变用途。

（3）在规划许可方面，在城市、镇规划区内进行建筑物、构筑物、道路、管线和其他工程建设的，建设单位或者个人应当向城市、县人民政府城乡规划主管部门或者省、自治区、直辖市人民政府确定的镇人民政府申请办理建设工程规划许可证。

2. 《城镇燃气管理条例》规定的管理内容

《城镇燃气管理条例》于 2010 年 11 月 19 日中华人民共和国国务院令第 583 号公布，根据 2016 年 2 月 6 日《国务院关于修改部分行政法规的决定》修订。该条例规定了城镇燃气发展规划与应急保障、燃气经营与服务、燃气使用、燃气设施保护、燃气安全事故预防与处理及相关管理活动。

城镇燃气管理条例中涉及燃气管道规划管理的内容主要集中在"第二章燃气发展规划与应急保障"具体包括：

（1）机构及职能方面：国务院建设主管部门应当会同国务院有关部门，依据国民经济和社会发展规划、土地利用总体规划、城乡规划以及能源规划，结合全国燃气资源总量平衡情况，组织编制全国燃气发展规划并组织实施；县级以上地方人民政府燃气管理部门应当会同有关部门，依据国民经济和社会发展规划、土地利用总体规划、城乡规划、能源规划以及上一级燃气发展规划，组织编制本行政区域的燃气发展规划。

（2）燃气发展规划的内容应当包括：燃气气源、燃气种类、燃气供应方式和规模、燃气设施布局和建设时序、燃气设施建设用地、燃气设施保护范围、燃气供应保障措施和安全保障措施等。

（3）规划实施方面：进行新区建设、旧区改造，应当按照城乡规划和燃气发展规划配套建设燃气设施或者预留燃气设施建设用地。

（4）规划审批方面：对燃气发展规划范围内的燃气设施建设工程，城乡规划主管部门在依法核发选址意见书、建设用地规划许可证、乡村建设规划许可证时，应当就燃气设施建设是否符合燃气发展规划征求燃气管理部门的意见。

3. 现行国家标准《城镇燃气规划规范》GB/T 51098 中规定的内容

现行国家标准《城镇燃气规划规范》GB/T 51098 适用于城市规划或镇规划中的燃气规划的编制，从用气负荷、燃气气源、燃气管网、调峰及应急储备、燃气厂站、运行调度系统几方面规定燃气规划编制的具体要求。在燃气管网规划编制方面明确了压力级制、管网布置和水力计算的技术要求。

4. 《关于以"多规合一"为基础推进规划用地"多审合一、多证合一"改革的通知》（自然资规〔2019〕2 号）中规定的内容

自然资源部发布《关于以"多规合一"为基础推进规划用地"多审合一、多证合一"改革的通知》，提出合并规划选址和用地预审，合并建设用地规划许可和用地批准，推进多测整合、多验合一，简化报件审批材料四方面要求。该通知自发布之日起执行，有效期5 年。其中涉及规划方面的规定包括：

一是合并规划选址和用地预审。将建设项目选址意见书、建设项目用地预审意见合并，自然资源主管部门统一核发建设项目用地预审与选址意见书，不再单独核发建设项目选址意见书、建设项目用地预审意见。使用已经依法批准的建设用地进行建设的项目，不再办理用地预审；需要办理规划选址的，由地方自然资源主管部门对规划选址情况进行审查，核发建设项目用地预审与选址意见书。建设项目用地预审与选址意见书有效期为三年，自批准之日起计算。

二是合并建设用地规划许可和用地批准。将建设用地规划许可证、建设用地批准书合并，自然资源主管部门统一核发新的建设用地规划许可证，不再单独核发建设用地批准书。

4.1.2　管理热点剖析

1. 燃气规划编制

燃气规划关键内容包括资料收集、相关规划解读、供应现状及存在问题分析、用气量

预测、气源规划、燃气设施规划、燃气管道规划及图纸内容要求等八部分内容。

（1）资料收集。

全面、准确的基础资料是规划编制的基础。燃气规划需要收集的资料主要包括相关上位规划资料、相关专项规划资料、城市基础资料、相关统计资料、气源资料、现状燃气设施资料、现状燃气用户资料及其他资料等八类资料，具体情况见表 4-1。

燃气规划收集资料汇总表　　　　　　　　　　　　　表 4-1

序号	资料类型	资料内容
1	相关上位规划资料	城市总体规划（文本、图集、说明书），批复； 控制性详细规划（文本、图集、说明书），批复； 国民经济和社会发展五年规划，批复； 能源发展规划，批复； 天然气发展规划； 近期建设规划； 其他
2	相关专项规划资料	供热专项规划（文本、图集、说明书），批复； 供水专项规划（文本、图集、说明书），批复； 综合管廊规划（文本、图集、说明书），批复； 排水防涝专项规划（文本、图集、说明书），批复； 电力专项规划（文本、图集、说明书），批复； 道路专项规划（文本、图集、说明书），批复； 其他
3	城市基础资料	社会经济发展状况； 水文、地质、气象、自然地理资料； 城镇地形图； 卫星影像图
4	相关统计资料	近 5 年城市统计年鉴/年报
5	气源资料	燃气分输站、接收门分输站、接收门、储配站等设施的分布、规模、服务范围； 长输燃气管线走向、设计压力、管径、供气规模； 气源种类、气质参数
6	现状燃气设施资料	各燃气公司所在地燃气公司情况统计，企业简介（含分公司），包括企业名称、法人、股权结构、人员情况、组织架构、经营机制及管理体制等情况； 城市燃气厂站布局、供气规模、供气范围、位置、用地面积及运行情况； 城市燃气管道物探资料； 燃气管道压力级制、管径、敷设方式、管材及运营情况
7	现状燃气用户资料	近 5 年居民生活用气发展情况及用气量统计情况； 近 5 年商业用气发展情况及用气量统计情况； 近 5 年工业生产用气发展情况及用气量统计情况； 近 5 年采暖通风及空调用气发展情况及用气量统计情况； 近 5 年燃气汽车及船舶用气发展情况及用气量统计情况； 近 5 年燃气冷热电联供系统用气发展情况及用气量统计情况； 近 5 年燃气发电用气发展情况及用气量统计情况； 近 5 年其他用气发展情况及用气量统计情况； 现有工业、采暖、发电、制冷企业名录，包括地理位置、用气设备及规模、生产班次、小时用气量及近期改扩建情况； 大用户及可中断用户的用气规模及规律等

序号	资料类型	资料内容
8	其他资料	已批在建/已批未建项目概况及批文，包括项目规模、建设时间、建成时间、用气需求； 上级领导机关对本地区燃气规划发展有关的方针、政策性文件，批复、决定、建议、会议纪要等

（2）相关规划解读。

对已有涉及规划范围的总体规划、详细规划、其他相关规划等进行详细分析解读，总体规划和详细规划主要从城市性质、空间布局、强制规定、用气量预测、燃气厂站规划、燃气管网规划及实施情况等七个方面解读；其他规划主要从能源条件、环保约束、设施布局、管网规划、建设计划及实施情况等六个方面解读，并对已有规划的实施情况进行评估，分析规划限定条件、城市建设速度、存在问题及规划建议。

（3）供应现状及存在问题分析。

结合统计数据分析近 5 年区域能源结构，给出燃气发展变化趋势；简要介绍城市燃气运营企业，包括主营业务、供应范围、供应规模、经营状况及困境；详细介绍现状气源种类，长输管道的走向、设计压力、管径及供气规模，燃气分输站、门站、储配站等设施的分布、设计规模、服务范围及负荷率；按隶属关系详细介绍城市高压、次高压输气管网布局、管径、管道覆盖率，中压主干管网布局、管径、管道覆盖率等情况，次高压及以上压力调压站箱布局、用地面积、设计规模及负荷率；详细分析规划区域内各类燃气用户历年发展情况，包括年用气量、用气结构、用户数量、气化率及其发展特点，大型燃气用户用气量情况及分布，可中断用户的用气规模及规律等。

从能源结构、设施布局、设施负荷率、用户分布、各类用户气化率、管道覆盖率、城市建设等方面出发，分析存在问题。

（4）用气量预测。

燃气负荷预测可采用人均用气指标法、分类指标预测法、横向比较法、弹性系数法、回归分析法、增长率法等，城市燃气规划用气量预测一般采用分类指标预测法。

依据现状城镇燃气用气负荷用户类型，并考虑未来发展趋势，确定燃气负荷用户类型。确定用气量预测各类用户用气指标，居民生活用气指标应根据气候条件、居民生活水平及生活习惯、燃气用途等综合分析比较后确定；商业用气指标应根据不同类型用户的实际燃料消耗量折算，也可根据当地经济发展情况、居民消费水平和生活习惯、公共服务设施完善程度，按其占城镇居民生活用气的适当比例确定，结合历史数据，一般在 40%～70%范围内选取。工业用气负荷分为落实的和远期规划的负荷，落实的负荷预测应按企业可被燃气替代的现用燃料量经过转换计算，或按生产规模及用气指标进行预测，远期规划负荷预测，可按同行业单位产能（或产量）或单位建筑面积（或用地面积）用气指标估算；采暖通风及空调用气量预测，用气指标按国家现行标准《工业建筑供暖通风与空气调节设计规范》GB 50019 和《城镇供热管网设计规范》CJJ 34 确定，无法获得分类建筑指标时，按当地建筑物耗热（冷）综合指标确定；燃气汽车、船舶用气量根据各类汽车、船舶的用气指标、车辆数量和行驶里程确定用气量，用气指标根据车辆、船舶的燃料能耗水平、行驶规律综合分析确定；燃气冷热电联供系统及燃气电厂用气量应根据装机容量、运行规律、余热利用状况及相关政策等因素预测；不可预见用气及其他用气量可按总用气量的 3%～5% 估算。结合历史数据测算各类用气负荷不均匀系数，若历史数据不足，可参照同等规模城市数据取值。结合现状气化率，并考虑适当增长，合理确定居民气化率、采暖气化率、制冷气化率、汽车气化率等。

结合上述数据测算年用气量、用气结构、可中断用户用气量、非高峰期用户用气量、月平均日用气量、月高峰日用气量、高峰小时用气量、时调峰量、季（月、日）调峰量、应急储备量。

（5）气源规划。

燃气气源主要包括天然气、液化石油气和人工煤气。燃气气源选择应遵循国家能源政策，坚持降低能耗、高效利用的原则，应与本地区的能源、资源条件相适应，宜优先选择天然气等清洁燃料。燃气气源供气压力和高峰日供气量，应能满足燃气管道的输配要求。气源点的布局、规模、数量等应根据上游来气方向、交接点位置、交接压力、高峰日供气量、季节调峰措施等因素，经技术经济比较确定。门站负荷率宜取 50%～80%。中心城区规划人口大于 100 万人的城镇输配管道，宜选择 2 个及以上的气源点。气源选择时应考虑不同种类气源的互换性。

（6）燃气设施规划。

燃气厂站的布局和选址，应符合城市、镇总体规划的要求，具有适宜的交通、供电、给水排水、通信及工程地质条件，燃气厂站与建（构）筑物的间距，应符合现行国家标准《建筑设计防火规范》GB 50016、《城镇燃气设计规范》GB 50028 及《石油天然气工程设计防火规范》GB 50183 的规定。

根据上位规划用地布局、气源设施规划布局、集中负荷分布、燃气主干线布局及压力级制，合理配置各类燃气厂站及数量，包括规划新增和改（扩）建厂站位置、设计规模、用地面积、上位规划用地情况，对于需要调整用地规划的厂站提出相应措施。

（7）燃气管道规划。

城镇燃气设施建设滞后于城镇建设，随着城镇规模的扩大，中心城区用气要求不断提高，市政用地日益紧张，必要的供气干线往往由于安全距离的限制难以引至中心负荷区域。因此，燃气管道规划编制时，应根据供气干线的压力级制、对安全净距、途经地区等级及负荷分布，同时考虑调压站的布点位置和对大型用户直接供气的可能性（应使管道通过这些地区时尽量靠近各类调压站和直供用户，以缩短连接支管的长度），并与公路、城镇道路、铁路、河流、绿化带及其他管廊等的布局相结合，规划设置高压燃气管道走廊。结合上位规划用地布局、气源设施规划布局、集中负荷分布、燃气主干线布局、压力级制及燃气厂站布局，合理布局各级燃气管网，包括规划新增和改（扩）建管网位置、管径、管材、设计压力。

（8）图纸内容要求。

图纸包括城市/镇用地规划图、燃气气源分布图、现状场站设施布局图、现状燃气管网布局图、燃气厂站规划布局示意图、管网规划示意图、燃气管网水力计算图，其具体内容要求如下：

1）城市/镇用地规划图：依据城市/镇总体规划用地布局图，标明用地性质、近远期建设范围。

2）燃气气源示意图：标明燃气分输站、门站、储配站等设施的分布、规模、服务范围，长输管线的走向、设计压力、管径、供气规模。

3）现状燃气管网布局图：包括高压、次高压输气管网布局、管径、设计压力，中压主干管网布局、管径、设计压力。

4）现状场站设施布局图：包括天然气、液化石油气等厂站的布局、供应规模、用地面积，次高压及以上压力调压站箱布局、用地面积及设计规模。

5）燃气厂站规划布局示意图：标明现状、规划新增、改（扩）建的各类燃气厂站位置、供应规模、用地面积。

6）管网规划示意图：标明现状、规划新增、改（扩）建的高压、次高压输气管道布局、管径、设计压力；标明现状、规划新增、改（扩）建的中压管网布局、管径、设计压力。

7）燃气管网水力计算图：绘制管网水力计算示意图，标明节点压力及流量，各管段管径、管长、流量及单位长度压降，近期需逐年分析。

2. 管线综合规划编制

各层次的综合性规划市政配套无法体现市政工程的特性，对市政基础设施的建设指导意义不大，且由行业主管部门编制单专业规划往往局限于本行业的发展，缺乏与其他行业规划的协调，加上市政设施位置和工程管线走向与城市规划用地和路网布局衔接不够，在很大程度上影响到单项专业规划的可实施性，并普遍存在编制深度有限、区域协调性差以及修改程序复杂的问题。尤其是近年来，随着能源工程、综合管廊工程、海绵城市等规划的兴起，专项规划面临由单一规划向多规融合转变，由单专业单系统向多专业多系统集成演变。

因此，各单项专业规划的编制应注重与城乡规划及其他市政基础设施规划的衔接，确保专项规划的可实施性。城镇燃气、电力、电信、供水、排水、供热等工程管线均属市政工程管线，一般沿城镇道路地下敷设。由于城镇道路地下空间资源有限，燃气管道布置应与其他管线工程位置很好地协调配合，统筹规划，减少相互间的影响和矛盾，保证燃气管道的顺利实施。

现行《城市工程管线综合规划规范》GB 50289 提出为合理利用城市用地，统筹安排工程管线在地上和地下的空间位置，协调工程管线之间以及工程管线与其他相关工程设施之间的关系，应编制工程管线综合规划和工程管线综合专项规划，城市工程管线综合规划的主要内容应包括：协调各工程管线布局；确定工程管线的敷设方式；确定工程管线敷设的排列顺序和位置，确定相邻工程管线的水平间距、交叉工程管线的垂直间距；确定地下敷设的工程管线控制高程和覆土深度等。城市工程管线综合规划的编制能够较好促使各专业规划间互相协同，满足能用、管用、好用的操作性要求。

4.1.3　典型案例/创新举措

1. 多规合一

（1）提出背景。

按照以前我国固定资产投资审批流程，建设项目的前期研究过程为"串联式"，需要建设单位单独向多个政府部门反复进行咨询、沟通、协商、提交相关材料，甚至要多次公示、多次报批手续，来回反复过程拉长了建设周期；此外，以前各个政府部门的工作方式为被动地受理审批，项目的研究过程也是由建设单位来推动，在整个项目办理过程中建设单位不仅需要到各部门"报道"，还需要自主推进项目的研究过程。

为加快转变政府职能，建设服务型政府，更好地服务于企业办理行政审批事项，2019年03月26日，国务院办公厅印发了《全面开展工程建设项目审批制度改革的实施意见》，明确指出2019年上半年，全国工程建设项目审批时间压缩至120个工作日以内，省（自治区）和地级及以上城市初步建成工程建设项目审批制度框架和信息数据平台；到2019年底，工程建设项目审批管理系统与相关系统平台互联互通；试点地区继续深化改革，加大改革创新力度，进一步精简审批环节和事项，减少审批阶段，压减审批时间，加强辅导服务，提高审批效能。到2020年底，基本建成全国统一的工程建设项目审批和管理体系。

（2）解决方案。

1）北京市："多规合一"协同平台。

北京市根据《关于进一步优化营商环境深化建设项目行政审批流程改革的意见》（市规划国土发〔2018〕69号），优化完善社会投资建设项目行政审批流程，构建了"多规合一"协同平台工作机制，制定了《"多规合一"协同平台工作规则》。2018年3月19日，《北京市规划和国土资源管理委员会关于印发〈"多规合一"协同平台工作规则〉的通知》（市规划国土发〔2018〕89号），不仅明确了"多规合一"协同平台的具体工作机制，同时也将工作流程、审查内容和审查标准向社会公开，接受社会监督、规范权力运行。

"多规合一"协同平台依托互联网、政务云平台，打通与建设项目办事服务相关的13家委办局，建立起面向建设单位办事服务统一的信息平台，实现了建设单位从统一的互联网信息平台提交申请，多部门在线协同会商决策。

"多规合一"协同平台的工作，坚持以北京城市总体规划为统领，通过土地和空间资源配置，统筹协调建设需求和管理需求，并遵循"高效便民、规范透明"的原则，限时处理申请事项、例会研究集体决策、书面回复一次性告知各部门综合意见。

"多规合一"协同平台由三部分组成：建设项目办事服务网、市规划国土委内部协同平台和委办局间协同会商平台。建设项目办事服务网是指互联网上服务建设单位的建设项目办事服务模块，作为建设项目办事服务的统一门户，完成建设项目的咨询、沟通与反馈，在线申报、结果查询与打印下载等。委内网是指市规划国土委内部协同平台，是业务处室的初审和内部会商模块，完成市规划国土委内部处室、部门和分局间的初审、会商和决策研究。政务云是指服务委办局的"多规合一"会商平台，完成参与建设项目办事服务的13家委办局之间的协同会商和决策研究与意见反馈。

2）上海市："多规合一"业务协同平台。

为贯彻落实党中央、国务院关于深化"放管服"改革和优化营商环境的部署要求，推动政府职能转向减审批、强监管、优服务，促进市场公平竞争，国务院与上海市人民政府先后出台《国务院办公厅关于开展工程建设项目审批制度改革试点的通知》（国办发〔2018〕33号）和《上海市工程建设项目审批制度改革试点实施方案》（沪府规〔2018〕14号）相关政策，在创建了面向社会公开的联审平台后，为进一步优化审批流程的需要，结合上海市建设项目规划土地管理的实际情况，相继建立了面向委办局内部的"多规合一平台"。并根据平台的运行机制，于 2018 年 11 月出台了《上海市工程建设项目"多规合一"业务协同平台管理规定》（沪规土资建〔2018〕645 号）。

上海市工程建设项目"多规合一"业务协同平台（以下简称"协同平台"），是以"上海市城市空间基础信息平台（空间数据库）"为支撑，推进各类空间规划的统筹衔接、成果共享，促进工程建设项目的策划生成、实施落地，实现各部门间的业务协同、整体推进的工作平台。

协同平台重点打造三方面核心功能：

一是"一张蓝图"应用，共享"多规合一"的成果，优化资源配置。"一张蓝图"是协同平台的"底图"和基础，以"上海 2035"总体规划为基础，在同一空间基准上统筹衔接国民经济和社会发展规划、土地利用总体规划、生态环境保护规划、近期建设规划等涉及空间的各类规划，实现各级各类空间规划在统一数据标准、统一坐标体系基础上的落地化管理，实现空间规划成果之间的一致性核算和冲突检查，形成动态更新的空间数据库，并在"多规合一"业务协同平台上向各相关部门、单位共享。

二是项目实施库管理，推进项目策划生成，促进建设方案稳定，确保项目落地。项目实施库管理是协同平台的核心功能。规划国土管理部门牵头建立并管理全市统一的、覆盖市区两级的项目实施库，会同所涉及的行政审批、技术审查、中介服务、市政公用服务等部门或单位，依托"多规合一"业务协同平台，加强前期审批协调和工作协调，推进项目策划生成。

三是各部门的行政协同，重点是协同项目前期审批业务，协调各部门信息推送会商、协同办理、联评联审、共同参与项目决策。

2. 管线综合规划

（1）内蒙古自治区：《关于加强城市地下管线规划建设管理的实施意见》。

2015 年 1 月 7 日，内蒙古自治区人民政府办公厅颁布了《关于加强城市地下管线规划建设管理的实施意见》（内政办发〔2015〕3 号），强调加强城市地下管线规划统筹，严格实施城市地下管线规划管理，并明确了各方的管理职责：

1）各地区城市人民政府在编制或修编城市总体规划时，统筹考虑各类地下管线总体布局、规模、走向，加强与地下空间、道路交通、人防建设、地铁建设、电网、通信等规划的衔接和协调，编制地下管线综合规划，成果作为控制性详细规划和地下管线建设规划的基本依据。

2）城市规划主管部门组织编制控制性详细规划时，应当根据城市总体规划和地下管线综合规划，对各类地下管线及其附属设施的具体位置、用地界线等做出综合确定。

3）各地区城市人民政府城乡规划主管部门对城市地下管线实施统一的规划管理。

4）地下管线权属单位在新建、改建、扩建地下管线工程前，要依法向当地城市人民政府城乡规划主管部门申请办理规划许可手续。经核实符合规划要求的，城乡规划主管部门核发《内蒙古自治区建设工程竣工规划核实合格证》。

（2）江苏省：《关于加强城市地下管线规划建设和安全运行管理的通知》。

2020 年 10 月 20 日，江苏省住房和城乡建设厅、江苏省自然资源厅、江苏省工业和信息化厅、江苏省广播电视局、江苏省通信管理局五部门联合发布了《关于加强城市地下管线规划建设和安全运行管理的通知》（苏建城〔2020〕179 号），指出要进一步加强规划综合协调与管控，具体要求包括：

1）各地供水、排水、燃气、电力、通信、广电等管线行业主管部门要依据国土空间总体规划和行业发展要求，及时修订完善专业管线专项规划，在此基础上，修订完善城市地下管线综合规划，统筹协调城市地下各类管线布局与走向，合理确定管线敷设的排列顺序、空间位置、平行间距、交叉间距等要求，同时加强与地下空间、道路交通、人防建设、地铁建设等规划的衔接和协调，避免新建地下管线产生新的违章占压、安全间距不足等安全隐患。

2）按照先规划、后建设的原则，依据经批准的城市地下管线综合规划和（控制性）详细规划，加强城市地下管线规划建设管理。地下管线工程开工建设前要依据相关法律法规取得建设工程规划许可证，并依法征求有关部门意见；要依法将（控制性）详细规划中关于地下管线的规划要求纳入规划条件；要严格执行地下管线工程的规划核实制度，未经核实或者经核实不符合规划要求的，建设单位不得组织竣工验收。

4.2　管道设计

4.2.1　管理内容要求

1.《城镇燃气设计规范（2020 版）》GB 50028—2006 规定的内容

《城镇燃气设计规范（2020 版）》GB 50028—2006 适用于向城市、乡镇或居民点供给居民生活、商业、工业企业生产、采暖通风和空调等各类用户作燃料用的新建、扩建或改建的城镇燃气工程设计。其中涉及燃气管道设计的内容主要在第 6 章燃气输配系统中进行规定，主要内容包括：

（1）基本要求：城镇燃气输配系统一般由门站、燃气管网、储气设施、调压设施、管理设施、监控系统等组成；城镇燃气输配系统设计，应符合城镇燃气总体规划；城镇燃气输配系统压力级制的选择，以及门站、储配站、调压站、燃气干管的布置，应根据燃气供应来源、用户的用气量及其分布、地形地貌、管材设备供应条件、施工和运行等因素，经过多方案比较，择优选取技术经济合理、安全可靠的方案；城镇燃气干管的布置，应根据用户用量及其分布，全面规划，并宜按逐步形成环状管网供气进行设计。

（2）燃气管道计算流量和水力计算：城镇燃气管道的计算流量，应按计算月的小时最大用气量计算；该小时最大用气量应根据所有用户燃气用气量的变化叠加后确定。

（3）室外燃气管道设计：规定了室外燃气管道覆土埋深、场地要求、穿跨越具体要求。

（4）管道防腐：规定了防腐设计要求及防腐技术选择要求等。

2.《市政公用工程设计文件编制深度规定（2013 年版）》中规定的内容

（1）初步设计：初步设计要明确工程规模、建设目的、投资效益、设计原则和标准，深化设计方案，确定拆迁、征地范围和数量，提出设计中存在的问题、注意事项及有关建议，其深度应能控制工程投资，满足编制施工图设计、主要设备订货、招标及施工准备的要求。初步设计按照《市政公用工程设计文件编制深度规定（2013 年版）》中第七篇（燃气工程）第二章（燃气工程初步设计文件编制深度）编制。

（2）施工图设计：施工图设计应根据批准的初步设计进行编制，其设计文件应能满足施工招标、施工安装、材料设备订货、非标设备制作、加工及编制施工图预算的要求。施工图按照《市政公用工程设计文件编制深度规定（2013 年版）》中第七篇（燃气工程）第三章（燃气工程施工图设计文件编制深度）编制。对于技术简单、方案明确、内容的单一的城市燃气管道的小型建设项目，且主管部门无特殊要求，工程设计可按一阶段直接进行施工图设计。设计文件的编制必须贯彻执行国家有关工程建设的政策、法规、工程建设强制性标准和制图标准，遵守设计工作程序，各阶段设计文件应完整齐全，内容深度符合要求。

4.2.2　管理热点剖析

1. 施工图审查

国务院办公厅印发的《关于全面开展工程建设项目审批制度改革的实施意见》（国办发〔2019〕11 号）明确提出：试点地区要进一步精简审批环节，在加快探索取消施工图审查（或缩小审查范围）、实行告知承诺制和设计人员终身负责制等方面，尽快形成可复制可推广的经验。

各省市纷纷出台相关指导意见或通知，全面取消图审或部分取消施工图审查，并提出施工图审查制度改革意见或建议。其中，深圳、山西、陕西渭南全面取消图审；青岛、南京部分取消；浙江实行自审备案制；广东要求简化图审，全部网上进行。具体政策情况如下：

（1）2020 年 8 月，山东省人民政府印发《关于深化制度创新加快流程再造的指导意见》，明确提出：改革工程图审机制，在中国（山东）自由贸易试验区、中国—上合组织地方经贸合作示范区、青岛西海岸新区探索取消施工图审查或缩小审查范围，2020 年 12 月底前全省依法取消。

（2）2019 年 7 月，山西省发布《关于进一步深化施工图审查制度改革加强勘察设计质量管理的意见（试行）》（晋建办字〔2019〕155 号）的通知，提出：取消现行的房屋建筑和市政基础设施工程社会中介机构施工图审查环节，全省图审机构停止承接新业务。

（3）2019 年 8 月，广东省广州市政府发布《关于印发广州市进一步深化工程建设项目审批制度改革实施方案的通知》（穗府函〔2019〕194 号），提出：探索取消政府投资类的房屋建筑工程、市政基础设施工程的施工图设计文件审查，强化建设单位主体责任，建设单位可根据项目实际情况，自行决定是否委托第三方开展施工图设计文件审查，建设单位出具承诺函、提交具备资质设计单位及注册设计人员签章的施工图，可以申请施工许可核准。

（4）吉林省长春市人民政府办公厅印发《关于深化施工图审查制度改革的实施意见（试行）》（长府办发〔2020〕36 号），提出以下改革内容：

一是取消一般工程强制性施工图审查。除轨道工程外，不再强制要求建设单位委托施工图审查机构进行施工图设计文件审查。

二是实行勘察设计质量承诺制。建设、勘察、设计等单位提交全套施工图设计文件及质量承诺书即可办理下一环节手续。

三是实行专家评审制度。组建专家库，组织专家对按比例抽取的建设项目施工图设计文件进行评审。

四是落实勘察设计质量终身制。按照"谁建设、谁负责"、"谁服务、谁负责"的原则，落实建设、勘察、设计等单位主体责任和相关人员的终身责任。

（5）贵州省住房和城乡建设厅印发《关于深化施工图审查制度改革的意见》的通知（黔建设通〔2019〕169），从9个方面提出意见，包括大力推行施工图数字化审查；加快探索缩小施工图审查范围；优化施工图审查流程；落实施工图审查机构责任；完善施工图审查监管服务体系；加快施工图审查专家库建设；加强事中事后监管；强化建设单位、勘察单位、设计单位和勘察设计人员质量终身责任制；建立健全勘察、设计单位质量考评和信用评价制度。

（6）贵阳市住房和城乡建设局关于印发《贵阳市施工图设计文件审查深化改革实施方案（试行）》的通知（筑工审办通〔2021〕1号），提出如下内容：

全面推行施工图多审合一。实行多审合一的施工图审查机制，健全事中事后监管机制，切实提升审图服务效率，确保工程质量安全。

部分项目实施施工图审查容缺办理。借鉴国内营商环境建设先进城市经验，进一步精简审批环节、探索施工图审查告知承诺制。市工程设计质量监督站对施工图设计质量进行事中事后检查，加强工程质量和安全的事中事后监管。

深入推进电子审图信息化。完善并启用数字化联合审图软件系统，推行施工图数字化网上申报和审查，将电子签章、数字签名、防伪与施工图审查管理系统进行无缝对接，助力勘察设计行业实现全流程数字化，使施工图设计和审查问题透明化，在提高设计质量的同时，大幅提升审图效率。

2. 建设工程设计责任

（1）《建设工程质量管理条例》中针对设计责任的要求。

2019年4月23日公布的《建设工程质量管理条例》（2019年修正版）针对设计单位的质量责任和义务给出了明确的规定：

第十八条　从事建设工程勘察、设计的单位应当依法取得相应等级的资质证书，并在其资质等级许可的范围内承揽工程。禁止勘察、设计单位超越其资质等级许可的范围或者以其他勘察、设计单位的名义承揽工程。禁止勘察、设计单位允许其他单位或者个人以本单位的名义承揽工程。勘察、设计单位不得转包或者违法分包所承揽的工程。

第十九条　勘察、设计单位必须按照工程建设强制性标准进行勘察、设计，并对其勘察、设计的质量负责。注册建筑师、注册结构工程师等注册执业人员应当在设计文件上签字，对设计文件负责。

第二十一条　设计单位应当根据勘察成果文件进行建设工程设计。设计文件应当符合国家规定的设计深度要求，注明工程合理使用年限。

第二十二条　设计单位在设计文件中选用的建筑材料、建筑构配件和设备，应当注明规格、型号、性能等技术指标，其质量要求必须符合国家规定的标准除有特殊要求的建筑材料、专用设备、工艺生产线等外，设计单位不得指定生产厂、供应商。

第二十三条　设计单位应当就审查合格的施工图设计文件向施工单位作出详细说明。

第二十四条　设计单位应当参与建设工程质量事故分析，并对因设计造成的质量事故，提出相应的技术处理方案。

（2）《建设单位项目负责人质量安全责任八项规定（试行）》中针对设计责任的要求。

2015 年 3 月 6 日，《住房和城乡建设部关于印发〈建设单位项目负责人质量安全责任八项规定（试行）〉等四个规定的通知》（建市〔2015〕35 号）中，制定了《建筑工程设计单位项目负责人质量安全责任七项规定（试行）》，明确设计项目负责人应当严格遵守以下规定并承担相应责任：

1）设计项目负责人应当确认承担项目的设计人员符合相应的注册执业资格要求，具备相应的专业技术能力。不得允许他人以本人的名义承担工程设计项目；

2）设计项目负责人应当依据有关法律法规、项目批准文件、城乡规划、工程建设强制性标准、设计深度要求、设计合同（包括设计任务书）和工程勘察成果文件，就相关要求向设计人员交底，组织开展建筑工程设计工作，协调各专业之间及与外部各单位之间的技术接口工作；

3）设计项目负责人应当要求设计人员在设计文件中注明建筑工程合理使用年限，标明采用的建筑材料、建筑构配件和设备的规格、性能等技术指标，其质量要求必须符合国家规定的标准及建筑工程的功能需求；

4）设计项目负责人应当要求设计人员考虑施工安全操作和防护的需要，在设计文件中注明涉及施工安全的重点部位和环节，并对防范安全生产事故提出指导意见；采用新结构、新材料、新工艺和特殊结构的，应在设计中提出保障施工作业人员安全和预防生产安全事故的措施建议；

5）设计项目负责人应当核验各专业设计、校核、审核、审定等技术人员在相关设计文件上的签字，核验注册建筑师、注册结构工程师等注册执业人员在设计文件上的签章，并对各专业设计文件验收签字；

6）设计项目负责人应当在施工前就审查合格的施工图设计文件，组织设计人员向施工及监理单位做出详细说明；组织设计人员解决施工中出现的设计问题。不得在违反强制性标准或不满足设计要求的变更文件上签字。应当根据设计合同中约定的责任、权利、费用和时限，组织开展后期服务工作；

7）设计项目负责人应当组织设计人员参加建筑工程竣工验收，验收合格后在相关验收文件上签字；组织设计人员参与相关工程质量安全事故分析，并对因设计原因造成的质量安全事故，提出与设计工作相关的技术处理措施；组织相关人员及时将设计资料归档保存。设计项目负责人对以上行为承担责任，并不免除设计单位和其他人员的法定责任。

4.2.3　典型案例/创新举措

1. 河北：制定省级城市市政老旧管网改造实施方案并有序推进

2018 年，河北省住房和城乡建设厅、省发展和改革委员会、省财政厅联合出台《河北省城市市政老旧管网改造三年行动实施方案（2018—2020 年）》（冀建城〔2018〕48 号），分期分步实施市政老旧管网改造。确保到 2020 年底，全省现状市政供水、供热和燃气老旧管网改造率达 80% 以上，雨污分流制排水管网占现状排水管网总量达 80% 以上，其中各市、县每类现状市政老旧管网总量不足 10km 的，改造率要达 100%。明确了燃气管网改造范围：重点改造使用年限超过 15 年的铸铁管、镀锌钢管，或公共管网中泄漏或机械接口渗漏、腐蚀脆化严重等问题的老旧管网。

2020年又出台了《2020年市政老旧管网改造工程实施方案》（后简称《实施方案》），是河北省6项民心工程实施方案之一。《实施方案》明确，河北省将改造燃气老旧管网不低于140km。其中城市燃气老旧管网改造方面作出具体安排：各地按照分类改造、分步实施的原则，有序推进老旧燃气管网改造工程。充分利用技术手段，检测分析燃气管网外部自然环境和管道内部运行环境，确定改造次序和目标，重点改造使用年限超过15年的铸铁管、镀锌钢管，公共管网中存在泄漏或机械接口渗漏、腐蚀脆化严重等问题的老旧管网。

截至2020年11月，从河北省住建厅获悉，河北省2020年市政老旧管网改造已完成1776.2km，其中改造供水管网321.6km、供热管网1300.7km、燃气管网153.9km，超额完成年度改造任务，实现供热一次网和供水、燃气老旧管网应改尽改。在整个改造过程中，为加快工程推进，河北省住建厅督促各地进一步完善老旧管网改造项目台账。同时，支持各地积极发挥政府投资的引导作用，拓宽多元融资渠道，鼓励社会资本参与老旧管网改造工作，有力保障了改造任务完成。

2. 山东：设计责任保险制度

建立建设工程勘察设计责任保险制度，有利于保障建设单位投资安全，有效化解勘察设计企业及专业技术人员执业风险、增强勘察设计单位风险承担能力，提升企业市场竞争力，提高勘察设计质量，有利于通过市场化手段实施风险管理，充分发挥市场在资源配置中的决定性作用，推动政府职能转变。

山东省住房和城乡建设厅等联合印发《关于推行房屋建筑和市政工程勘察设计责任保险制度的指导意见》（鲁建设字〔2020〕5号），规定勘察设计责任保险制度坚持"市场主导、自愿投保"的原则，在山东省开展业务的勘察设计单位自愿选择综合实力强、服务评价好的保险机构购买勘察设计责任保险。勘察设计责任保险可以按年度购买，也可以按项目购买。保险机构根据勘察设计企业的质量管理和信用状况等实施差别化费率，对勘察设计质量保障体系发挥市场化激励约束作用。

4.3　施工管理

4.3.1　管理内容要求

依据我国现行的法律法规标准，城市燃气施工管理的内容主要包括施工前准备工作、施工过程及验收，以及燃气施工相关单位的安全管理。

1. 施工前的准备工作

（1）签订工程建设施工合同。施工单位必须具有与工程规模相适应的施工资质。建设单位在工程开工前，应将施工许可证、设计文件、施工监理队伍的中标通知书等相关资料报燃气管理处和市建设工程质量监督站备案（各区、市、县审批的管道液化气工程，由当地燃气管理部门负责备案），以便接受监督管理。

（2）施工图设计。施工图设计是指导施工单位进行工程施工的重要依据，在施工前由设计部门进行设计技术交底。施工单位加强内部图纸审查，确保设计方案的合理性，如发现施工图有误或燃气设施的设置不能满足现行国家标准《城镇燃气设计规范》GB 50028

等规范时，不得自行更改，应及时向建设单位和设计单位提出变更设计要求，修改设计或材料代用应经原设计部门同意。

（3）编制详细可行的施工组织设计。内容包括：编制依据，工程概况，施工现场管理组织机构及责任人，施工进度计划及措施，施工工序及方案，质量、安全保证措施，主要材料计划，主要机械设备供应计划，劳动力安排，文明施工保证措施。

（4）对单项工程在施工前办理质量安全监督申报手续。

（5）材料部门所提供的材料应符合设计文件的规定。工程施工所用设备、管道组成件等，应符合国家现行有关产品标准的规定，且必须具有生产厂质量检验部门的产品合格文件。

（6）在完成上述工作的基础上，施工单位填写开工报告，经建设单位、监理单位审批通过后方可组织开工建设。

2. 施工过程及验收

（1）放线：依据已通过审查的施工图设计及设计技术交底进行放线；在放线的同时进行内部技术交底，即施工单位向施工班组的单项工程负责人交底；放线完毕后要及时整理出相关放线技术资料（放线记录），并提交监理单位、建设单位、用户单位审核签字认可后方能进行下道工序。

（2）土方开槽：依据放线记录进行管沟开挖，严格按照设计图纸进行，严禁随意更改施工设计，土方开槽标准按照《城镇燃气输配工程施工及验收规范》CJJ 33—2005 中第 2 章土方工程。如遇障碍物，通知相关部门（建设、设计单位）出具变更。做好安全围挡，重要路段提请相关部门办理封闭施工手续，同时设置夜间施工警示标志。

（3）沟槽质量验收及收方：沟槽开挖完毕后邀请建设、监理单位进行现场验收，合格后及时填写相关资料，经建设、监理单位签字认可后方可进行下一道工序；沟槽验收的同时进行收方并在现场填写收方记录后交由相关人员签字认可。

（4）管道焊接及安装：管道焊接必须严格遵守《工业金属管道工程施工规范》GB 50235—2010 中第 6 章管道焊接合焊后热处理和第 7 章管道安装进行安全管理、《现场设备、工业管道焊接工程施工质量验收规范》GB 50683—2011 第 6 章焊接和第 7 章焊后热处理，不得擅自改变焊接工艺和降低焊接要求；在焊接过程中进行焊口编号并及时填写相关技术资料。

（5）焊接质量检验：焊接完成经外观检查合格后按照《工业金属管道工程施工规范》GB 50235—2010 中第 8 章管道检查、检验和试验和第 9 章管道吹扫与清洗相关标准对管道焊接处进行检验。并及时填报相关技术资料。

（6）警示带敷设及原土回填：管道焊接质量验收合格及相关技术资料完善，经建设、监理单位签字认可后，用筛后素土回填，同时进行警示带敷设及原土回填。回填过程中必须严格按照施工图设计要求及施工组织设计要求进行。

（7）燃气工程完工后，建设单位应当组织参建各方进行竣工验收，同时邀请工程勘察、设计、施工、监理等单位参加验收。根据《工业金属管道工程施工规范》GB 50235—2010 中第 10 章工程交接、《城镇燃气输配工程施工及验收规范》CJJ 33—2005 中第 12 章试验与验收为验收标准。验收合格后，各部门签署验收纪要。建设单位及时将竣工资料、文件归档，然后办理工程移交手续。

3. 施工安全质量管理

（1）建设单位。

建设单位在燃气施工建设过程中主要承担建设质量责任。具体包括勘察招标、施工图纸审查、施工所用建筑材料、建筑设备严格把关以及施工完成后验收工程质量。

1）按照建设程序，先进行勘察招标、再进行设计招标，在施工图纸完成后，请具有专业造价资质的单位确定造价，进行施工招标，确定施工单位。招标以后，办理相关的施工手续。建设单位应当在拆除工程施工 15 日前，将下列资料报送建设工程所在地的县级以上地方人民政府建设行政主管部门或者其他有关部门备案，主要包括：施工单位资质等级证明；拟拆除建筑物、构筑物及可能危及毗邻建筑的说明；拆除施工组织方案；堆放、清除废弃物的措施。

2）施工图完成后，经有图纸审查资格的单位进行图纸审查，图纸审查合格后，才能交付使用。

3）建设单位在申请领取施工许可证时，应当提供建设工程有关安全施工措施的资料。依法批准开工建设的建设工程，建设单位应当自开工报告批准之日起 15 日内，将保证安全施工的措施报送建设工程所在地的县级以上地方人民政府建设行政主管部门或者其他有关部门备案。

4）在施工所用建筑材料、建筑设备上严把质量关，不能使用不合格的材料、构配件和设备。严格按照合同约定，把住由建设单位负责采购的材料、构配件和设备的，必须保证材料、构配件和设备符合设计要求，满足合同约定的质量标准。

5）建设单位应当向施工单位提供施工现场及毗邻区域内供水、排水、供电、供气、供热、通信、广播电视等地下管线资料，气象和水文观测资料，相邻建筑物和构筑物、地下工程的有关资料，并保证资料的真实、准确、完整。

（2）燃气施工单位。

1）燃气施工单位负责燃气管道施工的具体工作，施工单位主要负责人依法对本单位的安全生产工作全面负责。施工单位首先建立健全安全生产责任制度和安全生产教育培训制度，制定安全生产规章制度和操作规程，保证本单位安全生产条件所需资金的投入，对所承担的建设工程进行定期和专项安全检查，并做好安全检查记录。

2）施工单位的项目负责人应当由取得相应执业资格的人员担任，经建设行政主管部门或者其他有关部门考核合格后可任职。主要对建设工程项目的安全施工负责，包括落实安全生产责任制度、安全生产规章制度和操作规程，确保安全生产费用的有效使用，并根据工程的特点组织制定安全施工措施，消除安全事故隐患，及时、如实报告生产安全事故。

3）根据国务院建设行政主管部门会同国务院其他有关部门规定，施工单位应当设立安全生产管理机构，配备专职安全生产管理人员。专职安全生产管理人员负责对安全生产进行现场监督检查。发现安全事故隐患，应当及时向项目负责人和安全生产管理机构报告；对违章指挥、违章操作的，应当立即制止。

施工组织设计中编制安全技术措施和施工现场临时用电方案，对达到一定规模的危险性较大的工程编制专项施工方案，并附具安全验算结果，经施工单位技术负责人、总监理工程师签字后实施，由专职安全生产管理人员进行现场监督。这些达到一定规模的危险性较大的工程包括：基坑支护与降水工程、土方开挖工程、模板工程、起重吊装工程、脚手架工程、拆除、爆破工程、国务院建设行政主管部门或者其他有关部门规定的其他危险性较大的工程。其中涉及深基坑、地下暗挖工程、高大模板工程的专项施工方案，施工单位还应当组织专家进行论证、审查。

根据不同施工阶段和周围环境及季节、气候的变化，在施工现场采取相应的安全施工措施。施工现场暂时停止施工的，施工单位应当做好现场防护。

4）作业人员进入新的岗位或者新的施工现场以及采用新技术、新工艺、新设备、新材料时，应当对作业人员进行相应的安全生产教育培训。

5）施工单位应当在施工现场入口处、施工起重机械、临时用电设施、脚手架、出入通道口、楼梯口、电梯井口、孔洞口、桥梁口、隧道口、基坑边沿、爆破物及有害危险气体和液体存放处等危险部位，设置明显的安全警示标志。安全警示标志必须符合国家标准。

施工单位对因建设工程施工可能造成损害的毗邻建筑物、构筑物和地下管线等，应当采取专项防护措施。

6）施工单位应当在施工现场建立消防安全责任制度，确定消防安全责任人，制定用火、用电、使用易燃易爆材料等各项消防安全管理制度和操作规程，设置消防通道、消防水源，配备消防设施和灭火器材，并在施工现场入口处设置明显标志。

7）根据《特种设备安全监察条例》规定的施工起重机械，在验收前应当经有相应资质的检验检测机构监督检验合格。施工单位应当自施工起重机械和整体提升脚手架、模板等自升式架设设施验收合格之日起 30 日内，向建设行政主管部门或者其他有关部门登记。登记标志应当置于或者附着于该设备的显著位置。

（3）监理单位、勘察设计单位。

按规定编制建立规划和监理实施细则，审查施工组织计划中的安全措施或者专项施工方案，审查各相关单位资质、安全生产许可证、"安管人员"安全生产考核合格证书和特种作业人员操作资格证书。

对现场实施安全监理，如有严重安全事故隐患且施工单位拒不整改或停止施工，应向政府主管部门汇报。

勘察单位进行勘察、提供真实、准确勘察文件，勘察文件中说明地质条件可能造成的工程风险。

设计单位应当按照法律法规和工程建设强制标准进行设计，按规定在设计文件中注明施工安全的重要部位和环节，并对防范生产事故提出指导意见特殊情况下保障作业人员安全和预防生产事故的措施建议。

4.3.2　管理热点剖析

1. 老旧小区燃气管道改造

由于老旧小区燃气管道建设工程较早，建设方通常由多个单位组成，并于不同时期、不同区域实施燃气工程的建设，缺乏统一的规划。个别住宅小区燃气管道工程建设周期相对较长，加之小区内管理不善，从而导致燃气管道布局混乱。近年来因老旧小区燃气管道改造发生多起因老旧小区改造施工燃气管道破坏的安全事故，不同程度地造成了经济损失及影响周围百姓的日常生活。

综合分析老旧小区燃气管道改造事故原因，主要表现在以下几个方面：

（1）老旧小区燃气管道工程设计所执行的规范与设计理念较为落后，很多燃气管道的防腐措施不完善，常常只做防腐涂层，而缺少阴极保护措施，部分管道超期服役严重。因此，燃气管道及其附属设施存在老化、腐蚀等安全隐患，燃气管道施工改造时也容易造成燃气管道出现泄漏等安全事故。

（2）施工单位未能落实实行安全生产责任制。工人、技术员、项目经理、安全员、企业负责人各级人员都未能树立安全责任意识，在管理施工时，未能定严格、规范的安全管理措施，完善操作流程，将安全责任落实到人。

（3）相关部门监管监督落实不到位，各地安全部门未能制定并落实燃气安全体系，建立良好的监督体系以及基层监督制度，造成燃气施工单位未能树立安全观念和意识。

老旧小区燃气施工改造可以从以下几个方面加强管理，保障施工安全：

（1）建设单位开工前要组织各方进行管道会签。对涉及开挖动土的老旧小区改造项目，建设单位在正式施工前需组织燃气部门、施工、监理单位共同参加的开工预备会，会议上需向燃气部门明确施工地点、施工内容、准确开工时间，同时参建各方指定责任联系人。

（2）燃气经营单位要向施工单位递交安全告知书，对施工现场进行燃气专项安全技术交底，明确巡线员。巡线员在施工前通过已采集的燃气管道定位点进行现场放点，明确地下燃气管道路由走向及深度。施工方必须人工开挖探沟，找出燃气管道后方可进行下一步的施工；出现无法明确燃气管道具体位置的情况，燃气经营单位必须采用探测仪器确定位置。同时，还应采用喷红漆、插彩旗等方式，为施工方明示管位，做好安全警示标志。

（3）施工单位在开挖基础土方、打桩、顶进作业及爆破等危及地下燃气管道安全的施工作业前，要编制专项施工方案及突发事故应急预案，责任明确到人。现场施工前一定要提前联系燃气经营单位，双方共同制定燃气设施保护方案，明确安全保护责任和安全保护措施。按照燃气单位出具的安全告知书给定的管道位置图进行施工，严禁机械开挖探沟。

（4）监理单位要加强旁站监理。老旧小区改造项目施工前监理单位要编制有针对性、符合工程实际的监理规划及旁站方案。在施工涉及开挖燃气管道附近或管道交界处时，监理单位要加强旁站监理，确保施工过程中燃气管道安全不受损。

（5）住建部门要加强对燃气管道周边施工项目的监督检查力度，将安全文明施工作为此类项目抽检的重点。对建设、施工、监理单位存在不遵守施工前管道会签、野蛮施工、监理不尽责的行为按照相应法律条款进行行政处罚，记入不良信誉记录。

2. 管道的防腐和检测

钢质燃气管道的腐蚀防护系统状况直接影响管道的使用寿命，应用先进技术做好管道敷设前的防腐工作，如对管道敷设环氧煤沥青防腐层、聚乙烯胶粘带防腐层、熔结环氧末（FBE）防腐层和三层 PE 防腐层。对埋地钢质燃气管道施加阴极保护，一旦防腐层出现破损后可减缓局部腐蚀和均匀腐蚀，常用的阴极保护方法有牺牲阳极法和强制电流法。牺牲阳极保护法是将埋地钢质燃气管道连接在电位更负的金属（如锌、镁等）作阳极，与埋地钢质燃气管道在电解质溶液中构成大电池，而使埋地钢质燃气管道阴极极化，达到保护管道的目的。强制电流保护法是由外部电源对管道提供保护电流，将埋地钢质燃气管道和外加电流负极相连，来降低管道的腐蚀速率，阻止腐蚀产物的生成，达到保护管道的目的。

对压力管道实施定期检验，可有效预防安全事故的发生，根据《城镇燃气埋地钢质管道腐蚀控制技术规程》CJJ 95—2013 第 8.1.1 条，管道防腐层的检验周期应符合下列规定：

（1）高压、次高压管道每 3 年不得少于 1 次；

（2）中压管道每 5 年不得少于 1 次；

（3）低压管道每 8 年不得少于 1 次。

4.3.3　典型案例/创新举措

1. 天然气管道不停输封堵技术在深圳轨交工程中的应用

在国内城市油气管道施工建设过程中，对于既有管道的抢修或者旧管道的改造等，传统的施工方法都要将所涉及的管道流程截断，对管道进行泄压、排空等措施，给管道的安全运行带来了隐患，且由停供、排空等所造成的经济损失十分巨大。和传统的施工工艺技术相比，不停输封堵工艺对于管道的正常运营更加安全、经济、高效。它的特点为作业全程都在密封状态下进行，安全可靠，能保证正常供气，无资源浪费。该技术的核心设备有：开孔机、封堵器、下堵器、夹板阀、管件。

光明大道 DN500 高压天然气管道进行不停输搬迁工程目的在于配合深圳市城市轨道交通 6 号线长圳站至观光站的建设，通过搬迁高压天然气管道为后续轨道交通建设创造条件。工程难点在于搬迁的天然气管道管径较大、长度（1.16km）较长、新建管的两端连头采用四封堵工艺碰接难度较大，施工过程中必须保证管道正常供气。天然气属易燃易爆、有毒危险性气体，封堵施工及新旧管道焊接作业时必须严格控制防止泄漏。

施工工艺原理见图 4-1。

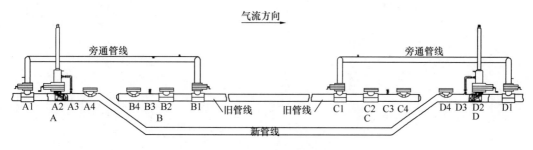

图 4-1　工艺原理图

天然气管道不停输封堵技术在深圳轨交工程中的应用案例充分说明：在现有的市政燃气管道推广不停输封堵工艺技术是切实可行的。不管是从作业安全性还是社会经济效益来讲，都是一次非常重要的技术创新。

2. 杭州燃气工程公司："22111"施工现场标准化管理

（1）"22111"施工现场标准化管理的内容。

杭州燃气工程公司新推出"22111"施工现场标准化管理新举措，确保施工安全零隐患。具体内容如下：

　　两个"2"指的是贯彻两个管理抓手，以争创星级最强项目部、开展样板工程评比为抓手，把燃气工程设施融入周边日常生活环境；细化两类标准，形成 33 项现场技术质量标准、67 项现场安全标准，并形成可操作、可量化的施工现场标准样板图。比如，施工人员过去多凭经验和喜好布置施工现场，现在样板图明确了不同类型的施工现场布置方法，施工人员必须严格遵循。

　　三个"1"指增加一项环保举措，在道路开挖施工过程中确保裸土土工布全覆盖的基础上，增加湿法降尘举措；开展一系列技术比武，形成年度电焊工、PE 管焊工、有限空间作业、镀锌管安装、燃气调压等技能比武、培训计划；做好一个回访，借助热线调度中心 24h 服务热线 86674000，听建议、促提升，从 2020 年 1 月 1 日起，对所有公建施工用户在工程施工、用户服务等方面实行回访全覆盖。

　　（2）实施效果。

　　通过一系列新举措的落实，特别是配合地铁建设的道路管迁改割接现场，细化方案，统一指挥，实施定人、定点、定责，做到互联互通，不仅提高了工作效率，还有效减少了事故的发生。

　　今年，杭州燃气工程公司总计承接非居民公建用户 3052 家，建设道路管工程 106 项，配套小区 117 个，地铁拆迁项目 58 项，没有发生一起安全事故。下半年以来，项目部通过服务监督电话解决、协调问题 15 项，在对 1112 个公建用户满意度调查中，100％满意反馈。如来福士广场、大悦城购物中心、复地壹中心、中大银泰城、龙湖天街、恒大水晶城等大型商业综合体都是公司承接的非居民用户燃气工程，安全施工，运行稳定，受到用户的一致好评。

第5章 运 营 管 理

5.1 生产调度

5.1.1 管理内容要求

广义上，燃气生产调度包括生产运营、安全管控、客户管控、运营规划等内容。狭义上，燃气生产调度是对输配系统的控制与调度，本章重点介绍输配系统的生产调度。燃气生产调度是通过管道运行状态监控与分析，采用运行参数调整、气源协调、应急指挥等，使得整个输配系统保持平稳状态，从而为用户提供高质量的供气服务，减少输配过程中的损失，最大限度延长管道的使用寿命，保障输配系统安全运行，最终提高企业的运营效益。

1. 燃气需用工况

城镇各类用户的用气情况是不均匀的，是随月、日、时而变化的，这是城镇燃气供应的一个特点。

用气不均匀性可以分为三种，即月不均匀性（或季节不均匀性）、日不均匀性和小时不均匀性。

城镇燃气需用工况与各类用户的需用工况及这些用户在总用气量中所占的比例有关。各类用户的用气不均匀性取决于很多因素，如气候条件、居民生活水平及生活习惯，机关的作息制度和工业企业的工作班次，建筑物和车间内设置用气设备的情况等，这些因素对不均匀性的影响，从理论上是推算不出来的，只有经过大量积累资料，并加以科学整理，才能取得需用工况的可靠数据。

（1）月用气工况。

影响居民生活及商业用户用气月不均匀性的主要因素是气候条件。气温降低则用气大，因为冬季水温低，故用气量较多；又因为在冬季，人们习惯吃热食，制备食品需用的燃气量增多，需用的热水也较多。反之，在夏季用气量将会降低。

商业用户用气的月不均匀规律及影响因素，与各类用户的性质有关，但与居民生活用气的不均匀情况基本相似。

工业企业用气的月不均匀规律主要取决于生产工艺的性质。连续生产的大工业企业以及工业炉用气比较均匀。夏季由于室外气温及水温较高，这类用户的用气量也会适当降低。

根据各类用户的年用气量及需用工况，可编制年用气图表。依照此图表制定常年用户及缓冲用户的供气计划和所需的调峰设施，还可预先制定在用气量低的季节维修燃气管道及设备的计划。

一年中各月的用气不均匀情况用月不均匀系数 K_m 表示，可按式（5-1）计算。

$$K_m = \frac{该月平均日用气量}{全年平均日用气量} \tag{5-1}$$

（2）日用气工况。

一个月或一周中日用气的波动主要由居民生活习惯、工业企业的工作和休息制度及室外气温变化等因素决定。

居民生活习惯对于各周（除了包含节日的一些周）的影响几乎是一样的。工业企业的工作和休息制度，也比较有规律。室外气温变化没有一定的规律性，一般来说，一周中气温低的日子，用气量就大。

一个月（或一周）的日用气不均匀情况用日不均匀系数 K_d 表示，可按式（5-2）计算。

$$K_d = \frac{该月中某日用气量}{该月平均日用气量} \tag{5-2}$$

（3）小时用气工况。

城镇燃气管道系统的管径及设备，均按计算月小时最大流量计算。只有掌握了可靠的小时用气波动的数据，才能确定小时最大流量。一日之中小时用气工况的变化图对燃气管道的运行，以及计算平衡时不均匀性所需的储气容积都很重要。

城镇中各类用户的小时用气工况均不相同，居民生活和商业用户的用气不均匀性最为显著。对于供暖用户，若为连续供暖，则小时用气波动小，一般晚间稍高；若为间歇供暖，波动较大。

居民用户小时用气工况与居民生活习惯、住宅的气化数量以及居民职业类别等因素有关。每日有早、午、晚三个用气高峰，早高峰最低。由于生活习惯和工作休息制度不同等情况，有的城镇晚高峰低于午高峰，另一些城镇则晚高峰会高于午高峰。

星期六、星期日小时用气的波动与一周中其他各日又不相同，一般仅有午、晚两个高峰。

通常用小时不均匀系数表示一日中小时用气量的变化情况，小时不均匀系数 K_h 可按式（5-3）计算。

$$K_h = \frac{该日某小时用气量}{该日平均小时用气量} \tag{5-3}$$

2. 燃气输配系统的供需平衡

城镇燃气的需用工况是不均匀的，随月、日、时而变化，但一般燃气气源的供应量是均匀的，不能完全随需用工况变化。为解决均匀供气与不均匀用气之间的矛盾，不间断地向用户供应燃气，保证各类燃气用户有足够流量和正常压力的燃气，必须采取合适的方法使燃气输配系统实现供需平衡。

（1）采用机动气源调节。

有条件的地方可以设置机动气源，用气高峰时供气，用气低峰时储气、停产或做他用。采用这种方式时应根据当地的实际情况，充分考虑机动气源与主气源的置换性，并作综合的技术经济论证方可。

（2）利用缓冲用户进行调节。

一些大中型工业企业、锅炉房等可使用多种燃料的用户都可以作为燃气供应的缓冲用户。在夏季用气低峰时，把余气供给他们使用。在冬季用气高峰时，这些用户可以改烧固体燃料或液体燃料。在节假日用气高峰时，可以有计划地停供大中型工业企业用气。这些大中型工业企业也应尽可能在这段时间内安排进行大修。

（3）利用液化石油气进行调节。

在用气的高峰期，特别是节假日，可用液化石油气进行调节。一般的做法是，直接将汽车槽车运至输配管道的罐区，通过储气罐的进气管道充入储气罐混合后外供。当然，使用的液化石油气应符合质量要求，特别是含硫量，以避免腐蚀储气罐和燃气输配系统。

（4）利用储气设施调节。

1）地下储气。地下储气库储气量大，可用以平衡季节不均匀用气和一部分日不均匀用气，但不能用来平衡采暖、空调日不均匀用气及小时不均匀用气，因为急剧增加采气强度，会使储气库的投资和运行费用增加，很不经济。

2）液态储存。液态储存主要适用于液化石油气和天然气，天然气的主要成分甲烷在常压、零下 162℃时即可液化。将液化天然气储存在绝热良好的低温储罐或冻穴储气库中，当用气高峰时，经气化后供出。液态储存储气量大、负荷调节范围广，适于调节各种不均匀用气。

3）高压管束和长输干管的末端储气。高压燃气管束储气及长输干管末端储气，是平衡小时不均匀用气的有效办法。高压管束储气是将一组或几组管道埋在地下，对管内燃气加压，利用燃气的可压缩性储气；长输干管末端储气是在夜间用气低峰时，燃气储存在管道中，这时管道内压力增高，白天用气高峰时，再将管内储存的燃气送出。

4）储气罐储气。储气罐一般用来平衡日不均匀用气和小时不均匀用气。

根据我国政策、实际实施的可能性及经济性，通常由上游供气方采用地下储气、液态储气等方法解决季节性供需平衡；下游用气城镇采用管道储气、储气罐储气等方法解决日供需平衡。

5.1.2 技术热点剖析

1. SCADA（Supervisor Control And Data Acquisition）系统及应用

城市燃气用户数量逐年大幅增加，供气设备和管道越来越复杂，上下游沟通协调业务增多，企业的生产运营风险也不断增加。调控中心作为企业生产运营的核心，应及时掌握生产及运行过程中的实际情况及发展前景，合理安排和平衡供气计划，优化运行方案和运行参数，正确处理调度管理中发生的问题，使燃气生产运行的各个环节、程序得到有效管理和控制，更好地发挥服务作用，体现燃气的公共服务性质。

SCADA 系统，即生产调度系统，可以实时采集现场数据，对工业现场进行本地或远程的自动控制，对工艺流程进行全面、实时的监控，并为生产、调度和管理提供必要的数据。SCADA 系统可为输配场站和调度中心提供运行的实时和历史数据，现场设备的工作状态。由于一部分设备管控简化、布局分散，在建设 SCADA 系统的时候会花费较多资金，所以通常情况下会利用 RTU（Remote Terminal Unit 的简称，即远方数据终端，用于监视、控制与数据采集的应用，具有遥测、遥信、遥调、遥控功能）进程数据信息传输。在 RTU 系统的运作下，不仅可以达成数据收集和分析任务，还能给指挥调度中心传输相应数据和信息。同时此系统还能做到远程控制，在城市高中压调压站中建设监控等终端,这样不仅可以及时发现问题,还可通过警报、切换控制等方面提高工作的安全性。SCADA 系统是否具有平稳性和可靠性主要决定于以上生产调度中心、中压管网 RTU 和相关高中压调压站上传数据信息的情况。此项系统具有非常强的开放性,不仅可以从其他系统处获得更多信息,还能优化功能,具有很强的扩展性。

SCADA 系统的特点主要分为三个方面:首先是可靠性,此系统可以利用检查、调控和调度等功能保障天然气输配系统的运行更加安全可靠,同时还能利用收集参数实现预警、超限警报和系统安全管理等功能避免安全事故发生。同时还具有设备远程控制功能,避免因人为操作失误而发生严重的安全事故。并且还设计了管道运行情况概况、趋势分析以及数据参数表等功能,分别可以从管道整体运行的情况、数据分析以及不同区域的参数对比等角度实现安全保护目的,促进系统运行更加稳定可靠。其次是适用性,SCADA 系统涉及的领域非常多,从计算机信息技术、控制技术到网络通信技术,同时也使用了很多机械设备,例如网络设备等,既具有丰富性又具有成熟性和可行性。主站和远端站都有专业的技术人员看守,在局域网和远程终端单元中采用具有标准性和时效性的 IP 协议,让通信更加稳定。最后是扩展性,SCADA 系统能和开发平台合作,通过简化操作、应用符合自身需求的软件和管理方式来增加系统的普及性、成熟性和稳定性。

SCADA 系统一般包括下列功能:

(1) 管线输送工况跟踪与显示。依据燃气管道工艺流程、站控系统实时监测数据,应用信息系统直观展示实时动态工艺流程的数据,并对事件、报警、历史数据等进行分析,实现全系统数据链和信息共享。

(2) 运行设备的管理和控制。对燃气管道上调压站、阀门等设施进行控制,操作人员在监控中心通过键盘或鼠标对现场 PLC 站点的控制参数进行在线修改。具有计算机辅助调度功能的信息系统,可根据管道流量和区域调度的需要自动提出燃气输配方案及全流程管道调度方案。

(3) 故障处理决策支持功能。通过对采集到的管道输气过程中的实时数据分析,推算各类运行故障,并判断运行过程中哪些工艺部位,哪些控制环节,哪些主要设备存在故障或隐患,提醒操作人员注意并给出所要采取的措施。

(4) 网络监控及控制系统自检。通过网络及自控系统自检、自校、自恢复等确保生产调度系统正常运行,通常包括:网络状况跟踪检测,提供实时、图形化的网络节点流量监控功能;各站点 PLC 自检功能,提供 SCADA 系统状态自检页面,显示各站点 PLC 的 CPU 模块、I/O 模块以及通信接口的运行状态,一旦发生故障立即报警并显示故障点位置和故障描述。

SCADA 系统的优化提升可从三方面进行。

(1) CADA 系统集成发展。对 SCADA 系统进行升级,将新功能插入或不同功能之间进行渗透融合,形成集成式 SCADA 智慧运维系统。SCADA 系统主要采集燃气管道的相关实时数据,需要与 GIS、BIM 等非实时系统进行连接,同时需要接入视频监控、巡查维护等相关数据。集成式 SCADA 系统具有增强的组态化特点,可以根据需要自由进行功能组态、网络组态和系统组态,其标准化和开放性支持与视频系统、GIS 系统、巡检系统等兼容和集成,系统嵌入面向对象的集成开发环境,通过标准的、开放的数据访问接口可访问系统资源,根据需要进行二次开发,实现新应用的叠加或融合。

（2）智能计算技术应用。面对复杂的燃气系统需要从系统角度思考问题、解决问题，智能计算技术应用有助于从管道参数细微的变化中分析可能存在的风险，从庞杂的数据中找出系统运行的规律。将智能计算方法和专家经验相结合，采用神经网络、多主体模拟等技术模拟燃气管道运行的各种运行状态，根据不同实际情况推理出最优化的运行方式，并识别出可能存在的潜在故障，以达到合理、经济地进行燃气管道气量调度，提高输送效率，保证输送安全。

（3）人机界面优化设计。随着互联网技术的快速发展，浏览器界面已经成为计算机桌面的基本平台，将浏览器技术运用于 SCADA 系统，将浏览器界面作为燃气管道调度自动化系统的人机界面，对扩大实时系统的应用范围、减少维护工作量非常有利，在新一代 SCADA 系统中，保留传统的 MMI 界面，主要供调度员使用，同时应用面向对象技术和 JAVA 技术，新增设 Web 服务器供非实时用户浏览。

2. 多能协同的综合能源系统

近年来，随着我国清洁能源发展战略的稳步推进及能源技术的加快创新，我国能源供给由传统单一燃料能源供应向电能、风能、热能、核能等"多能并举、融合互补、清洁再生、持续发展"的趋势演进。2017 年国家发展和改革委颁布了《能源生产和消费革命战略（2016—2030）》，明确提出"坚持分布式和集中式并举，以分布式利用为主，推动可再生能源高比例发展"的战略举措，智慧能源、多能互补、能源微电网等新型综合能源服务成为新一轮能源产业发展制高点。

综合能源系统是在一定的地理区划内，通过对电、热、冷、天然气、分布式能源等多能源形式的生产、输配、转换、存储、消费、回收等环节进行有机融合，实现能源系统规划、建设和运行中的协同互补的综合式能源一体化系统，在满足多种负荷需求的同时，提高能源系统的综合效益。综合能源系统是实现多种能源协调互补、多品位能源梯级利用的关键技术。基于各能源子系统间在时间和空间上的耦合关联，综合能源系统可以满足各能源的互补匹配，从而提升可再生能源的吸纳率，减少能源消费对化石能源的依赖。相较于传统离散式能源系统，其主要具备以下方面特征：①可根据外部因素变化（环境、价格）协同调配多种形式能源，使系统能优化响应供需条件的改变；②综合满足能源用户的多类型需求，通过合理调配达到平抑峰谷、梯度用能等目标；③通过电网、热网、天然气网等能源网络的协同分析，促进能源互联网技术的发展，降低多系统耦合成本，提升系统能效。

针对综合能源系统运行的分析与优化被认为是进一步发挥综合能源系统的多能互补性、协同性优势的重要环节。综合能源系统智慧调控优化需要通过模型仿真、智能预测、精准调控等手段，实现多能源形式的协同调控，快速响应热、冷、气、水等综合能源需求。

在新一代信息通信技术体系的驱动下，依托智能化、信息化建设升级，解决基础设施实体的诸多问题，已成为各行业"智慧"升级的重要途径。基于物联感知、大数据、建模仿真、人工智能等一系列工业和信息技术构建起的智慧化综合能源系统的调控体系，可有效推动多能源形式高效互联、资源整合，并支持解决综合能源系统中非线性、多约束、强耦合的复杂系统运行调控和优化决策问题。

5.1.3 案例分析/创新举措

1. 嘉兴天然气 SCADA 系统升级改造

（1）平台性能指标和特色

按照系统配置，该平台可支持 10 万点 IO，单一工作站接入在软件授权上无限制，硬件服务器至少支持 5 万点的接入。同时系统平台支持升级到 100 万点甚至以上的规模。具体性能指标如下：

系统可靠性。冗余可靠性采用机架式服务器在 FactoryTalk 平台上构建冗余的 1 对 Supervisory Edition 服务器，切换时间 3～30s 不等。

系统扩展性。在 FactoryTalk 系统平台上，系统规模和功能的扩展性非常好，几乎不受限制。

移动查询平台。系统提供基于智能手机和平板电脑的远程查询功能呢，包括微软 Surface 平台电脑、iPad、iPhone 和基于安卓系统的任何移动设备连接到 FactoryTalk 应用程序。

（2）前端实时监控平台的功能实现

分布式监控调度平台面向天然气管道输送过程，承担实时监控和调度操作任务，总体上具备以下几方面的功能。

管道输送工况数据全程跟踪、实时显示和报警。依据管道工艺流程、站控系统实时动态图，提供清晰、准确、关联和人性化的操作界面，形象和全景式地提供实时动态工艺流程的实时数据，提供完整的事件、报警、历史数据、历史趋势曲线的储存、处理和查询；自动生成、打印各类生产运行管理报表；全系统数据链和信息共享。

运行设备的管理和控制。具有对各设备（如调压器，阀门等）的控制功能，即在图形和操作菜单的界面上，操作人员在监控工作站通过键盘或鼠标对现场 PLC 站点的控制参数进行在线修改。在下级释放控制优先权的情况下，对远程监控站点进行全方位的控制。具有计算机辅助调度功能，可根据管道流量和区域调度的需要自动提出天然气输配方案及全流程管道调度方案。

故障处理知识库系统。具有故障处理知识库系统功能。故障处理专家系统是一个对整个管道输送信息进行综合处理、综合判断和作出综合决策的软件模块。对采集到的管道输气过程中的实时数据，反映出来的各类运行故障，判断出运行过程中哪些工艺部位、哪些控制环节、哪些主要设备存在故障隐患，提醒操作人员的注意，并给出所要采取的措施。

网络监控及控制系统自检。网络及自控系统是天然气管道自动化的基本保障，天然气管道 SCADA 系统自检、自校、自恢复是确保 SCADA 系统正常运行的基本条件：①网络状况跟踪检测，提供实时、图形化的网络节点流量监控功能，以及网络服务显示面板；②各站点 PLC 自检功能，提供 SCADA 系统状态自检界面，显示各站点 PLC 的 CPU 模块、I/O 模块以及通信接口的正常状态，一旦发生故障立即报警并显示故障点位置和故障描述。

（3）SCADA 信息管理平台的功能实现

燃气监控管理平台。燃气监控管理平台功能包括天然气输配运行总览、天然气管道巡检管理、结算管理、故障应急处置等。

基于电子地图的供气管道界面。通过地图 API（应用程序编程接口）和 Web 编程，供气管道与电子地图得以叠加运行展示，并继承了地图缩放、移动、定位、标注等一系列功能，为矢量型管网图界面的实现奠定了基础。

基于云的移动数据交互。依托 Site App（快速移动化工具）、MTC 云众测等云工具，不仅能够生成 Web App（基于 Web 的系统和应用）、WAP（无线应用协议）、NativeApp（基于智能手机本地操作系统）等移动化产品形态，而且能够个性化定制导航、频道、栏目块等数据内容和展示效果，通过 Site App 还可以直接调用地图、商桥、电话直连、云端搜索等云服务。

管道数据操作。云不仅提供虚拟化的云服务器，可以充分容纳日常供气管道运行形成的各种图文、视频记录资料，而且，提供了强大的智能框搜索，可以实现快速、精准、便捷的移动搜索操作，如管道周边信息、公共资源信息以及数据存储等。

2. 智慧能源站降低碳排放

北方某市某公司以智慧能源管控平台为核心，采用"多能协同，智能耦合"综合能源技术，给出适用于供冷、供热、供电区域能源项目的智慧综合能源解决方案。根据该区域的资源现状，该能源站以地热能为主，耦合燃气三联供、水蓄能、常规锅炉及电制冷等多种方式作为调峰补充，辅以智慧能源管控平台，实现"智能协同，智能耦合"。

智慧综合能源解决方案的核心是"端、网、云"三层架构的智慧综合能源管控平台。第一层是终端自控系统，实现项目就地控制与数据获取、达到无人值守级自动控制；第二层是网络智慧调度中心，根据不同工况仿真模拟和负荷预测，提供最佳运行策略，实现多种能源统筹调度；第三层是云端赋能管理平台，依靠大数据技术提供能源管理、项目管理及决策支持服务，对多个区域性能源站进行有效和可靠的数据监控、分析、管理优化，提高系统能效、降低人工成本。

智慧化体现在能源站运维多方面，通过应用智慧综合能源管控平台，实现能源站智慧调度，最大限度提升系统综合利用效率等；实现数据实时监控、系统自动控制及精细化调节、及时报警提醒等技术，实现"无人/少人值守"能源中心。

此外，通过模块化管控平台，能源站还可对运行期间核心数据进行全搜集、全对比，实现对项目统一科学管理，建立能耗指标体系，提供诊断服务，落实节能 优化措施，实现智能运营。

该能源站投用以来，能源站实现了清洁能源比例 100%，可再生能源占比超 40%，系统整体能效大于 3，制冷系统年平均综合能效大于 5，系统节能率不低于 35%，二氧化碳减排率高达 47%，实现了"节能、低碳、智慧、安全"。

5.2　运行维护

城市燃气管道运行维护通常可分为运行与维护两项内容，运行是从事燃气供应的专业人员，按照工艺要求和操作规程对燃气管道进行巡检、操作、记录等常规工作；维护是为保障燃气管道的正常运行，预防故障、事故发生所进行的检查、维修、保养等工作。

5.2.1　管理内容要求

根据国家现行标准《燃气工程项目规范》GB 55009、《城镇燃气设计规范》GB 50028、《天然气管道运行规范》SY/T 5922、《城镇燃气设施运行、维护和抢修安全技术规程》CJJ 51 等标准的规定，燃气管道运行维护管理主要包括以下内容。

1. 运行维护的目的

燃气企业应根据燃气管道分布及相关工艺流程情况，制定管道运行维护制度。制度应明确检查部门、检查人员、检查时间（周期）、应检查的项目。运行维护人员应按照各自的责任和要求定期按照运行维护检查路线完成每个部位、每个项目的检查，并做好运行维护记录。运行、维护中发现问题应及时上报，并采取有效的处理措施。

运行检查是燃气管道维护最常用的手段和方法，即运维人员在所管理的燃气管道上沿管线走向进行巡查和维护工作，通过人员的观察或以专用仪器查找有无燃气泄漏、构（建）筑物占压管线、管线移位等异常现象，判断分析管道的运行情况，对发现的异常问题及时处理、及时汇报，以达到维护管道正常运行的目的。

2. 运行检查工作内容

燃气管道运行维护人员必须经过专业技术培训，应熟悉运行段、片内的管道走向、位置、管材、管径等内容。

燃气管道运行检查工作一般包括下列内容：一是运行人员应对所辖区域燃气管道进行巡查，至少每天巡查一次；二是应明确燃气设施安全保护区，在安全保护区内不应有土体塌陷、滑坡、下沉、人工取土、堆积垃圾货重物、管线裸露、种植深根植物、搭建构（建）筑物等，严禁任何单位和个人擅自在安全保护区内进行焊接、烘烤、爆破等作业，倾倒、排放腐蚀性物质；三是燃气管道周边不应有燃气异味、水面冒泡、树草枯萎、积雪表面有黄斑等异常现象或燃气泄漏声响。在检查过程中如果发现管道漏气，一方面积极采取措施，妥善处置，另一方面要立即向有关领导报告，并保护好现场。

3. 维护保养工作内容

燃气管道维护保养是延长管道使用寿命的基础，燃气管道维护通常包括下列内容：

（1）经常检查燃气管线的防腐措施，避免管线表面不必要的碰撞，保持管线表面完整，从而减少各种电离、化学腐蚀；

（2）阀门的操作机构要经常除锈上油，并定期进行操动，保证其开关灵活；

（3）安全阀、压力表要经常擦拭，确保其灵活、准确，并按时进行检查和校验；

（4）定期检查紧固螺栓完好状况，做到齐全、不锈蚀、螺口完整，连接可靠；

（5）燃气管线因外界因素产生较大振动时，应采取隔断振源、加强支撑等措施，发现摩擦等情况应及时采取措施；

（6）静电跨接、接地装置要保持良好完整，及时消除缺陷，防止故障的发生；

（7）停用的燃气管线应排除管内燃气，并进行置换，必要时进行惰性气体保护；

（8）管线的底部和弯曲处是系统的薄弱环节，易发生腐蚀和磨损，应对这些部位进行检查，当发现损坏时，应及时采取修理措施。

5.2.2 管理热点剖析

1. 智能巡检系统

近年来，随着信息化技术的不断发展，智能化技术装备日益成熟，特别是各种智能移动终端、管理系统在燃气行业推广应用，尤其是在燃气管道智能巡检方面得到广泛应用。我国部分燃气企业以智能手机或智能化燃气设备作为智能终端，运用 GPS、北斗定位系统，结合 GPRS 等通信技术、WebGIS 系统和物资管理系统，对燃气管道设施设备进行循序渐进的智能化改造，打造基于地理信息系统的自动化、智能化的巡检管理系统。

智能巡检 App 是基于移动 GIS 的应用系统，可运用在智能手机或是车载设备、无人机等智能终端设备上，通过 GPS 定位和移动互联网技术实时加载地图图形和管道走向、管道属性等数据，记录巡检轨迹、管道隐患信息等，并针对不同的岗位需求赋予相应的权限，以实现多种岗位的协同工作。

2. 基于 AR 技术的管道巡检设备

通过结合 AR 技术，研发北斗手持终端，建立三维虚拟与现场环境紧密结合的全空间、自适应的管道运行管理模式。通过数据转换将燃气管道等地下设施转化为三维立体化模型，并基于实物位置定位方法，对虚拟地下管道三维模型和地面真实环境进行叠加，实现虚拟地下管道与真实场景的有机融合。巡检人员可以通过手持终端对管网及井盖、阀门等属性信息进行实时直观查看，精准采集管道位置信息，优化巡检路线，记录隐患点位等，完善管道数据库，确保市政管道安全运行。图 5-1 为北京市通州区基于 AR 技术的巡检设备应用场景。

图 5-1 北京市通州区 AR 技术应用

5.2.3 案例分析/创新举措

北京燃气"北斗＋燃气"创新技术应用。

近年来，北京市燃气集团有限责任公司（简称北京燃气）从高敏感、高风险、高保密性的燃气管道入手，以燃气行业共性技术研发与产业化应用为重点，加强"北斗＋燃气"

集成创新与应用模式创新，开创了北斗系统在市政行业应用的先河。

（1）建立北斗系统"三网融合"技术

依托自有场站建设了 14 座覆盖北京地区的北斗连续运行参考站（CORS），形成厘米级高精度北斗服务网，构成了国家北斗精准服务网的雏形，通过基站，可以大幅提升管道定位精度，实现管网数据连通。

在此基础上，创造性地提出将北斗精准服务网，面向地下复杂市政管网的立体化监测网与市政管网这三张"网"相结合，建立起"三网融合，天地一体化"的管网风险应用管控体系，形成一套可复制、推广、落地的"北燃经验"，为北斗系统在市政行业的应用奠定基础。

（2）手持巡检终端

建立了北斗市政管网精准时空信息通用化获取技术，对人工经验绘图找管的传统工作方法进行转型，实现市政管网信息三维自动上图，形成"人人都是活地图"的高效工作模式，效率提高 10 倍以上。

运行人员可结合北斗手持终端，准确记录巡线轨迹，建立"轨迹网"与"管网"两张网巡检覆盖率的矩阵计算模型，提高了燃气管道巡检到位率；通过实时动态（RTK）设备，为施工配合工作提供精准管道定位，有效减少第三方破坏事件的发生。通过北斗精准位置服务与各类管道巡检业务流程的高效结合，构建了北京燃气全空间、多维度、自适应巡检运营管理体系，可应用于管道巡视、检测、施工配合、应急抢险等业务，实现燃气全产业链的精准管理。图 5-2 为基于北斗的管道巡检业务。

图 5-2　基于北斗的管道巡检业务

第6章　安全与应急管理

6.1　安全管理

6.1.1　管理内容要求

1. 《城镇燃气管理条例》（国务院令第 583 号）的规定

《城镇燃气管理条例》（国务院令第 583 号）是为了加强燃气管理，保障燃气供应，促进燃气事业健康发展，维护燃气经营者和燃气用户的合法权益，保障公民生命、财产安全和公共安全，保证我国和谐稳定而制定的法规，2010 年 10 月 19 日，《城镇燃气管理条例》（国务院令第 583 号）由国务院第 129 次常务会议通过，自 2011 年 3 月 1 日起实施。2016 年 2 月 6 日，《国务院关于修改部分行政法规的决定》国务院令第 666 号，对该条例进行了修改。

（1）县级以上地方人民政府燃气管理部门应当会同城乡规划等有关部门按照国家有关标准和规定划定燃气设施保护范围，并向社会公布。

在燃气设施保护范围内，禁止从事下列危及燃气设施安全的活动：

1）建设占压地下燃气管线的建筑物、构筑物或者其他设施；

2）进行爆破、取土等作业或者动用明火；

3）倾倒、排放腐蚀性物质；

4）放置易燃易爆危险物品或者种植深根植物；

5）其他危及燃气设施安全的活动。

（2）在燃气设施保护范围内，有关单位从事敷设管道、打桩、顶进、挖掘、钻探等可能影响燃气设施安全活动的，应当与燃气经营者共同制定燃气设施保护方案，并采取相应的安全保护措施。

（3）燃气经营者应当按照国家有关工程建设标准和安全生产管理的规定，设置燃气设施防腐、绝缘、防雷、降压、隔离等保护装置和安全警示标志，定期进行巡查、检测、维修和维护，确保燃气设施的安全运行。

（4）任何单位和个人不得侵占、毁损、擅自拆除或者移动燃气设施，不得毁损、覆盖、涂改、擅自拆除或者移动燃气设施安全警示标志。

任何单位和个人发现有可能危及燃气设施和安全警示标志的行为，有权予以劝阻、制止；经劝阻、制止无效的，应当立即告知燃气经营者或者向燃气管理部门、安全生产监督管理部门和公安机关报告。

（5）新建、扩建、改建建设工程，不得影响燃气设施安全。

建设单位在开工前，应当查明建设工程施工范围内地下燃气管线的相关情况；燃气管理部门以及其他有关部门和单位应当及时提供相关资料。

建设工程施工范围内有地下燃气管线等重要燃气设施的，建设单位应当会同施工单位与管道燃气经营者共同制定燃气设施保护方案。建设单位、施工单位应当采取相应的安全保护措施，确保燃气设施运行安全；管道燃气经营者应当派专业人员进行现场指导。法律、法规另有规定的，依照有关法律、法规的规定执行。

（6）燃气经营者改动市政燃气设施，应当制定改动方案，报县级以上地方人民政府燃气管理部门批准。

改动方案应当符合燃气发展规划，明确安全施工要求，有安全防护和保障正常用气的措施。

2.《全国城镇燃气安全专项整治工作方案》（安委〔2021〕9 号）的要求

《全国城镇燃气安全专项整治工作方案》（安委〔2021〕9 号）从严厉整治燃气管道设施维护保养不到位问题方面提出了具体要求。

具体内容为：各地区要组织对燃气场站设施、燃气管道等进行普查建档，全面掌握建设年代、产权归属、管道材质、安全状况等资料，并对 2000 年前建设的燃气管道设施进行全方位安全评估，提出燃气管道更新改造工作清单及实施计划，纳入年度重点项目统筹推进。要重点排查整治易导致重特大事故的老旧管道带病运行、高中压管道被占压、燃气场站设施安全间距不符合要求、未落实第三方施工专人监护规定等突出问题隐患。严肃查处未依法开展压力容器、压力管道、压力表检验检测，不落实有限空间作业和检维修作业安全操作规程等违法违规行为。

3.《关于加强地下管道建设管理的意见》（国办发〔2014〕27 号）的要求

2014 年国务院办公厅发布的《关于加强地下管道建设管理的意见》（国办发〔2014〕27 号）中将"加强改造维护，消除安全隐患"的相关内容单列成章，并提出具体要求。

（1）加大老旧管线改造力度。改造使用年限超过 50 年、材质落后和漏损严重的供排水管网。推进雨污分流管网改造和建设，暂不具备改造条件的，要建设截流干管，适当加大截流倍数。对存在事故隐患的供热、燃气、电力、通信等地下管线进行维修、更换和升级改造。对存在塌陷、火灾、水淹等重大安全隐患的电力电缆通道进行专项治理改造，推进城市电网、通信网架空线入地改造工程。实施城市宽带通信网络和有线广播电视网络光纤入户改造，加快有线广播电视网络数字化改造。

（2）加强维修养护。各城市要督促行业主管部门和管线单位，建立地下管线巡护和隐患排查制度，严格执行安全技术规程，配备专门人员对管线进行日常巡护，定期进行检测维修，强化监控预警，发现危害管线安全的行为或隐患应及时处理。对地下管线安全风险较大的区段和场所要进行重点监控；对已建成的危险化学品输送管线，要按照相关法律法规和标准规范严格管理。开展地下管线作业时，要严格遵守相关规定，配备必要的设施设备，按照先检测后监护再进入的原则进行作业，严禁违规违章作业，确保人员安全。针对城市地下管线可能发生或造成的泄漏、燃爆、坍塌等突发事故，要根据输送介质的危险特性及管道情况，制定应急防灾综合预案和有针对性的专项应急预案、现场处置方案，并定期组织演练；要加强应急队伍建设，提高人员专业素质，配套完善安全检测及应急装备；维修养护时一旦发生意外，要对风险进行辨识和评估，杜绝盲目施救，造成次生事故；要根据事故现场情况及救援需要及时划定警戒区域，疏散周边人员，维持现场秩序，确保应急工作安全有序。切实提高事故防范、灾害防治和应急处置能力。

（3）消除安全隐患。各城市要定期排查地下管线存在的隐患，制定工作计划，限期消除隐患。加大力度清理拆除占压地下管线的违法建（构）筑物。清查、登记废弃和"无主"管线，明确责任单位，对于存在安全隐患的废弃管线要及时处置，消灭危险源，其余废弃管线应在道路新（改、扩）建时予以拆除。加强城市窨井盖管理，落实维护和管理责任，采用防坠落、防位移、防盗窃等技术手段，避免窨井伤人等事故发生。要按照有关规定完善地下管线配套安全设施，做到与建设项目同步设计、施工、交付使用。

4.《住建部关于加强城市地下市政基础设施建设的指导意见》（建城〔2020〕111号）的要求

该文件在第四章"补齐短板，提升安全韧性"和第五章"压实责任，加强设施养护"部分对地下管线安全管理相关内容提出了具体要求。

（1）消除设施安全隐患。各地要将消除城市地下市政基础设施安全隐患作为基础设施补短板的重要任务，明确质量安全要求，加大项目和资金保障力度，优化消除隐患工程施工审批流程。各城市人民政府对普查发现的安全隐患，明确整改责任单位，制定限期整改计划；对已废弃或"无主"的设施及时进行处置。严格落实设施权属单位隐患排查治理责任，确保设施安全。

（2）加大老旧设施改造力度。各地要扭转"重地上轻地下""重建设轻管理"观念，切实加强城市老旧地下市政基础设施更新改造工作力度。建立健全相关工作机制，科学制定年度计划，逐步对超过设计使用年限、材质落后的老旧地下市政基础设施进行更新改造。供水、排水、燃气、热力等设施权属单位要从保障稳定供应、提升服务质量、满足用户需求方面进一步加大设施更新改造力度。

（3）加强设施体系化建设。各地要统筹推进市政基础设施体系化建设，提升设施效率和服务水平。增强城市防洪排涝能力，建设海绵城市、韧性城市，补齐排水防涝设施短板，因地制宜推进雨污分流管网改造和建设，综合治理城市水环境。合理布局干线、支线和缆线管廊有机衔接的管廊系统，有序推进综合管廊系统建设。加强城市轨道交通规划建设管理，引导优化城市空间结构布局，缓解城市交通拥堵。完善城市管道燃气、集中供热、供水等管网建设，降低城市公共供水管网漏损率，促进能源和水资源节约集约利用，减少环境污染。

（4）推动数字化、智能化建设。运用第五代移动通信技术、物联网、人工智能、大数据、云计算等技术，提升城市地下市政基础设施数字化、智能化水平。有条件的城市可以搭建供水、排水、燃气、热力等设施感知网络，建设地面塌陷隐患监测感知系统，实时掌握设施运行状况，实现对地下市政基础设施的安全监测与预警。充分挖掘利用数据资源，提高设施运行效率和服务水平，辅助优化设施规划建设管理。

（5）落实设施安全管理要求。严格落实城市地下市政基础设施建设管理中的权属单位主体责任和政府属地责任、有关行业部门监管责任，建立健全责任考核和责任追究制度。设施权属单位要加强设施运行维护管理，不断完善管理制度，落实人员、资金等保障措施，严格执行设施运行安全相关技术规程，确保设施安全稳定运行。

（6）完善设施运营养护制度。加强城市地下市政基础设施运营养护制度建设，规范设施权属单位的运营养护工作。建立完善设施运营养护资金投入机制，合理制定供水、供热等公用事业价格，保障设施运营正常资金。定期开展检查、巡查、检测、维护，对发现的安全隐患及时进行处理，防止设施带病运行。健全设施运营应急抢险制度，迅速高效依规处置突发事件，确保作业人员安全。

5.《关于进一步加强城市地下管线建设管理有关工作的通知》（建城〔2019〕100号）的要求

该文件由住房和城乡建设部、工业和信息化部、国家广播电视总局、国家能源局四部门联合印发。文件对规范城市地下管线建设和维护提出了安全管理相关要求。

（1）规范优化管线工程审批。各地有关部门要按照国务院"放管服"改革要求，进一步优化城市地下管线工程建设审批服务流程，将城市供水、排水、供热、燃气、电力、通信、广播电视等各类管线工程建设项目纳入工程建设项目审批管理系统，实施统一高效管理。推行城市道路占用挖掘联合审批，研究建立管线应急抢险快速审批机制，实施严格的施工掘路总量控制，从源头上减少挖掘城市道路行为。严格落实施工图设计文件审查、施工许可、工程质量安全监督、工程监理、竣工验收以及档案移交等规定。严肃查处未经审批挖掘城市道路和以管线应急抢修为由随意挖掘城市道路的行为，逐步将未经审批或未按规定补办批准手续的掘路行为纳入管线单位和施工单位信用档案，并对情节严重或社会影响较大的予以联合惩戒。加强执法联动和审后监管，完善信息共享、案件移送制度，提高执法效能。

（2）强化管线工程建设和维护。建设单位要严格执行城市地下管线建设、维护、管理信息化相关工程建设规范和标准，提升管线建设管理水平。按标准确定管线使用年限，结合运行环境要求科学合理选择管线材料，加强施工质量安全管理，实行质量安全追溯制度，确保投入使用的管线工程达到管线设计使用年限要求。加强管线建设、迁移、改造前的技术方案论证和评估，以及实施过程中的沟通协调。鼓励有利于缩短工期、减少开挖量、降低环境影响、提高管线安全的新技术和新材料在地下管线建设维护中的应用。加强地下管线工程覆土前质量管理，在管线铺设和窨井砌筑前，严格检查验收沟槽和基坑，对不符合要求的限期整改，整改合格后方可进行后续施工；在管线工程覆土前，对管线高程和管位是否符合规划和设计要求进行检查，并及时报送相关资料记录，更新管线信息。管线单位要加强对管线的日常巡查和维护，定期进行检测维修，对管线运行状况进行监控预警，使管线始终处于安全受控状态。

（3）推动管线建设管理方式创新。各地有关部门要把集约、共享、安全等理念贯穿于地下管线建设管理全过程，创新建设管理方式，推动地下管线高质量发展。加快推进老旧管网和架空线入地改造，消除管线事故隐患，提升服务效率和运行保障能力，推进地上地下集约建设……鼓励应用物联网、云计算、5G网络、大数据等技术，积极推进地下管线系统智能化改造，为工程规划、建设施工、运营维护、应急防灾、公共服务提供基础支撑，构建安全可靠、智能高效的地下管线管理平台。

6.1.2　管理热点剖析

燃气管道的安全排查治理和管道老化评估改造已成为燃气行业安全管理的重要抓手，近两年，国务院、住房和城乡建设部、地方燃气主管部门相继出台相关工作方案及指南，指导安全排查整治和管道老化评估改造工作开展。

1. 燃气安全排查整治

随着燃气管道设施建设运行年限的增加，燃气管道存在着一定的安全隐患，为切实加强燃气行业管理，规范燃气市场秩序，充分维护城市公共安全，2021 年 11 月 24 日国务院安全生产委员会印发《全国城镇燃气安全排查整治工作方案》，在全国范围内开展燃气安全排查整治工作。

根据国务院安委会关于全国城镇燃气安全排查整治工作的部署，重点聚焦六个方面开展安全排查整治工作，防范化解重大安全风险，遏制燃气事故多发势头。

一是全面排查整治燃气经营安全风险和重大隐患，重点对燃气相关企业安全生产条件、资质证照等进行排查整治，对不符合条件的严格依法予以取缔或吊销资质证照，加快淘汰一批基础差、安全管理水平低的企业。

二是全面排查整治餐饮等公共场所燃气安全风险和重大隐患，重点排查整治燃气管道被违规占压、穿越密闭空间，气瓶间不符合要求，使用不合格的"瓶灶管阀"，不安装燃气泄漏报警器等隐患。

三是全面排查整治老旧小区燃气安全风险和重大隐患，重点排查整治小区内违规设置非法储存充装点，居民用户擅自安装、改装、拆除户内燃气设施，室内管道严重锈蚀等隐患。

四是全面排查整治燃气工程安全风险和重大隐患，重点排查整治未按规定将燃气工程纳入工程质量安全监管、未依法进行特种设备施工前告知和安装监督检验等问题。对无资质或超越资质等级承揽燃气工程施工的，坚决予以处罚并清退。

五是全面排查整治燃气管道设施安全风险和重大隐患，重点排查整治易导致重特大事故的老旧管道带病运行、高中压管道被占压、燃气场站设施安全间距不符合要求等突出问题隐患。

六是全面排查整治燃气具等燃气源头安全风险和重大隐患，严禁生产和销售不符合安全标准的燃气具、燃气泄漏报警器。

2. 燃气管道老化评估改造

随着燃气的普及利用，早期敷设的燃气管道已进入了"老龄期"，由于管道本体的老化，腐蚀，以及各种人为因素的破坏，燃气管道泄漏失效概率不断上升。因此，城市燃气管道老化评估改造势在必行，并据评估结果区分轻重缓急，立即改造存在严重安全隐患的管道和设施，保障燃气管道安全运行。

城市燃气管道等老化更新改造对象，应为材质落后、使用年限较长、运行环境存在安全隐患、不符合相关标准规范的城市燃气老化管道和设施。

（1）评估改造对象。

1）市政管道与庭院管道。

全部灰口铸铁管道；不满足安全运行要求的球墨铸铁管道；运行年限满 20 年，经评估存在安全隐患的钢质管道、聚乙烯（PE）管道；运行年限不足 20 年，存在安全隐患，经评估无法通过落实管控措施保障安全的钢质管道、聚乙烯（PE）管道；存在被建（构）筑物占压等风险的管道。

2）立管（含引入管、水平干管）。

运行年限满 20 年，经评估存在安全隐患的立管；运行年限不足 20 年，存在安全隐患，经评估无法通过落实管控措施保障安全的立管。

3）厂站和设施。

存在超设计运行年限、安全间距不足、邻近人员密集区域、地质灾害风险隐患大等问题，经评估不满足安全运行要求的厂站和设施。

4）用户设施。

居民用户的橡胶软管、需加装的安全装置等；工商业等用户存在安全隐患的管道和设施。

（2）评估改造依据。

根据住房和城乡建设部办公厅、国家发展改革委办公厅关于印发《城市燃气管道老化评估工作指南的通知》，燃气专业经营单位可委托符合规定的第三方机构开展评估或按照要求自行开展评估。根据日常掌握情况直接确定列入更新改造范围的管道和设施，不需再组织评估。

1）压力管道。

由具备相应特种设备检验资质的第三方机构或燃气专业经营单位开展评估；其中最高工作压力大于0.4MPa的，考虑其安全风险与重要程度，建议由具备相应特种设备检验资质的第三方机构开展评估，参照《压力管道定期检验规则—公用管道》TSG DT004—2010及相关技术标准规定。

2）非压力管道。

基于管道材质、使用年限、阴极保护、外防腐层破损、腐蚀与泄漏及安全间距等情况进行综合评估。

3）立管。

基于管道材质、使用年限、腐蚀与泄漏、包裹占压等情况进行综合评估。

4）厂站和设施。

存在安全间距不足、地质灾害风险隐患大等问题的，进行整体安全评估；存在超设计运行年限等问题的，进行局部安全评估；特种设备范围内的储罐、汇管等，参照《固定式压力容器安全技术监察规程》TSG 21—2016《压力管道定期检验规则－工业管道》TSG D7005—2018及相关技术标准规定。

（3）评估原则。

1）市政管道。

设计压力、材质相同，同时竣工并投入运行，连续长度原则上不超过5km。

2）庭院管道和立管。

同一住宅小区或同一片区住宅小区，同时竣工并投入运行。

3）厂站和设施。

进行整体安全评估的，以单个厂站为评估单元；进行局部安全评估的，以厂站内某一（类）设施为评估单元。

6.1.3 案例分析/创新举措

1. 济南：拆除占压燃气管道违建

（1）案例详情

2021 年 12 月，济南市某地街道办事处对一处占压燃气管道的违法建设进行了强制拆除。该处违法建设占压容易导致燃气管道下沉断裂、管线外露、锈蚀，极易引发燃气泄漏、燃气爆炸等安全事故，严重威胁到人民群众的生命财产安全。前期，已按照法律程序对当事人下达相关执法文书，多次沟通、督促当事人尽快拆除违法建设房屋，但是该业主以各种理由拒不配合。

为及时消除安全隐患，决定对该处违法建设组织实施强制拆除。拆除前，办事处联合建设管理部、审批服务部、综合管理部、港华燃气、消防大队等部门召开联合会议，制定详细拆除方案和风险评估报告。成立燃气安全保障组、拆除组、外围警戒组、救援组，明确责任分工。拆除过程中，办事处负责人亲自带队，靠前指挥。严格依照拆违程序文明执法，全程录像，清点违建房屋中的物品。为避免对房屋主体结构的破坏，采取人工拆除方式。同时做好安全、防尘措施。拆除后，本着人性化执法的原则，对拆除现场采取保护性措施，防止拆除后房屋物品丢失、房屋进水等隐患，保护业主合法权益。

该行动共出动执法人员 35 人、服务外包队伍 100 余人、电工 2 人、拆除工人 20 人、拆除机械 1 台、建筑垃圾运输车 2 辆、救护车 1 辆。历时一周，拆除违法建设面积 57m^2，不仅消除了安全隐患，而且对小区内违法建设行为形成有力震慑，营造了打击违法建设的高压态势。

（2）案例特点

加强运维管理。燃气公司必须派专员进行管道隐患排查，检查违章占压情况，工作人员必须能够确定地下燃气管道的具体位置。对违章占压的用户下发燃气违章通知书，告知其占压燃气管道的危害；对新发违章及时发现、及时上报、及时处理，严格把控新发违章的出现。

加强政企联动。对于大部分违规占压燃气管道的情况，单纯依靠燃气企业的力量是无法实现整治的，两个案例中都是由燃气企业联合政府部门共同解决。运行人员如遇违章占压情况应及时劝阻、制止，如不听劝阻及时上报，责任单位应及时确认管道占压情况，联系街道、社区共同消除违章。

2. 南昌：老旧燃气管网改造重要举措

（1）政策支持

南昌市政府连续三年（2015—2017 年）将老旧燃气管网改造项目列为百项利民惠民工程、民生工程。

南昌市政府办公厅 2016 年 6 月 28 日下发《关于加速推进"气化南昌"和"铸铁管网改造"民生工程工作的通知》；2018 年 9 月 20 日下发《关于印发南昌市推进燃气事业发展三年行动计划工作方案的通知》。

（2）主要机制和措施

整治行动专班由市城管执法局牵头，各相关职能部门、属地抽调人员共同组成，同时各区（县）也相应成立了各自工作专班。建立了上下协调、政企联动、高效运转的工作机制：

1）建立定期调度制度。整治行动专班定期调度，研究解决项目推进过程中的痛点和堵点，同时定期编制工作简报，对项目进展、亮点及问题进行通报监督。此外，针对榕门路、顺外路等重点、难点改造项目，积极及时开展了现场调度协调，成效显著。

2）落实相关支持政策。为老旧管网改造实施开辟了"绿色通道"，给予道路开挖免审和备案政策，并为促进支持政策的落地进行宣传、协调和督导。各区县、相关部门均配套成立专班并逐步落实了老旧燃气管网改造项目的免审和备案政策，为市燃气集团落实和运用支持政策、加快项目施工增加了便利。

3）协调关键事项。促进各属地部门与市燃气集团，就市政道路老旧燃气管网改造过程中开挖赔偿及修复质量问题进行协调并达成一致，且形成区县专班牵头联审机制，此举大幅度缩短了项目前期准备工作时间，进一步推动了改造项目的顺利进行。

（3）改造成效凸显

1）管网输配能力提升。随着铸铁管改造持续推进，管网压力升高，管网容量增加，管网输配工艺得到优化，为"冬季保供"提供了有力保障。

2）自改造以来，老旧燃气管网泄漏频次逐年下降，频次由原来的 159 次/年下降到 50 次/年，安全隐患得到整治，抢修次数大大减少。

3）漏损经济损失减少。随着改造工作的推进，供销差指标逐年降低，从 2016 年的 3.98％下降到 2021 年的 2.47％，经济效益显著，减少了国有资产的流失与浪费。

4）运行维护费用降低。替代铸铁管的钢管、PE 管后期运行维护费用将大大降低，抢险修复操作方便快捷。且随着全市燃气管网压力级制的升级，原来承担"冬季保供"调峰作用的青山湖储配站两台容量 5.4 万 m^3 的储气柜已退出历史舞台，后期生米中压站、洪都大桥中压站也将逐步撤出，降低了燃气设施维护费用及使用成本。

6.2　应急管理

6.2.1　管理内容要求

1.《中华人民共和国安全生产法》的规定

根据该法律，燃气管道生产安全事故的应急救援应符合以下规定：

（1）国家加强生产安全事故应急能力建设，在重点行业、领域建立应急救援基地和应急救援队伍，并由国家安全生产应急救援机构统一协调指挥；鼓励生产经营单位和其他社会力量建立应急救援队伍，配备相应的应急救援装备和物资，提高应急救援的专业化水平。

国务院应急管理部门牵头建立全国统一的生产安全事故应急救援信息系统，国务院交通运输、住房和城乡建设、水利、民航等有关部门和县级以上地方人民政府建立健全相关行业、领域、地区的生产安全事故应急救援信息系统，实现互联互通、信息共享，通过推行网上安全信息采集、安全监管和监测预警，提升监管的精准化、智能化水平。

（2）县级以上地方各级人民政府应当组织有关部门制定本行政区域内生产安全事故应急救援预案，建立应急救援体系。

乡镇人民政府和街道办事处，以及开发区、工业园区、港区、风景区等应当制定相应的生产安全事故应急救援预案，协助人民政府有关部门或者按照授权依法履行生产安全事故应急救援工作职责。

（3）生产经营单位应当制定本单位生产安全事故应急救援预案，与所在地县级以上地方人民政府组织制定的生产安全事故应急救援预案相衔接，并定期组织演练。

（4）危险物品的生产、经营、储存单位以及矿山、金属冶炼、城市轨道交通运营、建筑施工单位应当建立应急救援组织；生产经营规模较小的，可以不建立应急救援组织，但应当指定兼职的应急救援人员。

危险物品的生产、经营、储存、运输单位以及矿山、金属冶炼、城市轨道交通运营、建筑施工单位应当配备必要的应急救援器材、设备和物资，并进行经常性维护、保养，保证正常运转。

（5）生产经营单位发生生产安全事故后，事故现场有关人员应当立即报告本单位负责人。

单位负责人接到事故报告后，应当迅速采取有效措施，组织抢救，防止事故扩大，减少人员伤亡和财产损失，并按照国家有关规定立即如实报告当地负有安全生产监督管理职责的部门，不得隐瞒不报、谎报或者迟报，不得故意破坏事故现场、毁灭有关证据。

（6）负有安全生产监督管理职责的部门接到事故报告后，应当立即按照国家有关规定上报事故情况。负有安全生产监督管理职责的部门和有关地方人民政府对事故情况不得隐瞒不报、谎报或者迟报。

（7）有关地方人民政府和负有安全生产监督管理职责的部门的负责人接到生产安全事故报告后，应当按照生产安全事故应急救援预案的要求立即赶到事故现场，组织事故抢救。

参与事故抢救的部门和单位应当服从统一指挥，加强协同联动，采取有效的应急救援措施，并根据事故救援的需要采取警戒、疏散等措施，防止事故扩大和次生灾害的发生，减少人员伤亡和财产损失。

事故抢救过程中应当采取必要措施，避免或者减少对环境造成的危害。任何单位和个人都应当支持、配合事故抢救，并提供一切便利条件。

2. 《中华人民共和国突发事件应对法》的规定

《中华人民共和国突发事件应对法》（以下简称《突发事件应对法》）为了预防和减少突发事件的发生，控制、减轻和消除突发事件引起的严重社会危害，规范突发事件应对活动，保护人民生命财产安全，维护国家安全、公共安全、环境安全和社会秩序，而制定的法律。

该项法律围绕突发事件的分类分级和管理机制、预防与应急准备、监测与预警、应急处置与救援、事后恢复与重建，以及法律责任等方面做出了明确的规定。

（1）突发事件的分类分级和管理机制。

突发事件划分为自然灾害、事故灾难、公共卫生事件和社会安全事件等四大类。按照社会危害程度、影响范围等因素，自然灾害、事故灾难、公共卫生事件分为特别重大、重大、较大和一般四级。

"统一领导、综合协调、分类管理、分级负责、属地管理为主"的突发事件管理机制。在突发事件应对处理中，必须坚持由各级人民政府统一领导，成立由政府主要负责人、相关部门负责人、驻地中国人民解放军和中国人民武装警察部队有关负责人组成的突发事件应急指挥机构，对应对工作实行统一指挥。

为明确各级政府的责任，《突发事件应对法》规定：县级人民政府对本行政区域内突发事件的应对工作负责，突发事件发生后，发生地县级人民政府应当立即进行先期处置；一般和较大级自然灾害、事故灾难、公共卫生事件的应急处置工作分别由县级和设区的市级政府统一领导；重大和特别重大级的由发生地省级人民政府统一领导，其中影响全国、跨省级行政区域或者超出省级政府处置能力的，由国务院统一领导。社会安全事件由发生地县级人民政府组织处置，必要时上级人民政府可以直接组织处置。

实行"属地管理为主"，是要求地方政府迅速反应、及时处理，但属地管理为主不排除上级政府及其有关部门对其工作的指导，也不能免除发生地其他部门的协同义务。

（2）突发事件的预防和应急准备。

《突发事件应对法》明确规定：各级政府和政府有关部门应当制定、适时修订应急预案，并严格予以执行；城乡规划应当符合预防、处置突发事件和维护国家安全、公共安全、环境安全、社会秩序的需要；县级政府应当加强对本行政区域内危险源、危险区域的监控，责令有关单位采取有效的安全防范措施并进行监督检查；所有单位应当建立健全安全管理制度，配备报警装置和必要的应急救援设备、设施，及时消除隐患，掌握并及时处理本单位可能引发的突发事件问题。居委会、村委会及自治组织等基层组织和单位应当经常排查调处矛盾纠纷，防止矛盾激化。县级以上人民政府应当建立健全政府及其部门有关工作人员应急管理知识和法律法规的培训制度，整合应急资源，建立健全综合、专业、专职与兼职、志愿者应急救援队伍体系并加强培训和演练；中国人民解放军和中国人民武装警察部队和民兵组织应当有计划地组织开展应急救援知识和技能的专门训练。

县级人民政府及其有关部门、乡级人民政府、街道办事处和基层群众自治组织、有关单位应当组织开展应急知识的宣传普及活动和必要的应急演练，新闻媒体应当无偿开展应急知识的公益宣传；各级各类学校和其他教育机构应当将应急知识教育作为学生素质教育的重要内容。

县级以上人民政府应当保障突发事件应对工作所需经费；国家建立健全重要应急物资的监管、生产、储备、调拨和紧急配送体系，完善应急物资储备保障制度和应急通信保障体系；国家鼓励公民、法人和其他组织为人民政府应对突发事件工作提供物资、资金、技术支持和捐赠；设区的市级以上人民政府和突发事件易发、多发地区的县级人民政府应当建立应急救援物资、生活必需品和应急处置装备的储备制度。县级以上人民政府应当根据本地实际情况，与有关企业签订协议，保障应急救援物资、生活必需品和应急处置装备的生产和供给。

（3）突发事件的监测和预警。

《突发事件应对法》规定：县级以上地方人民政府在建立本地区统一的突发事件监测、预警信息系统的同时，应当在居民委员会、村民委员会和有关单位建立专职或者兼职信息报告员制度，从多种途径获取有关信息。

国家建立健全突发事件预警制度。可以预警的自然灾害、事故灾难和公共卫生事件的预警级别，按照突发事件发生的紧急程度、发展势态和可能造成的危害程度分为一级、二级、三级和四级，分别用红色、橙色、黄色和蓝色标示，一级为最高级别。

（4）突发事件的应急处置与救援措施。

突发事件发生后，政府应在第一时间组织开展应急处置和救援工作，调动应急救援队伍和社会力量，采取应急处置措施，努力减轻和消除其对人民生命财产造成的损害。

自然灾害、事故灾难、公共卫生事件发生后，应有针对性地采取人员救助、事态控制、公共设施和公众基本生活保障等方面的措施。

社会安全事件发生后，应当立即组织有关部门依法采取强制隔离当事人、封锁有关场所和道路、控制有关区域和设施、加强对核心机关和单位的警卫等措施。

（5）事后恢复与重建。

突发事件的威胁和危害基本得到控制或者消除后，应当及时组织开展事后恢复与重建工作，减轻突发事件造成的损失和影响，尽快恢复生产、生活、工作和社会秩序，妥善解决处置突发事件过程中引发的矛盾和纠纷。

《突发事件应对法》规定：履行统一领导职责的人民政府应当在突发事件处置后采取或者继续实施防止发生次生、衍生事件的必要措施；立即组织对突发事件造成的损失进行评估，组织受影响的地区尽快恢复生产、生活、工作和社会秩序，制定恢复重建计划，修复被损坏的公共设施；上级人民政府应当根据受影响地区遭受的损失和实际情况，提供资金、物资支持和技术指导，组织其他地区提供资金、物资和人力支援；及时总结应急处置工作的经验教训，评估突发事件应对工作，并向上一级政府和本级人大常委会报告应急处置工作情况。

3.《突发事件应急预案管理办法》的规定

2013年10月25日，国务院办公厅以国办发〔2013〕101号印发《突发事件应急预案管理办法》（以下简称《办法》）。该《办法》分总则，分类和内容，预案编制，审批、备案和公布，应急演练，评估和修订，培训和宣传教育，组织保障，附则共九章。《办法》首次从国家层面明确了应急预案的概念及相关要求。

《办法》按照制定主体将应急预案划分为政府及其部门应急预案、单位和基层组织应急预案两大类。政府及其部门应急预案分为总体应急预案、专项应急预案、部门应急预案三类。单位和基层组织的应急预案由机关、企业、事业单位、社会团体和居委会、村委会等法人和基层组织制定，侧重明确应急响应责任人、风险隐患监测、信息报告、预警响应、应急处置、人员疏散撤离组织和路线、可调用或可请求援助的应急资源情况及如何实施等，体现自救互救、信息报告和先期处置特点。

《办法》确认城市供气为生命线工程，并提出了相关的要求：

（1）针对重要基础设施、生命线工程等重要目标物保护的专项和部门应急预案，侧重明确风险隐患及防范措施、监测预警、信息报告、应急处置和紧急恢复等内容。

（2）专项应急预案、部门应急预案至少每3年进行一次应急演练。重要基础设施和城市供水、供电、供气、供热等生命线工程经营管理单位，应当有针对性地经常组织开展应急演练。

6.2.2　管理热点剖析

1. 应急能力建设

应急能力建设一直是燃气管道管理单位的工作热点之一，近年来，各地积极推动，主要工作内容包括制度标准的建设、应急机制建立、应急队伍建设、应急物资储备等。

（1）制定应急建设指南或标准，推动燃气应急标准的编制与修订，制定常见应急事件的现场处置方案。

（2）应急机制建立，燃气企业建立双重预防机制，将风险控制在隐患形成之前，将隐患消除在事故发生之前，相当于在事故发生前筑牢了两道防线。燃气企业要贯彻落实《中共中央国务院关于推进安全生产领域改革发展的意见》精神，健全安全风险分级管控、事故隐患排查治理双重预防机制，通过相应的举措实现风险预控及事故预防。对于安全风险分级管控，企业内部要组织专家对企业范围内的各类危险因素进行辨识，科学选择评价方法实施风险定级，制定针对性措施分层级进行管控。对于事故隐患排查治理，企业内部要建立常态化机制，组织开展季度、月度、专项、日常安全隐患排查工作，通过多方位、多角度排查，及时排查出并消除各类安全隐患。

（3）应急队伍建设，提高应急人员现场判断和处置能力，燃气企业内部需建立涵盖多岗位多专业且职责明确的救援队伍，有利于准确现场研判、科学规范处置；同时企业内部救援队伍也需要专业培训、定期演练、优胜劣汰更新等机制，保证队伍专业性、技术性。

（4）完善应急物资，除车辆、通信、消防等一般通用型应急物资外，燃气企业应急物资配备还具有一定的特殊性，如多型号管道配件、应急堵漏装置、燃气浓度检测仪器、小型保供设施等物资。通过实践可知，燃气企业应急物资配备以检测器材类、警戒器材类、消防器材类、通信器材类、救生器材类、破拆器材类、堵漏器材类、转输器材类、配电通风照明器材类、防汛防冻器材类、仪表安全附件类、气源保供设备类、管件管材工具类十三类为最佳，可满足各类燃气生产安全突发事件应急处置的需要。具体实际配备数量种类需燃气企业结合自身管网情况、用户情况进行明确。应急物资管理有以下两方面需关注：一是鼓励采购指挥无人机，红外测漏仪等新型科技应急救援器材；二是重视应急物资仓储管理，建立专用仓库，定期检查维护。

（5）推动规模城市燃气应急基地建设，建立专业化的城市燃气应急基地，提高快速响应和有效防止事故扩大的能力。

2. 应急技术应用

随着城市燃气管道突发事件新特征的呈现，传统安全技术与工程已经不能满足风险防范与应急管理的需求，对新技术、新装备、新产品、新服务的依赖性越来越强。安全应急技术、装备、产品以及服务，通过预防、预警、检测、防护和应急各种突发事件、事故和灾害来保障人民生命安全健康，是避免国家、企业、家庭财产损失，减少社会危害的重要载体。

《中华人民共和国突发事件应对法》第二十五条指出，国家鼓励、扶持具备相应条件的教学科研机构培养应急管理专门人才，鼓励、扶持教学科研机构和有关企业研究开发用于突发事件预防、监测、预警、应急处置与救援的新技术、新设备和新工具。

《国家突发公共事件总体应急预案》中也指出，科技部、教育部、中科院、社科院、工程院、中国科协等有关部门和科研教学单位，要积极开展公共安全领域的科学研究；加大公共安全监测、预测、预警、预防和应急处置技术研发的投入，不断改进技术装备，建立健全公共安全应急技术平台，提高我国公共安全科技水平；注意发挥企业在公共安全领域的研发作用。

因此，在城市燃气管道安全应急领域，也要大力发挥先进技术的辅助作用。整合现有的相关科技手段，建设完成集检测监测、预测预警、指挥控制、沟通响应、决策支持、资源管理、应急评价、决策分析等功能于一体的城市燃气管道应急支撑系统，全面提高应急管理的智能化水平；建立完善并动态更新城市燃气管道突发事件、救援队伍、物资装备、风险源信息等基础数据库；推进市政应急资源移动查询系统地应用，进一步提高应急物资、人员的查询、调度效率；构筑信息安全保障体系，做好信息系统备份，提升信息安全防范能力。

城市燃气管道事故应急处置的难度较大。由于在某一地点往往同时存在多类设施，一旦发生事故，往往需要多家设施单位及救援单位及时到达现场、尽快进行现场勘察、事故分析、制定事故处置方案，并且城市燃气管道事故的表现形式多样，且随着时间的推移，可以转化成重大的危机，因此，如何应用好正确、先进的应急技术，在最短的时间内实现较好的处置效果，成为我们亟待解决的问题。

3. 管道风险管控

（1）风险辨识。

城镇燃气管网系统的不安全因素有：

1）设计缺陷或操作失误。燃气管网系统设计缺陷主要包括管道埋深、管道壁厚、管道安全系数、压力试验等在设计时没有达到规范要求；操作失误主要指在管道运行、检修、维护保养等操作过程不符合规程。

2）材料与施工。材料与施工缺陷主要包括管道质量缺陷、附件质量缺陷、管道施工缺陷、附件施工缺陷等。

3）腐蚀。腐蚀因素主要包括燃气管道防腐层缺陷、土壤腐蚀性、防护措施失效、燃气的腐蚀性、应力腐蚀等。

4）自然环境影响。自然环境因素主要包括自然灾害、地质沉降、绿化植物的外力影响。

5）第三方破坏。第三方破坏因素主要包括野蛮施工、违章占压、交通路况复杂、防护不到位等。

城镇燃气管网系统较为复杂，目前，对系统的预先风险分析和评价还显得比较欠缺，一旦发生事故，代价往往会很大。危险是客观存在的，一般无法避免，但可以通过一定的技术手段和防范措施降低危害程度，控制风险在可接受范围内，才能远离危险，达到减少事故发生的概率。通过加强对在役燃气管网系统的运行安全进行风险分析与评价，保障系统安全运行。

（2）风险评价。

对系统的危险性、危害性进行分析、评价的方法通常分为定性评价方法和定量评价方法。定性评价方法一般将危险性分成几个定性等级，并对认为系统是安全的等级进行规定。定量评价方法中一般是计算在某段时间或某个空间事故发生的概率、事故损失程度，并对认为系统是安全的指标加以规定。目前，国内外已开发出几十种评价方法，每种评价方法的原理、目标、应用条件、适用的评价对象、工作量均不尽相同，需要根据评价对象的具体情况选用。目前常用的风险评价方法有主观评分法、数理统计方法和模糊综合评价法等。

1）主观评分法。

主观评分法为充分利用专家的经验等隐性知识的定性定量方法。针对评价对象选定若干个评价指标，制定评价标准，聘请若干专家组成专家小组，各专家按评价标准凭借自己的经验给出各指标的评价分值，然后采用加法、功效系数法或加权法进行评分。

2）数理统计方法。

数理统计方法主要有聚类分析、主成分分析、因子分析等方法。聚类分析是将个体或对象进行分类的一种多元统计方法。主成分分析是在保证损失很少信息的情况下把多指标转化为少数的几个综合指标的统计方法。因子分析是根据相关性大小把原始变量分组，使得每组内的变量之间相关性较高而不同组间的变量相关性较低，以少数几个因子反映原变量的大部分信息。

3）模糊综合评价法。

模糊综合评价法的基本原理是考虑与被评价对象相关的多种因素，以模糊数学为理论基础进行综合评价。根据评价者对评价指标体系末级指标的模糊评判信息，运用模糊数学运算方法对评判信息从后向前逐级进行综合，直至得到以隶属度表示的评判结果，并根据隶属度确定被评对象的评定等级。

4）故障树分析法。

故障树是一个了解和分析系统如何失效的逻辑框架，用图形方式表示顶事件与子事件的逻辑关系，定性定量分析系统可靠性涉及的各个因素，寻找导致顶事件发生的影响因素，通过指定条件下的逻辑推理来实现目标分析，特别适用于分析庞大而复杂的系统。

顶事件的确定非常关键，通常将系统最不希望出现的故障状态作为顶事件，然后找出导致顶事件发生的所有可能的直接原因，接着再细化，深入分解、跟踪每一种可能的原因，直到最基本的、不可再分的原因（底事件）确定为止，这些底事件被作为是系统失效的主要因素，自顶向下完成故障树的构造。由故障树分析结果，可确定系统关键部位、薄弱环节、应对措施等。

故障树分析法具有很强的直观性和很好的灵活性，不仅能够表示出系统中的失效关系，还可以表示出系统外部因素（如人为失误及环境等）对系统的影响。既可以用于分析各不利事件对整个燃气系统的负面影响，又能够分析导致该不利事件发生的主导因素。

5）层次分析法。

层次分析法是一种定性分析和定量分析相结合的评价方法。层次分析法是将一个复杂的多目标决策问题作为一个系统，将目标分解为多个目标或准则，进而分解为多指标的若干层次，通过定性指标模糊量化方法算出层次单排序和总排序，进行多指标目标优化决策。

用层次分析法进行风险分析就是将与系统风险有关的影响因素分解成目标、准则、方案等层次，再进行定性和定量分析的方法。将要进行风险分析的系统进行层次划分，分析列出影响系统的各个因素，并按照相互之间的关系进行排序、组合，从而构建多层次、条理化的结构模型，然后进行定量计算，确定每一层次相对的优、劣次序，运用数学方法，算出每一层次因素的权重值，通过分析排序结果，确定系统各层次的风险等级。

风险层次分析法的计算步骤是，根据评价目标和评价准则，建立递阶层次结构模型；构造比较判断矩阵；风险层次分析法的计算步骤是，建立层次结构模型、构造判断（成对比较）矩阵、层次单排序及其一致性检验、层次总排序及其一致性检验。

表6-1列出了几种典型主观风险评价方法，适用于对系统现状的风险评价。

典型主观风险评价方法

表 6-1

方法	目标	定性定量	特点
安全检查表	安全等级	定性、定量	按事先编制的检查表逐项检查，按规定赋分标准评定
危险性预分析法	安全等级	定性	分析系统存在的危险有害因素、触发条件、事故类型
故障树分析法	事故原因或事故概率	定性、定量	由事故和基本事件逻辑推断事故原因，由基本事件概率计算事故概率
事件树分析法	事故原因触发条件及事故概率	定性、定量	由初始事件判断系统事故原因及条件，由各事件概率计算系统事故概率
道化学公司法	火灾爆炸危险性等级及事故损失	定量	根据物质、工艺危险性计算火灾爆炸指数，判定采取措施前后的系统整体危险性
帝国化学公司蒙德法	各类危险性等级	定量	由物质、工艺、毒性、布置的危险计算采取措施前后的系统整体危险性

当风险评价所需要的基础数据难以完整获得时，由于导致系统失效的因素具有随机发生的不确定性，不能对其概率进行精确计算，可以将层次分析与模糊综合评价相结合，对系统的风险进行评价。

（3）风险管控。

1）制度管理。

合法合规运行是保障安全平稳运行的基础，只有充分识别法律法规及相关标准规范的要求，才能更好地建立适应于城镇燃气管道管理的相关规章制度。将城镇燃气相关法律法规及标准规范中的条款结合实际情况进行符合性评价后，建立与企业市政管道管理相适应的管理制度和操作规程。主要有管道巡检管理制度、管道交叉施工管理制度、管道隐患排查治理管理制度、管道抢维修管理制度、管道技改管理制度、管道竣工验收拨交管理制度、管道附属设施管理制度（含标志标识、阀门井等）、管道生产作业规程（含停送气、升降压、置换等）、管道巡检员考核管理制度等。

2）安全教育培训管理。

建立与安全生产有关的各级、各类人员培训制度，是保障安全生产管理体系有效运转的重要措施。安全生产意识、安全生产责任、与生产过程中相关的知识和操作技能，是培训的主要内容。持证上岗：管道巡线人员从事管道作业活动需持有及燃气从业人员资格证书（管网工）；文件宣贯：将上级文件及公司内部关于安全生产及管道管理的相关文件要求和工作部署及时传达到一线员工；技能培训：制定年度技能培训计划，每月至少对管网工开展一次岗位知识及安全知识培训，年度培训不少于 20 课时，培训内容不仅涉及所有工作内容，还要强化员工安全意识，建立员工在岗安全教育培训档案，实施岗位职业生涯教育培训动态管理。

3）监督检查管理。

开展监督检查是对管道运行现状进行评价的重要措施，主要对制度执行情况进行排查，对管道运行状况进行隐患排查，对作业人员"三违"情况进行检查。可以利用安全检查表法、故障树分析法对整个管道系统进行系统的排查。

4）行为安全风险管控。

可靠数据表明，事故的发生70%是由于人的不安全行为造成的，但是员工的冒险行为反映出的问题并不仅是员工自身的行为错误，行为安全管理的核心是针对不安全行为进行现场观察、分析与沟通，以干扰或介入的方式，促使员工认识不安全行为的危害，阻止并消除不安全的行为，因此，针对员工不安全的行为，不是责备和找错，而应该识别那些关键的不安全行为、监测和统计分析、制定控制措施并采取整改行动，最终降低不安全行为发生的频率。进行行为安全管理的关键在于识别关键行为、收集行为数据、提供双向沟通、消除安全行为障碍，通过行为观察并对工作危害进行分析，制定控制和改进措施，可以达到控制风险、减少和杜绝事故的目标。开展管道作业活动行为安全管理，可以将管道各项生产作业活动分成以下几大类：管道巡检作业、交叉施工监护作业、管道附属设施检查与维护作业、置换作业、停送气作业、升降压作业等。通过识别作业安全中存在的风险及后果，制定工作危害分析表，以达到控制风险、减少和杜绝事故的目标。

5）设备安全风险管控。

设备管理的最终目的是保障设备完好运行，确保设备完好率。建立设备设施台账：在设备竣工验收投运前登记造册，对设备型号信息、设备厂家信息、设备工作原理、设备安装位置、设备用途、设备检定或校验日期及周期、设备管理责任人等信息建立台账，对该设备服役生涯进行全过程管控，通过台账可以对该类设备在运行中发生的异常问题进行归纳、分析，发现共性问题，把管控关口前移。建立设备设施"六定"管理维护机制：设备定人管理、设备定完好标准、设备定操作维护规程、特种设备定期检验、工艺设备定期维护、重点设备定时巡查。设备设施技改管理：城镇燃气管道的改造是一项综合考虑的工程，技改工程要得到与新建工程一样的管理和支持，尤其是埋地管道的技改，不能虎头蛇尾，要加强源头审查、过程监管及竣工后相关图档资料的存档，技改工程与原工程同档保存，使工程质量具有可追溯性。

6）环境安全风险管控。

第三方交叉施工是导致城镇燃气管道破坏事件的一大重要外界环境影响因素，强化第三方施工监管，是保障城镇燃气管道安全运行的重点工作。

首先，强化源头把控，提前介入沟通。一是要与市政道路、各类市政管道建设单位建立沟通渠道，在工程进场前进行安全教育及现场摸排，对可能受影响的部位进行勘察并做好标记；二是重要或者大型工程施工前，与建设单位进行沟通协调，开展管道保护协调会；三是加强与住建部门、道路建设管理部门沟通交流，组织区域内施工单位开展管道保护交流座谈会，强化项目经理、项目技术人员、挖机师傅管道保护意识。

其次，重视过程监管，做好技术交底。第三方交叉施工一旦施工到受影响范围，该段线路管理人员必须前往现场指导施工，采用人工探管方式查清具体位置，管位不明情况下严禁使用大型机械在管道上方开挖。

6.2.3 案例分析/创新举措

1. 合肥：城市生命线项目—燃气专项系统

（1）系统描述。

　　燃气专项系统主要服务于应急抢险信息流转和现场应急处置，包括了过程的调度指挥和信息的传输共享，从而实现对现场应急抢险的精准指导。

　　燃气专项系统通过监控中心将地理信息系统、接报系统、巡检抢修系统、用户系统、短信通知系统、呼叫调度系统融为一体，系统包含燃气管道临近地下空间安全监测，同时建立了燃气管道与地下排污、排水及其他相邻空间的关系数据库，评估地下空间轰燃爆炸风险，实时监测燃气管道邻近地下空间可燃气体浓度；形成泄漏地段的快速风险预警，降低密闭空间爆炸危险性；减少燃气管道漏损，实现减损增效。

　　（2）主要技术。

　　1）城市燃气燃爆风险识别方法和评估模型，实现了燃气燃爆风险分级和风险地图的制作，有效解决了城市燃气燃爆高风险区识别的难题（图 6-1）。

图 6-1　合肥燃气管道风险四色图

　　2）地下空间燃爆风险监测技术和装备，通过风险积分给出关键监测布点位置，降低监测成本，通过 NB-IoT 数据高效无损传输，解决城市生命线工程大规模进行物联网感知部署面临的通信难题，实现地下管道监测数据稳定传输和高风险区域高密度监测，能够实现次高压、中压燃气管道诊断检测，解决城市燃气管道运行压力低、可通行要求高、精准定位等检测难题（图 6-2）。

　　3）首个城市级燃气安全监测预警信息系统，建立了首个燃气管道及相邻空间在线智能监测系统，建立了城市燃气安全监测的国家和行业标准，创新了城市燃气燃爆风险预警精细化管理模式，建立了新型的城市燃气安全风险监测监管机制。

　　（3）系统特点。

　　前移风险关口。全面把握城市风险源运行状态，推动城市公共安全管理由事后处置向事前管控转变，由单向应急处置向协同风险防控转变。

　　透彻动态感知。智慧物联网实时在线监测，NB-IoT 数据高效无损传输，实现生命线全生命周期运行状态实时感知。

图 6-2　合肥燃气管道相邻地下空间安全监测物联网

打破信息壁垒。可监测、可预警、可追溯、可研判、可决策，融合各部门、各领域公共安全信息资源，实现信息资源共享倍增效应。

创新管理模式。实现跨地域、跨行业、跨层级的突发事件协同处置，开创城市生命线风险主动防控、城市公共安全管理新模式。

（4）运行效果。

辨识布设 24499 个高风险监测点，监测里程达 2200km，全面覆盖合肥市一环老城区和省、市政务核心区。成功预警燃气泄漏事故 40 余起，其中达到爆炸下限 32 起，每周平均分析系统报警 200 余处，线上线下联动协调处置 80 余次，完成燃气管道安全评估报告 12 份。

合肥城市生命线项目以物联网、大数据、GIS／BIM 技术为支撑，打造了全新的包括燃气管道风险评估、监测报警、预测预警、辅助决策、应急处置等全链条主动式安全保障体系。

2. 快速水平封堵设备在抢修过程中的应用

快速水平封堵设备是为解决膨胀桶式机械封堵作业中作业耗时长、作业成本高、封堵效果差等现象研发的创新型封堵设备。该设备由管道切削面封堵改为内壁封堵，并且扩大了封堵的面积，提高了一次封堵成功率，在有效提高管道封堵安全性的基础上，保证了城镇燃气管道完整性。

有别于利用四通管件对带气管道全管切断实施封堵的传统封堵方式，利用开孔管件半管开孔，通过转向装置，将封堵器导入水平带气管道进行封堵，尽可能保留现有管道完整性，提高一次性封堵成功率，提高作业安全性，减少作业时间，降低作业成本（图 6-3）。

北京市燃气集团将该设备用于应急抢修作业

图 6-3　燃气快速水平封堵设备

中，以 φ219 金属管线切线作业为例，对比新设备和传统设备的情况见表 6-2。

新旧设备对比 表 6-2

序号	对比内容	旧设备	新设备
1	时间	最快 6h（预制焊接、吊装、开孔、封堵、下堵、管线施工、安装盲板）	经过现场试验完成管件预制、开孔、清扫、封堵、管线施工、安装完成堵、安装盲板，时间统计一次施工总用时最多 3h。作业的母管口径越大，时间优势越显著
2	空间要求	作业空间不易满足。例如北京有地库的小区燃气管线距离地库顶板 10 多厘米，原有设备无法焊接上去，就没法机械作业。吊车进不去无法作业等	由于设备体积小，作业时对作业空间要求小。设备重量轻，两人即可搬运上下作业坑，无需吊车等辅助施工工具等
3	社会效益	一次封堵成功率不高。遇大口径管道时，二次封堵需吊装调试，一次吊装调试耗时 1~2h，拖延了抢修最佳时间，增加了火灾及爆炸的不可控风险	一次封堵成功率高，封堵严密性高。基本不需要二次封堵，且设备操作简单，封堵时间短，为抢险抢修争取了时间，降低了因施工原因对用户的影响。作业的母管口径越大，社会效益越明显
4	经济效益	吊装换桶，由于封堵筒的外部结构采用胶粘接皮筒，封堵换胶皮，重复使用次数低。如果一次封堵时皮筒有划伤，必须人工清理更换，刮去胶质，需用丙酮清洁后，再次涂胶粘接。粘接工艺非常繁琐，延长了整体的作业时间，间接地增加了施工的费用	封堵橡胶经久耐用，可使用多次无需频繁更换。母管口径越大，经济效益越显著

3. 多措共举推进应急保障能力建设

天然气作为易燃易爆物，使用、管理不当时引发易燃等燃气紧急事件，从应急处置方面，也有相应举措。南方某城市在制定应急预案时，对城市单个区域内城市综合体内燃气用户进行了统计分析，发现其用户主要分布在餐饮业，另外，大部分商住两用楼设计有高层公寓，配套燃气供居民用户使用，居民用户类别比较单一。

首先分析了现场应急处置的特点，综合考虑减少赶往"事故点"时间、控制阀门的有效辨识、人员疏散量较大的特点，供气单位从综合体建筑本体规划设计、燃气设施设计与安装、燃气设施使用维护三个方面制定针对性的应急保障措施。

（1）提前介入和布局。

燃气公司从用气安全的角度提前介入综合体的前期设计，协助开发单位优化综合体各个单元的建筑布局，提前规划用气点位置，为后续燃气设施的设计与安装奠定良好的基础。

（2）燃气系统安装可燃气体探测及自动切断系统。

1）用气点所在场所或空间安装燃气泄漏报警装置和气源控制阀门自动切断装置，传感器的具体位置、数量应根据用气点实际情况确定。

2）燃气泄漏报警装置应与自动切断阀实现联动。

3）管道井内做为密闭空闲安装燃气泄漏报警装置和气源控制阀门自动切断装置，传感器的具体位置、数量应根据用气点实际情况确定。

4）用气点及管道井自动切断系统控制回路宜与物业管理监控中心实现联网，便于统一管理。

（3）建立燃气设施日常使用与维护的科学管理机制。

建立统一的报警应用平台。借助报警平台系统，依靠其强大的数据处理功能，可大幅提高效率，节约人力物力资源。如通过燃气报警器于快速切断阀的联动，可迅速关掉用气点控制阀门，再通知燃气公司到现场维修，提高效率并节约人力物力。

城市综合体应建立统一的、固定的消防管理机构和消防安保机构，统一协调管理。

此外，燃气公司在应急处置方面也设置相应保障措施，通过规划行驶路线、优先选用快捷交通工具赶往事故现场，有利于减少路上用时，给现场应急处置预留更多的有效时间。根据实际情况提升片区地上及地下燃气管道的巡查等级，加大巡查、巡检力度，发现隐患及时处理。

通过良好的城市建筑布局有利于燃气设计人员选择最佳的管道敷设路径，可在一定程度上避免后期运行中出现的由于建筑功能局部变动引起的诸如燃气管道被占压、包封等隐患，保障燃气设施的安全运行。燃气公司可以从供气安全的角度提前介入，针对综合体建筑构造设计、用气点位置合理分布等协助开发单位制定切实有效的预防及应急措施。

第三篇 行 动 篇

第7章 基础保障体系

7.1 法律法规

7.1.1 法规体系情况

我国燃气法律法规体系是以《城镇燃气管理条例》（国务院令第 583 号）为主导，结合有关燃气规划、燃气管理、燃气生产、燃气供应与使用、燃气设施保护等方面的法律、行政规章、地方性法规以及规章、规范性文件等所形成的不同层次、不同等级、不同方面的有机结合体。

1. 燃气法律

截至目前，我国还没有专项的燃气法律颁布实施，但作为一种具有公用属性的市政设施，燃气工程建设、运维和使用过程中也必须执行一些相关的法律。涉及的燃气的相关法律有《中华人民共和国建筑法》《中华人民共和国城乡规划法》《中华人民共和国安全生产法》《中华人民共和国突发事件应对法》《中华人民共和国消防法》《中华人民共和国石油天然气管道保护法》《中华人民共和国计量法》《民法典》《中华人民共和国价格法》《中华人民共和国环境保护法》《中华人民共和国土地管理法》《中华人民共和国合同法》等。举例来讲，燃气规划作为城乡规划不可或缺的组成部分，一定要遵守《中华人民共和国城乡规划法》；燃气管道和设施作为各类用气房屋建筑必要的组成部分，其建设和监督也属于《中华人民共和国建筑法》的管理范畴；燃气企业销售燃气时，必须遵守《中华人民共和国计量法》《中华人民共和国价格法》和《中华人民共和国合同法》；燃气企业和使用燃气的企业，在生产过程中一定要遵守《中华人民共和国安全生产法》。

司法解释是指国家最高司法机关在适用法律、法规的过程中，对如何具体应用法律、法规的问题所做的解释。在我国，司法解释也是燃气法规的重要渊源之一。如在燃气刑事责任方面有《最高人民法院、最高人民检察院关于办理盗窃油气、破坏油气设备等刑事案件具体应用法律若干问题的解释》（2006 年 11 月 20 日由最高人民法院审判委员会第 1406 次会议、2006 年 12 月 11 日由最高人民检察院第十届检察委员会第 66 次会议通过，自 2007 年 1 月 19 日起实施）。这一司法解释出台的目的是维护油气的生产、运输安全，依法惩治盗窃油气、破坏油气设备等犯罪。该司法解释规定：在实施盗窃油气等行为过程中，采用切割、打孔、撬砸、拆卸、开关等手段破坏正在使用的油气设备的，属于刑法第一百一十八条规定的"破坏燃气或者其他易燃易爆设备"的行为；危害公共安全，尚未造成严重后果的，依照刑法第一百一十八条的规定定罪处罚；盗窃油气或者正在使用的油气设备，构成犯罪，但未危害公共安全的，依照刑法第二百六十四条的规定，以盗窃罪定罪处罚；盗窃油气，数额巨大但尚未运离现场的，以盗窃未遂定罪处罚；为他人盗窃油气而偷开油气井、油气管道等油气设备阀门排放油气或者提供其他帮助的，以盗窃罪的共犯定罪处罚。

2. 燃气行政法规

目前，燃气管道相关行政法规以国务院《城镇燃气管理条例》为主体，该条例于2010年10月19日经国务院第129次常务会议审议通过，自2011年3月1日起施行，2016年根据《国务院关于修改部分行政法规的决定》修订。

《城镇燃气管理条例》从立法的目的、适用范围、城镇燃气工作的基本原则、监督管理体制、促进燃气科技进步、建立燃气安全监督管理制度和燃气知识宣传普及工作等方面，对燃气发展规划与应急保障、燃气经营与服务、燃气使用、燃气设施保护、燃气安全事故预防与处理、相关法律责任等进行了明确的规定。

《城镇燃气管理条例》的颁布与实施，对于加强城镇燃气的管理，保障公民生命财产安全和公共安全，维护燃气经营者和燃气用户的合法权益具有十分重要的意义。

此外国务院颁布的《建设工程质量管理条例》（国务院令第279号）、《建设工程安全生产管理条例》（国务院令第393号）和《生产安全事故报告和调查处理条例》（国务院令第493号）等也从工程建设中建设单位、勘察设计单位和施工单位的质量责任和义务、建设工程的质量保修和监督管理、生产安全事故的应急救援和调查处理、事故等级划分、事故报告、事故调查、事故处理等方面对燃气管道相关内容进行了规定。

3. 燃气行政规章

燃气行政规章包括国务院燃气管理部门颁布的规章和省、自治区、直辖市人民政府制定的规章，燃气行政规章有依法授权制定和依职权制定两大类，依法制定的燃气行政规章是燃气法体系中重要组成部分。我国先后制定了《燃气燃烧器具安装维修管理规定》（建设部令第73号）和《城市地下管线工程档案管理办法》（建设部令第136号）等行政规章，搭建起了中国燃气法律法规体系的主要支撑构架。

（1）《燃气燃烧器具安装维修管理规定》

原建设部于1999年10月14日经第16次部常务会议通过，予以发布，自2000年3月1日起施行。《燃气燃烧器具安装维修管理规定》加强了燃气燃烧器具的安装、维修管理，维护了燃气用户、燃气供应企业、燃气燃烧器具安装和维修企业的合法权益，提高安装、维修质量和服务水平，对从事燃气燃烧器具安装、维修业务和实施对燃气燃烧器具安装维修的监督管理起到了促进作用。

（2）《城市地下管线工程档案管理办法》

自2005年5月1日起施行，它的实施促进了城市地下管线档案科学管理的制度建设，为依法做好地下管线工程档案的接收、整理、鉴定、统计、保管、利用和保密工作提供了法律依据，并可为城建地下管线工程档案资料的使用、开发地下管线工程档案资源提供服务。

4. 地方法规、规章

近年来，各省、自治区、直辖市针对各地在实施国家燃气法规中遇到的问题，尤其是针对燃气管理、生产、安全、设施保护和打击盗窃燃气违法行为的新情况、新问题，纷纷出台地方法规和地方政府规章，完善了我国燃气法体系，是我国燃气法体系中最具活力的重要部分。目前 11 个省、自治区、直辖市发布了燃气地方法规或条例，如《北京市燃气管理条例》《上海市燃气管理条例》《天津市燃气管理条例》《河北省燃气管理条例》《广东省燃气管理条例》等，这些地方燃气法规、规章，对促进规范本地区燃气产业的发展起到了很大的作用。

5. 规范性文件

近几年，我国围绕燃气管道更新改造出台了一系列规范性文件，包括《关于全面推进城镇老旧小区改造工作的指导意见》（国办发〔2020〕23 号）、《全国城镇燃气安全专项整治工作方案》（安委〔2021〕9 号）等。

（1）《国务院办公厅关于全面推进城镇老旧小区改造工作的指导意见》。

2020 年 7 月，国务院办公厅印发《关于全面推进城镇老旧小区改造工作的指导意见》（国办发〔2020〕23 号），要求对城市或县城（城关镇）老旧小区进行改造，制定电力、通信、供水、排水、供气、供热等管线改造计划，管线改造计划要与城镇老旧小区改造规划和计划有效对接，同步推进实施。在资金政策方面，中央给予城镇老旧小区改造资金补助，按照"保基本"的原则，重点支持基础类改造内容。中央财政资金重点支持改造 2000 年以前建成的老旧小区，适当支持 2000 年以后建成的老旧小区；各省市给予老旧小区改造资金支持；商业银行对实施老旧小区改造的企业和项目提供信贷支持；引导专业经营单位出资参与小区改造中的管线设施设备改造提升等。

（2）《全国城镇燃气安全专项整治工作方案》。

2021 年 11 月 24 日，国务院安全生产委员会印发《全国城镇燃气安全专项整治工作方案》（安委〔2021〕9 号）。方案总体要求部分明确：深入贯彻落实习近平总书记关于安全生产重要论述，牢固树立新发展理念，统筹发展和安全，坚持人民至上、生命至上，深刻吸取近年来全国燃气爆炸事故教训，切实增强防范化解燃气安全风险的政治责任。要坚持问题导向，围绕当前制约燃气安全的突出问题，狠抓燃气安全隐患排查整治和安全责任落实。要形成高压态势，强化燃气安全监管执法，依法严惩一批非法违法行为、彻底治理一批重大安全隐患、关闭取缔一批违法违规和不符合安全生产条件的企业、联合惩戒一批严重失信市场主体；同时问责曝光一批责任不落实、措施不力的单位和个人。要坚持重点突破，盯准影响燃气安全运行的重点部位和关键环节，开展精准化治理，加快完善安全设施，加强预警能力建设，加快推进燃气管网等基础设施数字化、智能化安全运行监控能力建设。推动专项整治取得实实在在效果，坚决扭转燃气事故多发势头。

该方案围绕以上总体要求，提出了严厉整治燃气有关企业安全准入不严格、燃气工程转包和非法分包、燃气有关企业主体责任不落实、燃气管道设施维护保养不到位、瓶装液化石油气领域突出问题、生产销售不符合安全标准燃气具、不按规定安装燃气泄漏报警器等问题的十项重点任务。

7.1.2　存在问题

1. 法规政策不完善

现行法律法规不衔接，燃气行业监管体制不顺。城镇燃气行业涉及的政府部门较多，管理职能分散在多个政府部门或机构，监管主体多元，责权利不统一。此外，安全监管和执法处罚脱节，执法主体一般都是行业主管部门或者其他有关部门，客观上造成管理和执法脱节，存在违法行为无人追究的问题，有的成为严重的安全隐患，甚至酿成事故。现行的《城镇燃气管理条例》《石油天然气管道保护法》及《危险化学品安全管理条例》等法规，在监管边界和监管措施上缺少统一和衔接，燃气行业监管体制不顺。

第三方破坏燃气管道事故时有发生，未出台完善的法律法规体系来保护燃气管网。如有些第三方施工项目，因为不需要办理施工许可（维修、钻探等），施工单位就不会主动勘察项目周边的地下管线情况，也不会主动保护燃气管道，造成盲目施工。同时，相关的法律法规也没有明确规定，要求第三方施工单位在施工作业时，必须办理相关的燃气管道及设施的保护手续。

2. 现行法律法规滞后

燃气事业发展很快，燃气行业中存在的突出问题也发生变化，如近几年燃气管道入廊问题；另外，随着城市建设发展，周边地上和地下设施密集，对燃气管道的安全运行产生影响；燃气管道的敷设方式和周边环境也都发生改变。2011 年 3 月《城镇燃气管理条例》正式实施以来，我国燃气行业飞速发展，燃气使用人口、燃气设施、管道数量都大幅增加，燃气安全问题不断凸显，燃气相关法律法规已略显滞后。

7.1.3　对策与建议

1. 加强燃气法律法规体系顶层设计

建议在国家法律层面规范城镇燃气规划、建设、监管、生产、供应和使用等各环节，强化属地政府一元化领导，建立一体化监管网络，明确各方的法律责任。构建主体统一、责权明确、管理规范、运管协调一致的城镇燃气监管体制。明确企业、用户安全主体责任、各部门燃气安全监管职责，细化燃气工程建设、燃气管道保护、燃气特许经营管理相关要求，解决燃气安全责任不清、部门执法依据不足、关键领域支撑不够等突出问题。

另外，对出台时间早、实施效果不理想的法律法规进行分析，评估法律法规是否能满足当前燃气行业发展和管理的现实需求，对条文较陈旧、适用性不强的法律法规进行修订。

2. 进一步明确燃气行业监管责任

2021 年 9 月 1 日实施的《安全生产法》（修正案）规定："管行业必须管安全、管业务必须管安全、管生产必须管安全"。应尽快出台建设运行管理的法律法规，确定牵头单位，明确规划、施工、管理、运行、维护等环节的规范化管理体系，做好燃气管道工程的行政审批和监督管理工作。从实际出发，根据实际情况制定有针对性的责任制度，明确分工。各项工作都分工到具体部门、具体人员，这样才能避免出事前大家都管，出事后互相"踢皮球"的现象。

燃气企业安全生产主体责任落实不够，部分企业特别是小企业，普遍存在安全管理意识不强、安全生产标准化低、管理制度不健全，人员安全意识操作技能不足，检维修及抢险能力缺乏，安全投入不足等问题。各燃气企业要在法律法规指导下，合理开展工作，加强工作的规范性、科学性。同时各属地燃气企业应积极配合政府行政执法、消防、公安等部门，对违章压管道等隐患及时排查治理。

　　燃气行业须强化和落实生产经营单位主体责任、强化政府监管责任，建立和完善生产经营单位负责、职工参与、政府监管、行业自律和社会监督的机制。只有这样，才能遏制事故，燃气行业安全风险和隐患才能得到有效排除，才能实现燃气行业长期安全、稳定、持续供气和用气。

　　3. 加大破坏燃气管道处罚力度

　　施工破坏是造成燃气管道事故的主因，根据《全国燃气事故分析报告（2021 年）》，在 248 起已核实事故原因的燃气管道事故分析样本中，第三方施工破坏引发的事故占比最高，占比为 81.5%。应制定完善的法律法规体系来保护燃气管道的安全运行，任何单位、任何个人在开展可能影响燃气管道安全的活动时，应采取有效措施来保证燃气管道的安全。危害燃气管道安全行为的处罚力度不够，违规成本太低，就很难起到警示教育的作用，燃气管道安全难以得到保障。因此应加强政府各部门的监管力度，对违规作业的单位及人员加大惩罚力度，对破坏燃气管道的责任方严肃追责。

7.2　标准规范

7.2.1　标准体系情况

　　1. 总体情况

　　城镇燃气系统由气源、储气、输配和应用等部分组成。其标准包括燃气工程的勘察、规划、设计、施工、安装、验收、运营维护与管理等工程建设标准以及对产品结构、规格、质量和检验方法等产品标准。

　　随着燃气事业的发展，为了确保燃气安全生产、输送和使用，促进科技进步，保护人民的生命和财产安全，国家制定了大量燃气相关标准，其体系已基本建立，并渐趋完善。与燃气管道密切相关的国家标准和行业标准共 81 项。其中，燃气管道相关产品标准 33 项，涉及城镇燃气分类、基本特性、基本术语、符号，以及各类管件、调压箱、报警器等内容，详情见表 7-1。燃气管道相关工程标准 45 项，涉及燃气管道规划、设计、工程建设、施工验收、运行维护、检验检测等内容详见表7-2。

燃气管道相关产品标准体系（国家标准和行业标准）　　　　　　　表 7-1

序号	标准层次	标准名称	标准编号
1	基础标准	液化石油气	GB 11174—2011
2	基础标准	城镇燃气分类和基本特性	GB/T 13611—2018
3	基础标准	人工煤气	GB/T 13612—2006
4	基础标准	天然气	GB 17820—2018
5	基础标准	城镇燃气符号和量度要求	GB/T 36263—2018
6	基础标准	城市燃气设施运行安全信息分类与基本要求	GB/T 38289—2019
7	基础标准	城镇燃气工程基本术语标准	GB/T 50680—2012
8	基础标准	城镇燃气设备材料分类与编码	CJ/T 513—2018

续表

序号	标准层次	标准名称	标准编号
9	基础标准	城镇燃气标志标准	CJJ/T 153—2010
10	通用标准	压力容器	GB/T 150.1～GB/T 150.4—2011
11	通用标准	低压流体输送用焊接钢管	GB/T 3091—2015
12	通用标准	连续铸铁管	GB/T 3422—2008
13	通用标准	输送流体用无缝钢管	GB/T 8163—2018
14	专用标准	水及燃气用球墨铸铁管、管件和附件	GB/T 13295—2019
15	专用标准	可燃气体探测器 第1部分：工业及商业用途点型可燃气体探测器	GB 15322.1—2019
16	专用标准	可燃气体探测器 第3部分：工业及商业用途便携式可燃气体探测器	GB 15322.3—2019
17	专用标准	可燃气体探测器 第4部分：工业及商业用途线型光束可燃气体探测器	GB 15322.4—2019
18	专用标准	燃气用埋地聚乙烯（PE）管道系统 第1部分：管材	GB/T 15558.1—2015
19	专用标准	燃气用埋地聚乙烯（PE）管道系统 第2部分：管件	GB/T 15558.2—2005
20	专用标准	燃气用埋地聚乙烯（PE）管道系统 第3部分：阀门	GB/T 15558.3—2008
21	专用标准	可燃气体报警控制器	GB 16808—2008
22	专用标准	燃气输送用不锈钢波纹软管及管件	GB/T 26002—2010
23	专用标准	城镇燃气调压器	GB 27790—2020
24	专用标准	城镇燃气调压箱	GB 27791—2020
25	专用标准	塑料管材和管件燃气和给水输配系统用聚乙烯（PE）管材及管件的热熔对接程序	GB/T 32434—2015
26	专用标准	燃气用钢骨架聚乙烯塑料复合管及管件	CJ/T 125—2014
27	专用标准	燃气用埋地孔网钢带聚乙烯复合管	CJ/T 182—2003
28	专用标准	管道燃气自闭阀	CJ/T 447—2014
29	专用标准	燃气输送用不锈钢管及双卡压式管件	CJ/T 466—2014
30	专用标准	燃气输送用金属阀门	CJ/T 514—2018
31	专用标准	燃气管道用铜制球阀和截止阀	JB/T 11492—2013
32	专用标准	燃气管道系统用聚乙烯（PE）专用料	SH/T 1768—2009
33	专用标准	城镇燃气输送用不锈钢焊接钢管	YB/T 4370—2014

燃气管道相关工程标准体系（国家标准和行业标准） 表 7-2

序号	标准层次	标准名称	标准编号
1	基础标准	燃气工程制图标准	CJJ/T 130—2009
2	通用标准	埋地钢质管道腐蚀防护工程检验	GB/T 19285—2014
3	通用标准	钢质管道外腐蚀控制规范	GB/T 21447—2018
4	通用标准	埋地钢质管道阴极保护技术规范	GB/T 21448—2017
5	通用标准	埋地钢质管道聚乙烯防腐层	GB/T 23257—2017

序号	标准层次	标准名称	标准编号
6	通用标准	钢制管道带压封堵技术规范	GB/T 28055—2011
7	通用标准	压力管道规范公用管道	GB/T 38942—2020
8	通用标准	工业金属管道工程施工质量验收规范	GB 50184—2011
9	通用标准	工业金属管道工程施工规范	GB 50235—2010
10	通用标准	现场设备、工业管道焊接工程施工规范	GB 50236—2011
11	通用标准	输气管道工程设计规范	GB 50251—2015
12	通用标准	城市工程管线综合规划规范	GB 50289—2016
13	通用标准	工业金属管道设计规范（2008年版）	GB 50316—2000
14	通用标准	油气输送管道穿越工程施工规范	GB 50424—2015
15	通用标准	油气输送管道跨越工程设计规范	GB/T 50459—2017
16	通用标准	油气输送管道跨越工程施工规范	GB 50460—2015
17	通用标准	油气输送管道线路工程抗震技术规范	GB/T 50470—2017
18	通用标准	现场设备、工业管道焊接工程施工质量验收规范	GB 50683—2011
19	通用标准	埋地钢质管道交流干扰防护技术标准	GB/T 50698—2011
20	通用标准	城市综合管廊工程技术规范	GB 50838—2015
21	通用标准	钢质管道熔结环氧粉末外涂层技术规范	SY/T 0315—2013
22	专用标准	聚乙烯（PE）埋地燃气管道腐蚀控制工程全生命周期要求	GB/T 37580—2019
23	专用标准	城镇燃气设计规范（2020年版）	GB 50028—2006
24	专用标准	室外给排水和燃气热力工程抗震设计规范	GB 50032—2003
25	专用标准	燃气系统运行安全评价标准	GB/T 50811—2012
26	专用标准	大中型沼气工程技术规范	GB/T 51063—2014
27	专用标准	城镇燃气规划规范	GB/T 51098—2015
28	专用标准	压缩天然气供应站设计规范	GB 51102—2016
29	专用标准	液化石油气供应工程设计规范	GB 51142—2015
30	专用标准	人工制气厂站设计规范	GB 51208—2016
31	专用标准	天然气液化工厂设计标准	GB 51261—2019
32	专用标准	燃气工程项目规范	GB 55009—2021
33	专用标准	城镇燃气报警控制系统技术规程	CJJ/T 146—2011
34	专用标准	城镇燃气管道非开挖修复更新工程技术规程	CJJ/T 147—2010
35	专用标准	城镇燃气加臭技术规程	CJJ/T 148—2010
36	专用标准	城镇燃气管网泄漏检测技术规程	CJJ/T 215—2014
37	专用标准	燃气热泵空调系统规程技术规程	CJJ/T 216—2014
38	专用标准	城镇燃气管道穿跨越工程技术规程	CJJ/T 250—2016
39	专用标准	城镇燃气自动化系统技术规范	CJJ/T 259—2016
40	专用标准	城镇燃气工程智能化技术规范	CJJ/T 268—2017
41	专用标准	城镇燃气输配工程施工及验收规范	CJJ 33—2005

序号	标准层次	标准名称	标准编号
42	专用标准	城镇燃气设施运行、维护和抢修安全技术规程	CJJ 51—2016
43	专用标准	聚乙烯燃气管道工程技术标准	CJJ 63—2018
44	专用标准	城镇燃气埋地钢质管道腐蚀控制技术规程	CJJ 95—2013
45	专用标准	城镇燃气雷电防护技术规范	QX/T 109—2021

全国各地以及相关社会团体积极参与标准研制工作。北京、上海、山东、辽宁、安徽、吉林、江苏、福建、广东等省市，相继出台43项燃气管道相关标准，涉及燃气管道设施工、验收、检测检验、安全等级评定、应急队伍建设、风险管控、隐患排查等内容，详见表7-3。

各燃气协会出台燃气管道相关团体标准21项，详情见表7-4。

燃气管道相关地方标准   表7-3

序号	标准类别	标准名称	标准编号
1	(CN-DB11) 北京市地方标准	城镇燃气管道翻转内衬法施工及验收规程	DB11/T 1136—2014
2	(CN-DB11) 北京市地方标准	安全生产等级评定技术规范 第63部分：燃气和水力发电企业	DB11/T 1322.63—2019
3	(CN-DB11) 北京市地方标准	安全生产等级评定技术规范 第18部分：燃气供应企业	DB11/T 1322.18—2016
4	(CN-DB11) 北京市地方标准	供热与燃气管道工程施工安全技术规程	DB11/T 1884—2021
5	(CN-DB11) 北京市地方标准	专业应急救援队伍能力建设规范燃气	DB11/T 1913—2021
6	(CN-DB11) 北京市地方标准	燃气输配工程设计施工验收技术规范	DB11/T 302—2014
7	(CN-DB31) 上海市地方标准	燃气用聚乙烯（PE）管道焊接接头相控阵超声检测	DB31/T 1058—2017
8	(CN-DB31) 上海市地方标准	燃气聚乙烯管道定期检验技术规则	DB31/T 1162—2019
9	(CN-DB31) 上海市地方标准	城镇燃气管道水平定向钻进工程技术规程	DB31/T 1176—2019
10	(CN-DB31) 上海市地方标准	燃气分布式供能系统运行维护规程	DB31/T 1224—2020
11	(CN-DB31) 上海市地方标准	城镇燃气泄漏报警器安全技术条件	DB31/ 89—2009
12	(CN-DB12) 天津市地方标准	城镇燃气供气设施运行管理规范	DB12/T 1111—2021
13	(CN-DB12) 天津市地方标准	反恐怖防范管理规范 第8部分：燃气供储	DB12/ 618—2016
14	(CN-DB37) 山东省地方标准	燃气行业企业生产安全事故隐患排查治理体系细则	DB37/T 3018—2017
15	(CN-DB37) 山东省地方标准	燃气行业企业安全生产风险分级管控体系细则	DB37/T 3019—2017
16	(CN-DB37) 山东省地方标准	燃气行业企业安全生产风险分级管控体系建设实施指南	DB37/T 3153—2018

序号	标准类别	标准名称	标准编号
17	(CN-DB37) 山东省地方标准	燃气行业企业生产安全事故隐患排查治理体系建设实施指南	DB37/T 3154—2018
18	(CN-DB37) 山东省地方标准	聚乙烯燃气管道熔接设备定期检验规则	DB37/T 3701—2019
19	(CN-DB37) 山东省地方标准	在役埋地聚乙烯燃气管道定期检验规则	DB37/T 3702—2019
20	(CN-DB37) 山东省地方标准	燃气管道环压连接技术规程	DB37/T 5017—2014
21	(CN-DB34) 安徽省地方标准	城镇燃气管道日常维护与定期检查要求	DB34/T 3918—2021
22	(CN-DB34) 安徽省地方标准	埋地聚乙烯燃气管道定期检验规则	DB34/T 4004—2021
23	(CN-DB21) 辽宁省地方标准	公共场所风险等级与安全防护 第3部分：城镇燃气系统	DB21/T 2986.3—2018
24	(CN-DB21) 辽宁省地方标准	埋地聚乙烯燃气管道定期检验规则	DB21/T 3486—2021
25	(CN-DB22) 吉林省地方标准	城镇燃气管道使用管理规范	DB22/T 2875—2018
26	(CN-DB32) 江苏省地方标准	江苏省城镇燃气安全检查标准	DB32/T 4064—2021
27	(CN-DB51) 四川省地方标准	低压生物质燃气管网工程施工及验收规范	DB51/T 1357—2020
28	(CN-DB35) 福建省地方标准	城镇聚乙烯（PE）燃气管道定期检验规则	DB35/T 1699—2017
29	(CN-DB35) 福建省地方标准	城镇钢制燃气管道定期检验规程	DB35/T 909—2009
30	(CN-DB44) 广东省地方标准	燃气用聚乙烯管道熔接设备定期检验规则	DB44/T 1992—2017
31	(CN-DB44) 广东省地方标准	在用聚乙烯燃气埋地管道定期检验规则	DB44/T 2033—2017
32	(CN-DB15) 内蒙古自治区地方标准	城镇燃气行业反恐怖防范要求	DB15/T 1205—2017
33	(CN-DB15) 内蒙古自治区地方标准	燃气用埋地聚乙烯管道焊接接头超声相控阵检测技术规范 第1部分：通用要求	DB15/T 1819.1—2020
34	(CN-DB15) 内蒙古自治区地方标准	燃气用埋地聚乙烯管道焊接接头超声相控阵检测技术规范 第2部分：电熔接头检测	DB15/T 1819.2—2020
35	(CN-DB15) 内蒙古自治区地方标准	燃气用埋地聚乙烯管道焊接接头超声相控阵检测技术规范 第3部分：热熔接头检测	DB15/T 1819.3—2020
36	(CN-DB13) 河北省地方标准	工业企业可燃气体和有毒气体检测报警系统检查检测规范	DB13/T 2518—2017
37	(CN-DB41) 河南省地方标准	燃气用聚乙烯管道焊接工艺评定	DB41/T 1825—2019
38	(CN-DB23) 黑龙江省地方标准	黑龙江省建设工程施工操作技术规程市政燃气工程	DB23/T 1621.16—2015
39	(CN-DB23) 黑龙江省地方标准	可燃气体和有毒气体报警系统检测技术规范	DB23/T 1802—2016
40	(CN-DB45) 广西壮族自治区地方标准	燃气用铝合金衬塑（PE）复合管道工程技术规程	DB45/T 1286—2016
41	(CN-DB42) 湖北省地方标准	燃气铝合金衬塑（PE）复合管道工程技术规程	DB42/T 1051—2015
42	(CN-DB42) 湖北省地方标准	燃气用不锈钢波纹软管安装及验收规范	DB42/T 1144—2016
43	(CN-DB61) 陕西省地方标准	燃气用聚乙烯管道安装监督检验规则	DB61/T 969—2015

燃气管道相关团体标准　　　　　　　　　　　　　　　　　　表 7-4

序号	标准名称	标准编号
1	燃气安全专业应急救援队伍建设规范	T/BJWSA 0004—2020
2	直埋式城镇燃气调压箱	T/CECS 10165—2021
3	管道燃气自闭阀应用技术规程	T/CECS 905—2021
4	小型燃气调压箱应用技术规程	T/CECS 927—2021
5	燃气环压连接薄壁不锈钢管道技术规程	T/CECS 936—2021
6	城市综合管廊燃气管线入廊技术标准	T/CMEA 19—2021
7	消防及燃气用螺纹式球墨铸铁管件	T/CNHA 1004—2017
8	宽边管件连接涂覆燃气管道技术规程	T/CGAS 001—2016
9	城镇燃气经营企业安全生产标准化规范	T/CGAS 002—2017
10	燃气管道穿放光纤套管技术规程	T/CGAS 005—2018
11	燃气用不锈钢集成管道技术规程	T/CGAS 008—2020
12	城镇燃气管道非开挖修复更新工程技术规程	T/CGAS 010—2020
13	燃气用压接式涂覆碳钢管材及管件	T/CGAS 016—2021
14	城镇燃气输配工程投产前安全检查规范	T/CGAS 017—2021
15	燃气用热浸镀锌钢管	T/CGAS 018—2021
16	聚乙烯燃气管道电熔焊接接头相控阵超声检测	T/GDASE 0014—2020
17	燃气用聚乙烯管道熔接技术导则	T/GDASE 0023—2021
18	燃气表前地上燃气管道改造工程施工技术要求	T/HRX 000001—2021
19	固定式可燃气体探测器	T/SBX 024—2019
20	城镇燃气、消防用涂覆钢管	T/ZZB 0302—2018
21	燃气用埋地聚乙烯（PE）管件	T/ZZB 1002—2019

2. 部分标准介绍

（1）《燃气工程项目规范》GB 55009—2021。

《燃气工程项目规范》GB 55009—2021 于 2022 年 1 月 1 日起实施，是燃气专业的全文强制工程建设标准。

该规范以燃气工程建设项目整体为对象，以项目的规模、布局、功能、性能和关键技术措施等五大要素为主要内容，共包括总则，基本规定（规模与布局、建设要求、运行维护），燃气质量、燃气厂站，管道和调压设施（输配管道、调压设施、用户管道），燃具和用气设备（家庭用燃具和附件、商业燃具、用气设备和附件、烟气排除）等部分。

该规范是保障燃气基础设施建设体系化和效率提升的基本规定，是支撑燃气高质量发展的基本要求。其中项目的规模要求主要规定了燃气建设工程项目应具备完整的生产或服务能力，应与经济社会发展水平相适应；布局要求主要规定了产业布局、建设工程项目选址、总体设计、总平面布置以及与规模相协调的统筹性技术要求；功能要求主要规定项目构成和用途，明确项目的基本组成单元，是项目发挥预期作用的保障；项目的功能要求主要规定项目建设水平或技术水平的高低程度，体现建设工程项目的适用性，明确项目质量、安全、节能、环保、宜居环境和可持续法律战等方面应达到的基本水平；关键技术措施是实现项目功能、性能要求的基本技术规定，是落实城乡建设安全、绿色、韧性、智慧、宜居、公平、有效率等发展目标的基本保障。该标准具有强制约束力，是保障人民生命财产安全、人身健康、工程安全、生态环境安全、公众权益和公众利益，以及促进能源资源节约利用、满足经济社会管理等方面的控制性底线要求，燃气工程建设项目的勘察、设计、施工、验收、维修、养护、拆除等建设活动全过程中必须严格执行。

该规范实施后，现行相关工程建设国家标准、行业标准中的强制性条文同时废止。现行工程建设地方标准中的强制性条文应及时修订，且不得低于该规范的要求。现行工程建设标准（包括强制性标准和推荐性标准）中有关规定与该规范的规定不一致的，以该规范的规定为准。

（2）《城镇燃气设计规范（2020 年版）》GB 50028—2006。

《城镇燃气设计规范》GB 50028—2006 对燃气用气量和质量、制气、净化、燃气输配系统、液化天然气供应、燃气的应用等进行了规定。作为燃气管道和设施设计时的重要依据，该标准随着燃气行业发展变化和社会需求，陆续开展修订或分别独立成相关国标工作。

目前，国家标准《压缩天然气供应站设计规范》GB 51102—2016 和《液化石油气供应工程设计规范》GB 51142—2015 分别代替了 GB 50028—2006 版本中关于压缩天然气供应和液化石油气供应的章节。2020 年，《城镇燃气设计规范（2020 年版）》GB 50028—2006 开展了局部修订，补充规定了城镇燃气气源能力储备的基本要求、储备方式、气源方的应急供气责任、解决城镇燃气逐日和逐小时用气不均匀性平衡的责任主体、调峰用气源能力储备的规模确定和方式选择等。

（3）《城镇燃气输配工程施工及验收规范》CJJ 33—2005。

该规范对于燃气管道相关土方工程、管道和设备的装卸、运输和存放、钢质管道及管件的防腐、埋地钢管敷设、球墨铸铁管敷设、聚乙烯和钢骨架聚乙烯管敷设、管道附件与设备安装、管道穿（跨）越、室外架空燃气管道的施工、燃气场站、试验与验收等内容进行了明确的规定。

（4）《聚乙烯燃气管道工程技术标准》CJJ 63—2018。

PE 燃气管道具有特殊性，其设计、施工及验收除执行国家现行标准《城镇燃气设计规范》GB 50028 和《城镇燃气输配工程施工及验收规范》CJJ 33 之外，还应执行的标准为《聚乙烯燃气管道工程技术标准》CJJ 63—2018。该标准对于 PE 管道系统材料、管道设计、管道连接、管道敷设、施工与验收等内容进行了明确的规定。

7.2.2　存在问题

1. 标准管理体制有待优化

标准供给渠道单一，市场化标准供应匮乏。由政府主导的管理体制，造成了工程建设项目建设过程中过度依赖政府标准，难以满足市场需求，新技术难以及时形成标准推广的问题。目前，我国团体标准刚刚起步，还没有发挥出应有的作用。政府与市场的角色错位，市场主体活力受到一定限制，既阻碍了标准化工作的有效开展，又影响了标准化作用的有效发挥。

2. 标准与法律法规的关系模糊

标准体系是指某一领域所有存在客观联系、相互依存、相互制约、相互补充和衔接的标准构成的有机整体。标准体系外延不仅要包含标准体系的内容，还要包括实施该标准体系所需要或者应当具备的保障措施。也就是说，标准体系是一项系统工程，应包括基本体系和推行体系两大部分，其中，推行体系包括与标准化相关的法律法规体系建设、管理体制和运行机制建设、实施和保障体系建设、服务体系建设等多个层面。目前，尽管我国技术标准体系覆盖相对全面，燃气行业标准体系覆盖相对全面，并逐渐完善。但就我国目前情况看，标准与法律法规的关系尚不清楚，技术法规体系尚未建立。

3. 不同层次标准之间的相互支撑关系有待进一步理清

目前，我国燃气行业标准可分为国家标准、行业标准、地方标准、团体标准、企业标准。但编制和实施过程中，这些标准定位不够清楚。特别是哪些技术应该制定为国家标准，哪些技术应该制定为行业标准，在实际管理和实施过程中偏向于主观确定。此外，团体标准和企业标准与政府供给标准之间应该如何形成支撑关系，哪些技术标准可由团体标准编制，哪些机构有权判断团体标准所规定的技术内容是否与政府供给标准之间不相违背等，都需要实际工作中不断明确和完善。

4. 标准对燃气管道工程建设的目标性能要求不系统、不突出

我国现行的标准缺少政府从宏观方面对项目整体目标、性能要求的控制，更多局限于对建设过程的微观要求，模糊了政府和市场的控制界限。

5. 部分标准技术水平和指标不高，技术指标要求前瞻性不足

尽管我国燃气行业标准数量和水平都取得了突破性发展，但是与技术更新变化和经济社会发展需求相比，仍存在着标准供给不足、缺失滞后、交叉矛盾等问题，部分标准老化陈旧、水平不高，标准管理手段不足等问题，影响了城市燃气承载能力，增加了城市安全运行风险。例如，目前现行标准缺少天然气掺氢标准、智慧燃气标准、城镇燃气老旧管道评估技术标准、城镇燃气管道完整性管理技术标准等。

6. 标准的国际化水平滞后

很多工程建设标准的组成要素、术语、技术指标构成和表达方式等方面，与国外标准存在较大区别。

7.2.3 对策与建议

1. 完善标准管理体制机制

应区分和协调好政府供给标准和市场供给标准的相互关系，完善标准共同治理模式，发挥政府底线管理和市场自身活力作为基本思路；明确各类标准定位，厘清各类标准之间的支撑关系；厘清标准与法律法规的关系，完善与标准体系建设相关的法律法规体系建设、管理体制和运行机制建设、实施和保障体系建设、服务体系建设等多个层面。

2. 全面覆盖，管控全生命周期

建议在目前已有比较完善的标准体系基础上，补充智慧燃气建设、掺氢天然气等相关标准；在开展的燃气管道老化评估及更新改造项目中，积累经验，由住房和城乡建设部组织补充制定相关标准；由住房和城乡建设部组织立项制定城镇燃气管道完整性管理相关国家或行业标准。同时，在后续标准修编工作时，建议对各类标准名称进行统一。

3. 及时更新，落实最新要求

建议在国家标准法规顶层设计方面，对标准规范更新做出明确规定，压缩更新周期，简化修编程序，提高修编效率，从而能够更加及时有效地落实最新工程技术及政策要求，充分发挥燃气管道标准体系对于燃气工程规划、设计、运行和维护等方面的指引作用。

4. 国际接轨，提高规范适用性

建议在我国燃气管道标准体系建设中，进一步加强与国际规范的衔接。在具体标准规范编制条文中，做好与国际通用技术方法、规定、惯例等的对接。与国际接轨，不仅有助于提高我国工程技术标准规范的全球适用性，而且也对提升我国工程标准的影响力具有深远的意义。

7.3　基础信息

7.3.1　总体概况

1. 燃气基础信息内容

根据《住房和城乡建设部等部门关于开展城市地下管线普查工作的通知》（建城〔2014〕179 号），城镇燃气管线基础信息应包括燃气管线的种类、数量、功能属性、材质、管径、平面位置、埋设方式、埋深、高程、走向、连接方式、权属单位、建设时间、运行时间、管线特征、沿线地形以及相关场站等。

早在 1994 年我国就出台了《城市地下管线探测技术规程》CJJ 61—94，对实地调查的地下管线探测信息项进行了规定。为适应地下燃气管线探查、测量及信息系统建设的实际需求，住房和城乡建设部（原建设部）分别于 2003 年、2017 年对该标准进行了修订。相对 2003 年版标准而言，2017 年版标准主要细化了给水、排水和燃气管线调查项（分为直埋和沟道敷设），管线类别中增加了综合管廊（沟）和不明管线。2017 年版标准规定地下燃气管线探测应查明地下燃气管线的类别、平面位置、走向、埋深、偏距、规格、材质、载体特征、建设年代、埋设方式、权属单位等，测量地下燃气管线平面坐标和高程，并明确了实地调查的地下管线属性项目，包括管线埋深、断面、孔（根）、材质、附属物、偏距、载体特征（压力、流向、电压）、埋设年代、权属单位等。

2. 燃气基础信息用途

地下燃气管线基础信息是地下燃气管线管理工作的重要基础，也是加强地下燃气管线管理的重要支撑。目前，各省市在国家政策的指导下，积极开展了地下燃气管线信息普查、收集整合工作，形成了地下燃气管线基础信息成果，并服务于城市规划、建设、运行管理工作。总体来看，地下燃气管线基础信息主要对城市地下空间规划、城市建设、管线运行管理等具有重要作用。

为规范地下管线数据交换格式和标准，解决跨地区、跨行业的地下管线数据交换问题，2013 年我国出台了《信息技术 地下管线数据交换技术要求》GB/T 29806—2013，规定了地下管线的分类及代码要求，明确了地下管线点数据、线数据应包含的信息内容：地下管线点信息包括标志符、名称、分类码、X 坐标、Y 坐标、地面高程、埋深、偏心距、旋转角等；地下管线线段信息包括标志符、名称、分类码、起点标志符、终点标志符、起点高程、终点高程、管线权属、材质、规格、埋设年月、废弃年月、埋设方式、数据来源、竣测工程号、采集日期等。

在 2015 年国家测绘地理信息局出台的现行《管线信息系统建设技术规范》CH/T 1037 对地下管线信息内容进行了细化和补充。规范中将管线数据分为管线点数据、管线线数据、管线面数据及管线辅助数据和元数据等。管线数据又包括管线空间数据、空间关系数据和属性数据。其中,管线空间数据包括管线平面位置、高程、埋深;管线属性数据包括管线种类、材质、规格、埋设方式或类型、埋设时间、权属、要素代码等。管线属性数据可根据应用需求进行扩展,增加与管线运行相关的属性信息数据,如泄漏、腐蚀、堵塞、压力、流量、温度、管线安全保护线、维修时间以及附属设施的其他特征等专业属性信息。

3. 燃气基础信息采集

地下燃气管线基础信息采集是采用探查、测量等技术手段获取地下燃气管线空间位置、空间关系和属性的过程。地下燃气管线信息采集主要采用的方式有普查、详查、竣工测量及统计等方式。

(1) 地下燃气管线普查。

地下燃气管线普查主要是采用适当的技术方法,查明指定区域内的地下燃气管线现状,获取准确的管线相关数据,编绘管线成果和建立管线数据库的过程。一般采用探测的方式进行,地下燃气管线探测工作主要包括技术准备、地下燃气管线探查、地下燃气管线测量、数据处理、建立数据库、编制技术总结报告和工程质量检查与验收等。

近年来,国家层面推进了地下燃气管线基础信息普查工作,并加强了对地下燃气管线基础信息普查工作的指导。2014 年国务院办公厅发布的《关于加强城市地下管线建设管理的指导意见》(国办发〔2014〕27 号)中要求各省市开展地下燃气管线基础信息普查和隐患排查,要求"基础信息普查应重点掌握地下燃气管线规模大小、位置关系、功能属性、产权归属、运行年限等基本情况;隐患排查应全面了解地下燃气管线的运行状况,摸清地下燃气管线存在的结构性隐患和危险源"。

各省市根据国家文件和相关标准的要求,积极开展地下燃气管线普查和信息化建设工作。部分省市结合本地实际情况,制定出台了地下燃气管线普查、探测及信息化建设的地方标准,对涉及的地下燃气管线信息内容进行了补充和细化。如现行北京市地方标准《地下管线探测技术规程》DB11/T 316 对地下管线实地调查项进行了补充和细化,增加了已用管孔数、管线建(构)筑物、附属物、使用状况、井盖状况属性项,细化了管线井、小室的埋深、材质、尺寸属性项。

(2) 地下燃气管线详查。

地下燃气管线详查主要是为了满足工程建设规划、设计、施工的需要,采用适当的技术方法,对指定区域内的地下燃气管线进行详细探测的过程。相对普查,详查区域范围较小,采集的地下燃气管线空间信息的精度更高。

(3) 地下燃气管线竣工测量。

地下燃气管线竣工测量是在地下燃气管线竣工验收时,为获得工程建设后地下燃气管线的平面位置、高程等资料而进行的测量工作。地下燃气管线竣工测量工作内容包括前期准备、控制测量、管线点测量、内业计算、成果资料整理、产品质量检验和成果提交等。

（4）基础信息统计。

一些城市也根据实际地下燃气管线管理需要，开展了地下燃气管线基础信息统计工作。相比普查和探测，统计工作具有易于开展、信息收集时间短、覆盖面广、数据时效性强的优点。如北京市于 2011 年在全国首次开展了地下燃气管线基础信息统计工作，统计方式主要通过市级专业管线权属单位统计跨区的地下燃气管线基础信息，各区城市管理委统计本区内除市级专业管线权属单位之外的区域管线权属单位的地下燃气管线基础信息。统计的地下燃气管线基础信息内容主要包括：按材质、压力、管径、建成年代等指标划分的地下燃气管线长度，按服役情况、权属情况、运行维护情况、建成年代划分的管线长度，井盖类设施种类（五防井盖、附加防护装置井盖、水箅等）及数量，地下燃气管线和井盖类设施的区域分布情况；地下燃气管线巡查、事故处置、井盖丢失和损坏、建设管理资金投入等情况。统计的基础信息成果对于掌握北京市地下燃气管线现状、科学决策和加强管理具有重要支撑作用。

4. 信息动态更新

保证地下燃气管线基础信息的现势性和准确性是地下燃气管线基础信息管理的基础，也是地下燃气管线信息有效利用，服务于城市管理的前提，因此，及时对地下燃气管线信息进行更新维护，保证地下燃气管线信息的现势性和准确性尤为重要。

由于地下燃气管线埋设于地下，难以像地上设施一样能够直接确定其所在的位置，需要在管线建设工程覆土前进行竣工测量，或对已覆土的地下燃气管线进行修测、补测，以获取地下燃气管线信息并进行更新。目前，我国地下燃气管线基础信息动态更新方式主要为竣工测量和修补测两种。

（1）竣工测量。

地下燃气管线竣工测量是在新（改、扩）建地下燃气管线及附属物覆土前通过直接测量方式确定其空间位置和属性信息，并进行数据处理的过程，包括地下燃气管线及其附属设施的平面位置和高程测量、地下燃气管线属性信息调查、地下燃气管线图和成果表编绘、入库前的地下燃气管线数据整理等工作。竣工验收后，建设单位和地下燃气管线单位及时向城建档案管理机构提交管线档案资料。城建档案管理机构根据提交的管线档案资料，对地下燃气管线信息进行更新。

在我国的相关行政法规和标准中对地下燃气管线竣工测量及信息更新进行了规定。2005 年原建设部发布的《城市地下管线工程档案管理办法》（建设部令第 136 号）规定，地下管线工程覆土前，建设单位应当委托具有相应资质的工程测量单位，按照现行《城市地下管线探测技术规程》CJJ 61 进行竣工测量，形成准确的竣工测量数据文件和管线工程测量图，并在竣工验收备案前，向城建档案管理机构提交档案资料。管线单位应及时向城建档案管理机构移交地下专业管线图。同时要求城建档案管理机构根据地下管线专业管线图等工程档案资料和竣工测量资料及时更新地下管线综合图，并输入到地下管线信息系统。

《城市地下管线探测技术规程》CJJ 61 对竣工测量程序进行了规定：地下管线竣工测量包括前期准备、地下管线控制测量、管线点测量、内业计算、成果资料整理、产品质量检验和成果提交等。

从我国地下燃气管线竣工测量实施情况看，虽然法规、标准中对地下燃气管线竣工测量和信息更新进行了规定，但在实际工作中由于缺乏有力的约束，造成建设单位未开展竣工测量或不提交管线竣工资料，给后期管线信息管理带来麻烦。针对这种情况，部分城市积极研究和探索地下燃气管线竣工测量及信息更新机制，积累了丰富的实践经验。

上海浦东新区为了实现对地下燃气管线工程情况的全面、准确掌握，及时进行跟踪测量，建立建设单位登记与行政管理部门审批信息通报并行的"双线"建设信息采集体系。一是建立建设单位登记制度，明确管线建设单位、代建单位登记项目开工信息的责任，明确登记时限和登记信息内容要求，并对管线单位进行业务培训，大大提高了管线权属单位实施跟踪测量的积极性；二是设立地下燃气管线跟踪测量受理窗口，在地下燃气管线项目规划行政许可过程中，要求建设单位到测管办窗口进行项目登记和合同查验，并出具"跟踪测量接收单"，将其作为规划行政许可的前提条件之一，保障了规划许可管线项目的全面掌握；三是建立审批信息通报制度，在区规土局、区环保市容局、区建交委、区公安分局等部门的密切配合下，采用业务数据查询、系统对接等方式，实现了规划审批、掘路计划、掘路审批、施工备案等多个审批环节信息的汇总。通过上述三项措施，除非开挖敷设管线、应急抢修工程等特殊情况外，基本实现了全部新建、改建地下燃气管道工程的及时掌握、跟踪测量及成果汇交入库。

宁波市以市规划局为主导，制定了与管线工程跟踪测量相配合的法规规章和规范性文件，以行政管理制度为措施，以数据库技术和 GIS 技术为支撑，形成"报建审批—竣工测量—现状信息"的工作机制解决管线信息动态更新的问题。地下燃气管线跟踪测量主要由市测绘院负责，该院与多个权属单位及相关施工单位建立了长期合作关系，并初步形成了"有管必报、有报必测"的良性竣工测量机制。同时，该院与市城管局、建设局、规划局等地下燃气管线审批和管理部门建立信息共享机制，定期从上述管理部门获取地下燃气管线工程规划、建设、巡查等多方面的地下燃气管线施工信息。此外，市测绘院制定了管线实地巡查制度，对各区域内开工的地下燃气管线项目定期进行巡查，对发现的不明管线工程及时进行跟踪测量。

合肥市出台了《关于加强全市城市地下管线竣工测量管理工作的通知》（合建〔2018〕92 号）、《合肥市地下管线工程竣工数据建库标准（试行）》对地下管线竣工测量、数据建库及数据动态更新进行了规范，建立了地下燃气管线竣工测量动态考评机制，通过购买服务的方式委托第三方检测机构对地下燃气管线竣工测量行为和测量成果进行监督和考核，保证了地下燃气管线竣工测量成果质量。

（2）修补测。

虽然《城市地下管线工程档案管理办法》（建设部令第 136 号）要求建设单位和管线单位向城建档案管理机构提交管线档案，但在实际工作中，部分工程项目建设单位和管线单位普遍存在"重建设，轻管理"的现象，在工程结束后，存在资料管理缺位或未提交管线资料的情况，使城市地下燃气管线档案无法有效更新，造成地下燃气管线档案资料不全、信息不准等问题。

目前对于未提交竣工资料的问题，各城市主要采取的地下燃气管线信息更新方式是通过对发生变化的地下燃气管线进行修测、补测，修改或补充地下燃气管线信息，从而保证地下燃气管线信息的准确性和现势性。

我国地下燃气管线修测、补测工作主要依据行业标准《城市地下管线探测技术规程》

CJJ 61—2017 开展。修测、补测工作程序包括收集资料、实地踏勘、地下管线探查、地下管线测量、地下管线图编绘、成果整理提交等。

基于地下燃气管线探测标准，我国部分城市因地制宜，建立了地下燃气管线修测、补测工作机制，加强了未竣工测量管线的修测、补测，对地下燃气管线信息进行了及时动态更新。

北京市规划国土委西城规划分局与市、区城市管理委、区城市管理监督指挥中心建立地下燃气管线信息沟通机制。区城市管理委负责占掘路审批和监督管理工作，掌握地下燃气管线工程建设信息，定期向西城规划分局提供占掘路工程信息；区城管监督指挥中心通过与区规划分局地下燃气管线工程信息共享，及时掌握地下燃气管线相关工程开展情况。对于发现的未进行竣工测量的地下燃气管线工程，西城规划分局安排测绘单位进行探测，并及时完善到地下燃气管线数据库中，实现地下燃气管线信息系统数据的更新。

南京市采用专人定期巡视和查漏纠错原有管线的模式，建立了地下燃气管线信息常态维护更新机制。南京市按照区域道路网格化管理的思路，采用专人、专区域、即时动态的模式，在主城区的各个分区设立了一个维护组，通过维护组人员的持续巡视，发现地下燃气管线变化情况，并及时进行补测。另外，对以前完成的地下燃气管线数据所涉及的主次管道进行大面积修测更新。采用分期分批按修测标准对原有管线进行查漏和纠错的方式，对近年内道路范围新增和变化的管线进行修测，补充和更新相关管线数据。对完成修测的道路进行持续巡视，进入正常动态维护状态，及时动态更新管线信息。

5. 信息共享与利用

信息共享是在信息标准化和规范化的基础上，按照法律法规，依据信息系统的技术和传输技术，信息和信息产品在不同层次、不同单位之间实现交流与共享的活动。其目的是将信息与其他人共同分享，更加优化资源配置，提高信息资源利用效率，节约成本，可避免在信息采集、存储和管管上重复浪费。地下燃气管线信息共享与利用可以充分发挥地下燃气管线信息的价值，为各相关单位的地下燃气管线管理工作提供支撑。

在国家政策文件中对地下燃气管线共享和利用提出了要求。《国务院办公厅关于加强城市地下管线建设管理的指导意见》（国办发〔2014〕27 号）要求地下管线综合管理信息系统和专业管线信息系统应按照统一的数据标准，实现信息的即时交换、共建共享、动态更新。为支撑跨地区、跨行业地下管线数据共享与交换，国家标准《信息技术地下管线数据交换技术要求》GB/T 29806—2013 中对地下管线数据分类及代码、数据元素要求、数据交换格式等内容进行了规定。

与此同时，在现行国家法律、法规中也明确了地下燃气管线信息资料的保密要求。《建设工作中国家秘密及其密级具体范围的规定》（建办〔1997〕49 号）将"涉及城市电力、电讯、给水排水、供热、供气、防洪、人防各专业工程的整体规划、现状图及管线的综合图文资料"划为"秘密级"。在 2017 年出台的《住房和城乡建设部国家保密局关于印发〈住房和城乡建设工作国家秘密范围的规定〉的通知》（建办〔2017〕36 号）中将"标有各专业管线位置、高程等敏感信息的管线现状图、规划图、综合图等图文资料"纳入"住房和城乡建设工作国家秘密目录"。

基于地下燃气管线保密的考虑，在地下燃气管线信息交换或共享过程中应处理好共享与保密的关系，采用必要的保密措施，如物理隔离或通过保密专网进行信息交换；根据不同的使用对象和使用需求，明确不同的使用权限和信息内容等。

目前，地下燃气管线信息共享方式主要分为离线式和在线式两类。离线式共享是信息使用单位采用移动硬盘、光盘等存储介质从地下燃气管线信息管理单位获取地下燃气管线信息的方式。这种方式具有物理隔离、保密性强等优点，但存在信息共享效率低、时效性较差等问题。在线式共享主要是采用加密传输方式，通过局域网、政务网、专用网等为相关管理部门和单位提供管线信息的共享、访问、查询等服务。在线式共享具有效率高、时效性强等优点，但由于信息通过网络传输，更容易受到病毒感染或网络入侵导致信息泄漏，所以对信息加密技术和网络安全性要求较高。

目前，我国已有一些城市在地下燃气管线信息共享与利用方面做了大胆尝试和创新，提升了地下燃气管线信息服务于政府、企业和社会的能力。我国地下燃气管线信息共享和应用方面的举措主要有以下几方面：

（1）对用户进行分级分类管理。

由于在地下燃气管线规划、建设、运行、普查探测等各环节产生的各类地下燃气管线信息中，既有涉及地下燃气管线位置和属性信息的管线图，又有地下燃气管线施工信息、运行管理信息、管线测量信息、管线属性信息、运行管理信息等，各类文件的保密要求存在差异。在实际中，部分城市根据使用用户需求，从管线类别、范围、位置敏感性等方面对地下燃气管线信息进行了分类分级管理，建立了科学全面的地下燃气管线数据保密分类体系。地下燃气管线信息管理单位根据用户性质、地下燃气管线信息类别及保密级别，赋予各类用户不同的使用权限和使用范围。如昆明市基于地下燃气管线信息服务平台，采用面向服务（SOA）的架构，以门户网站的方式发布管线数据信息，以 Web 服务的方式提供功能共享服务。为保证数据的安全，平台根据用户的性质不同，灵活配置用户数据期限、功能权限和接口权限等，并采用图片或加密 XML 技术进行数据交换。

（2）采用有效的信息保密技术。

部分城市运用信息加密技术、信息传输技术等，实现了地下燃气管线信息系统中的地下燃气管线数据在政府部门、管线单位之间的共享与利用。如合肥市采用涉密机与内网隔离、管线数据脱密、三合一单导盒保密设备、数据加密软件以及 VPN 传输通道等多种有效方式，确保了管线数据安全，实现管线数据在市、县、区和部分管线单位之间的共建共享，实现管线业务在线查询、申请、提交，新建道路和道路挖掘敷设管线业务的网上登记、监管，利用移动终端现场查询管线信息等应用功能。

7.3.2 存在问题

1. 信息更新仍存在困难

虽然在法律法规中要求地下燃气管线建设工程应进行竣工测量和数据更新，一些城市也探索建立了数据更新机制，但部分城市在数据更新方面仍缺乏有效约束，导致管线单位在管线工程建设完成后未及时提交管线信息。如管线工程建设完成后，管线单位不按要求提供竣工测量资料，且缺乏相应的处罚措施；小型管线建设工程、管线隐患治理工程、非开挖管线建设工程等施工时间短，监管难度大，部分建设单位未按要求办理施工审批手续，未提交竣工测量资料，造成此部分管线资料缺失。

2. 信息价值挖掘仍不够

目前，很多城市虽建立了管线信息系统，实现了信息系统的基本功能，但从信息价值利用的角度看，信息利用仍停留在管线查询、管线统计、空间分析、图形浏览等简单的应用功能上，对于数据价值的深度挖掘和分析还不够，数据的应用仍显不足，存在"重建设、轻利用"的现象，如管线基础信息数据与日常运行维护数据、应急管理数据之间的相关性分析不够，基础信息数据难以为运行维护、隐患管理、应急决策等提供有力支撑。

3. 信息安全制约信息共享与利用

信息安全包括商业秘密和管线空间位置、传输介质的秘密性，这是管线信息化发展面临的最大障碍和主要难题，制约了信息的大规模共享和开发利用。为了保障信息安全，部分城市采用不同的保密手段和方法，如物理隔离、专网、数据加密、数据监控等，但仍存在泄密的风险，还有一些城市在地下燃气管线普查完成后，基于管线数据保密的考虑，仍未实现信息在相关单位之间的共享和利用，造成管线信息难以为相关单位的管理工作提供服务。

4. 综合管理系统与专业系统融合较困难

受管理模式及信息应用需求差异的影响，城市相关政府管理部门、管线单位各自建立了地下燃气管线综合管理系统和专业管线系统。但由于各系统主要基于自身管理需求建设，各系统之间的信息内容、数据结构、数据精度等存在差异，造成各系统之间的信息共享和系统融合存在困难，形成"信息壁垒"，特别是各系统的信息集成、交换、动态更新等难以实现。

7.3.3　对策与建议

1. 完善地下燃气管线信息更新机制

各城市应积极探索地下燃气管线信息更新机制，如地下燃气管线建设工程审批信息共享机制、建设工程监督机制、建设工程巡查发现机制等，对地下燃气管线建设工程采取有效的约束或监管措施，实现地下燃气管线规划、建设和运行管理各阶段协同管理，动态跟踪管线建设工程情况，及时发现未按要求提交信息的地下燃气管线建设工程，并对未提交地下燃气管线信息的建设单位、管线单位进行处罚。

2. 加强信息的深度分析和利用

应加强对已有地下燃气管线基础信息的深度分析和挖掘，采用科学的数据挖掘方法，并结合管线管理信息（如巡查、隐患、事故、应急信息等）和外部信息（如城市人口、城市运行监测信息等），对管线信息进行分类分析、预测分析、关联分析、聚类分析等，充分发掘地下燃气管线信息的价值，实现地下燃气管线信息的有效利用，支撑地下燃气管线管理决策和实际管理工作。

3. 破解信息保密与共享难题

探索研究先进的数据加密技术、数据传输技术、网络技术等，根据法律法规要求，在保障地下燃气管线信息在不同层级、不同类型单位之间传输和使用安全性的条件下，实现各类管线信息在不同单位之间的及时、有效传输和交换，实现多元、异构管线数据的融合与分析，为管线信息共享和利用提供技术保障，提高地下燃气管线信息管理效率，降低管理成本。

4. 统一综合信息系统与专业信息系统技术标准

当前，我国出台的标准虽然对地下燃气管线综合信息系统建设要求进行了明确，但侧重于政府管理部门的综合管线信息系统，而缺少专业管线信息系统建设标准。应根据行业主管部门和管线单位的管理需求，补充或制定专业管线信息系统技术标准，明确专业管线信息系统架构、功能及性能，以及管线信息标准、传输接口要求、共享要求等技术要求，指导和规范行业主管部门、管线单位开展管线系统建设、信息采集与更新、信息共享与利用等工作，为实现综合信息系统与专业管线系统融合，以及各单位之间的信息共享提供依据和技术支撑。

第 8 章 运 行 维 护 技 术

8.1 检测技术

8.1.1 关键技术

1. 泄漏检测技术

泄漏检测是巡检人员通过嗅觉、视觉的直接环境观察或采用专业的可燃气体检测仪发现燃气泄漏的一种方法，该方法通过直接检测泄漏在空气中的天然气浓度判断天然气是否发生泄漏。检测过程中需要遵循一定巡检周期，对泄漏天然气进行识别、浓度探测、排除干扰因素、泄漏点定位等。泄漏检测仪器是泄漏检测工作中的必要工具，泄漏检测仪器的性能是保证发现燃气泄漏、找到泄漏位置的关键因素。泄漏检测技术按原理分为半导体检测技术、催化燃烧式检测技术、气体热传导式检测技术、光学甲烷检测技术、激光甲烷检测技术、火焰离子检测技术等。

(1) 半导体检测技术。

半导体式气体传感器是利用一些金属氧化物半导体在一定温度下，电导率随环境气体成分变化而变化的原理制造。半导体传感器具有诸多优势，如耗能少、成本低，易于微型化，响应时间短，变送电路简单、灵敏度高、使用寿命长等，同时也存在气体的选择性差、易受水蒸气影响、检测范围小、精度较低等不足，主要用于路面的燃气泄漏初检及室内泄漏检测。

(2) 催化燃烧式检测技术。

基于催化燃烧式传感器原理，该检测方式使用催化载体型气敏元件作浓度的检知器。该元件由铂丝上烧结一层陶瓷载体后再涂复催化活性物构成。当铂丝中通以工作电流使之达到临界反应温度（320～350℃）时，可燃气就在元件表面催化燃烧，铂丝丝电阻增加，电阻变化值是可燃气体浓度的函数。一般的采样方式为泵吸式。催化燃烧式传感器具有结构简单、性能好、造价低、受环境的影响小等优点，检测范围为 $0～100\%LEL$，主要用于有限空间、室内、易燃易爆特殊场所的防爆测量。

(3) 气体热传导式检测技术。

依据可燃气体的导热系数与空气的差异来测定浓度。将热敏电阻加热到一定温度，当待测气体通过时，会导致电阻发生变化，测量阻值变化可得到待测气体浓度，可实现高浓度燃气检测，采样方式为泵吸式。检测范围为 $100\%VOL$，主要用于钻孔定位检测、封闭空间泄漏定量检测、置换浓度检测。

(4) 光学甲烷检测技术。

光学甲烷检测基本原理是检测仪发射出一束红外线，照射到位于探测器前的光学滤镜上，通过对比发射与接收到的激光能量的差异，实现甲烷泄漏检测。由于滤镜只允许对甲烷敏感的特定波长的红外线透过，当有甲烷存在，光波受到影响，波长发生变化，从而产生声信号和视觉信号。光学甲烷检测设备具有灵敏度高、响应速度快等优点，检测范围为 $0\sim200\times10^{-6}$ ppm，可用于车载检测，适用于路面泄漏初检、场站泄漏监测（图 8-1）。

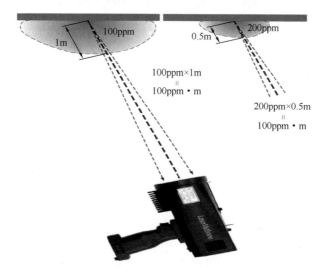

图 8-1　光学甲烷检测原理图

（5）激光甲烷检测技术。

激光甲烷遥测技术的基本原理是利用甲烷气体对某一特定波长激光的吸收特性，通过采用红外分光检测技术，使用激光二极管作为激光源，当探测仪目标检测区域发射测量激光时，将从目标物反射回散射的激光。探测仪接收到反射回的激光并测量其吸收率。根据吸收率的变化判断是否产生泄漏。目前比较成熟的激光检测技术包括 TDLAS 技术、光腔衰荡技术（CRDS）技术和离轴积分技术，测量灵敏度可达到 ppb 级，可用于车载检测，适用于路面泄漏初检、场站泄漏监测，主要用于场站及埋地管线的快速巡检（图 8-2）。

（6）火焰离子检测技术。

氢火焰离子化检测器（FID）是以氢火焰为能源，使被测组分在火焰中被电离正、负离子，通过对收集到的离子流的谐量进行定量分析。氢气作为燃料气在燃烧室里燃烧，在高温下时燃烧室发生电离，待测气体在电极附着面被捕获，在高压电场的定向作用下，形成离子流，离子被电极收集后，形成与待测气体的量成正比的电信号，由仪器电子元件处理，显示气体浓度值。具有灵敏度高、稳定性高、重复性好等优点。检测范围为 $0\sim10000\times10^{-6}$ ppm，适用于微漏泄漏的快速检测，可用于车载检测，此种仪器可为非防爆型，适用于埋地管道泄漏初检。

2. 管道本体缺陷检测技术

（1）漏磁检测技术。

漏磁检测技术原理是通过给铁磁性材料励磁，使材料内部磁通量达到饱和状态，利用永久性磁铁将管道管壁饱和磁化，与被测管壁形成磁回路，当管壁没有缺陷时，磁力线囿于管壁之内；当管壁存在缺陷时，磁力线会穿出管壁产生漏磁。漏磁检测器可实时检测并

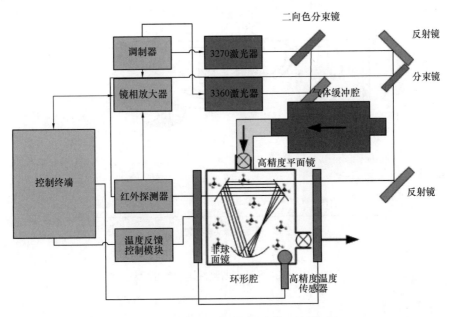

图 8-2　车载高灵敏度激光检测系统原理图

记录金属管体上的一般缺陷、坑状缺陷、大面积腐蚀、机械损伤、内部缺陷、焊缝异常、划痕、打孔盗气点等管道异常缺陷信息及套管、补丁、阀门、三通等管道附件，通过后期数据分析处理，可以确定管道异常缺陷信息及相关管道附件的精确位置和尺寸大小。该方法适用于城市燃气三通、弯头及变径少的主干线的缺陷检测（图 8-3）。

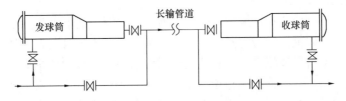

图 8-3　输气管道的漏磁内检测技术示意图

（2）超声导波检测技术。

超声导波是一种频率小于 100kHz 的超声波，传播速度为 3260m/s，该检测技术是一种新型的高效在线管道检测技术。检测时不需要液体进行耦合，采用扣紧装置或施加气体压力到探头环载体的背面，保证探头与管道表面接触，从而达到良好耦合的目的。其基本原理是将脉冲信号（一般为 5～10 个周期正弦信号）经放大后通过激励传感器施加在管道表面，形成入射导波，导波沿管道传播，当遇到缺陷时，会产生反射回波，这些反射回波将被接收传感器转化为电信号，通过一定的信号处理从而实现管道缺陷的定位。超声导波检测技术在管线检测中的优势主要体现在超声导波传播路径较长，并且可与回波信号一起形成回路，可以实现管道中极为完整的信息收集工作，进而保障了超声导波检测技术在管线检测中信息的完整性和准确性。超声导波检测技术适用于具备开挖条件的城市燃气管道的缺陷检测（图 8-4）。

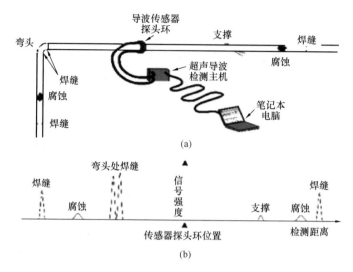

图 8-4　超声导波可监测缺陷类型示意图

3. 防腐层检测

管道外防腐层是保护管道不被外部环境腐蚀破坏的第一道屏障，其作用是将管道与土壤等腐蚀环境隔离开，从而抑制管道表面腐蚀电池的发生，最终达到腐蚀控制的目的。对管道外防腐层进行腐蚀性检测对管道的正常运行有重要作用。以下所述的外防腐层检测方法均能实现不开挖、不影响管道正常工作和运行的情况下，对管道进行外防腐层破损点的检测。

（1）直流电位梯度法。

直流电位梯度法（DCVG）是一种通过检测管道周围土壤中直流电位的变化，来检测和确定管道外防腐层破损点的位置和破损大小的方法。基本原理是向钢质管道施加一个直流信号，直流信号沿着管道流动。当管道防腐层在管道某处发生破损时，会有较大的电流信号从破损点处流出，在破损点周边土壤中会产生一个电位梯度分布。在实际检测时，采用高阻抗毫伏表测量破损点周围地面上两个硫酸铜参比电极之间的电位差，进而通过检测电压梯度场总的电压梯度就能检测并确定防腐蚀层破损点的大小及位置，可根据检测数据判定破损的严重程度。

（2）多频管中电流衰减法。

多频管中电流衰减法（PCM）检测技术即交变电流梯度法，基本原理是向管道中施加电流信号，信号电流在管道中流动时，根据电磁感应原理电流会沿管道产生相应的磁场，磁场的强度与电流大小成正比。在实际检测时，在地面上沿着管道的位置走向检测这种交变电磁场的强度。根据检测到的磁场强度可以换算成管道中实际的电流大小，从而可以找出管道发生破损的位置。

（3）皮尔逊法。

皮尔逊法（Person）即交流电流法。基本原理是向管道加入一个特定频率的交变电流信号，电流信号沿着管道无限传播下去。当管道的外防腐层保持完好时，电流信号会随着管道传播，电流大小会有规律的衰减。如果管道外防腐层在某个位置发生了破损，在破损处就会有电流流出，流出的电流在周围土壤产生一个电势场，在破损点处的电位最大。采用高灵敏度的电位差计对土壤中电势场进行检测，找到电势场的中合位置就可以确定管道外防腐层破损点的具体位置。

8.1.2 应用现状及存在的问题

城市地下燃气管道存在着管道结构复杂、管径结构不一、管道特征多样性、管道围绕城市铺设等一系列特点，决定了大部分城市地下燃气管道无法直接采用传统长距离输油输气管道内检测的方式。城市燃气管道检测技术主要为防腐检测及泄漏检测，通过防腐检测明确防腐层破损情况，通过泄漏检测及时发现燃气泄漏，以便进行及时修复改造。

城市燃气埋地管道泄漏检测以大范围普查和步行检测为主，激光检测、观察环境变化情况、打孔检测、乙烷分析和五米线检测为辅。埋地管道的泄漏检测要遵循高风险管道优先检测、高运行年限的管道优先检测的原则。泄漏检测按全面检测→检测→分析→打孔→定位的顺序进行。检测流程见图8-5，各类检测技术适用情况见表8-1。

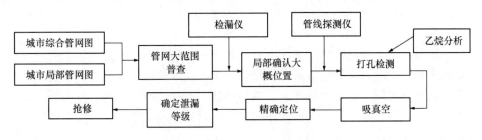

图8-5 埋地管线泄漏检测流程图

常用管道检测技术适用情况 表8-1

名称	特点	适用性	检测目标
半导体检测技术	灵敏度高，轻便，微量泄漏检测，此种仪器可为非防爆型	埋地管道泄漏初检	埋地管道泄漏检测
催化燃烧式检测技术	灵敏度较低，但在爆炸下限范围内的测量精度较高，重复性好。此种仪器必须为防爆型	管道附属设施、厂站内工艺管道、管道工艺设备检测	埋地管道泄漏检测
气体热传导式检测技术	可实现高浓度燃气检测。此种仪器必须为防爆型	疑似泄漏判定	埋地管道泄漏检测
光学甲烷检测技术	灵敏度高，响应速度快	微量泄漏的快速检测，可用于车载检测	埋地管道泄漏检测
激光甲烷遥测技术	灵敏度高，可实现远距离不接触检测，相应速度快	适用于不易接触的燃气设备设施的泄漏检测	埋地管道泄漏检测
火焰离子检测技术	灵敏度高，稳定性高，重复性好。微量泄漏快速检测，可用于车载检测，此种仪器可为非防爆型	埋地管道泄漏初检	埋地管道泄漏检测

名称	特点	适用性	检测目标
漏磁检测技术	检测精度高，检测结果准确，受管道结构影响大	一般缺陷、坑状缺陷、大面积腐蚀、机械损伤、内部缺陷、焊缝异常、划痕、打孔盗气点等管道异常缺陷信息及套管、补丁、阀门、三通等管道附件	埋地管道缺陷检测
超声导波检测技术	操作简单，检测距离短	腐蚀缺陷、三通、弯头等	埋地管道缺陷检测

随着高精准激光甲烷检测技术日趋成熟，特别是车载高灵敏激光检测设备的应用，提升了燃气泄漏巡检效率，车载高灵敏度激光检测设备能够及时准确发现燃气泄漏、实现燃气管道大范围普查、提升管道自查率，允许天然气泄漏检测者以 60km/h 的速度进行检测，并且能通过移动终端实时显示测量结果，从而实现泄漏检测的智慧化、移动化、精准化。

漏磁检测技术适用于城市燃气高压力外环管道，可有效清理管道内部杂质，准确掌握管道本体缺陷分布情况，指导管道预知性维修维护，减少管道事故发生。管道内检测是管道缺陷检测的重要手段。城市燃气管道一般呈环状、支状分布，三通、弯头等流量变化点多，压力级制较多，增加了使用内检测技术进行缺陷检测的难度，目前深圳燃气、新奥燃气、苏州燃气等国内部分燃气公司的输气干线采用内检测技术开展管道缺陷检测。

8.1.3　提升建议

为实现我国 2030 年碳达峰和 2060 年碳中和目标，管道精细化管理越来越引起有关部门的重视，管道经营管理者逐步认识到管道检测的重要性及管道事故的危害性。但我国与世界先进水平相比还有一定差距，从管理和技术两个方面对管道检测技术提出建议：

在管理方面，加强管道检测重要性的宣传，政府部门应尽快制定管道安全监测的有关法规，根据优选方案制定全国管道检测计划，推荐采用高精准泄漏检测设备，建立管道检测信息数据库，分享管道检测优秀实践，挖掘管道腐蚀规律，从而对管道现状及未来安全状况做出科学预测，采取有效措施，避免管道事故的发生。

在技术方面，提高泄漏检测设备灵敏度、提升泄漏点的定位精度、解决并行管道及多泄漏点定位难题、研发适用于城市燃气中低压管道的内检测技术，另外要加快激光甲烷遥测技术、光纤传感技术、电磁超声技术等在城市燃气管道泄漏检测及缺陷检测方面的应用研究，加速国产化的步伐，摆脱技术壁垒，追赶国际管道检测先进水平。

8.2　监测技术

8.2.1　关键技术

针对埋地燃气管道监测的主流技术依然是腐蚀监测技术及泄漏监测技术，其中泄漏监测主要是对管道从不漏到突然发生泄漏过程的监测，一旦发生泄漏以及报警，运维人员及时进行处理。腐蚀监测主要是监测管道的阴极保护及杂散电流干扰参数，明确欠保护区域及杂散电流干扰严重区域，提升腐蚀风险预警准确率及识别效率。

1. 腐蚀监测技术

（1）阴极保护远传监测技术。

阴极保护数据远传监测技术采用极化测试探头代替传统的参比电极，极化测试探头是在测试点处埋设测试试片及长效参比电极，测试试片材质、埋设状态要求与管道相同，单个阴极保护电位检查片裸露面积尺寸应与调查区域中可能产生的防腐层最大缺陷接近，裸露面积宜为 $6.5\sim100cm^2$。极化测试探头能够同时测量管道的通电电位、断电电位、交流电压，在测量中能够使测量通道上的 IR 降减至最低（在工程上可以忽略不计）且不受杂散电流干扰的影响，所以测量得到的断电电位可以近似为极化电位。

阴极保护远传监测技术，主要包括测试探头、远传终端和服务器三部分（图 8-6）。测试探头埋设于管道周边，主要监测管道的阴极保护及杂散电流干扰参数；远传终端安装在测试桩或测试井内，主要功能是完成通、断电电位的监测、储存，并通过通信模块将数据发送至服务器；服务器主要用以接收、储存监测数据，显示及实时查询阴极保护电位异常、杂散电流干扰严重区域，更好地提升风险预警准确率及风险识别效率。

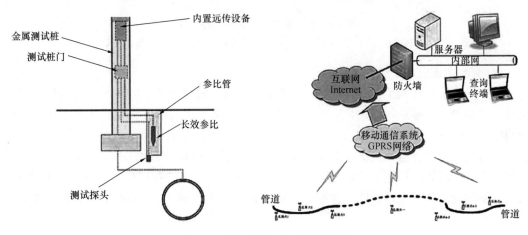

图 8-6 阴极保护远传系统原理图

（2）杂散电流干扰监测技术。

随着经济的发展和能源需求的增加，城市轨道交通系统、高压交流输电线路、高速铁路等基础设施和埋地燃气管道建设大幅度增加，二者不可避免出现交叉或平行。城市轨道交通系统所产生的直流杂散电流流入流出可能会导致管道发生腐蚀风险。高压交流输电线路稳态运行时对于埋地管道会产生电感耦合；而在故障时，通过接地网释放电流过程中，对邻近管道会产生电阻耦合，在管道上产生较大的交流电压，导致管道发生交流腐蚀穿孔风险，并对管道维护人员造成安全风险。

1）直流杂散电流干扰监测。

直流杂散电流专项监测包括：管道 24h 通/断电电位、直流电流密度测试。测试极化试片优先采用 $6.5cm^2$（根据防腐层类型选择）极化试片，首先将极化试片埋在管道附近，试片安装于管道中心线以下，距离管道 $100\sim300mm$，并浇水（如开挖困难，要保证极化试片或测试探头埋深至少有 50cm），然后将试片与管道用电缆相连，并充分极化 24h；试片充分极化后，在管道、试片和参比电极之间安装数据记录仪 uDL2，如图 8-7 所示；数据记录仪设置的通断周期为通电 9s、断电 1s；数据记录仪的采集频率设置为 1s 采集 1 组数据；测试时间为 24h。

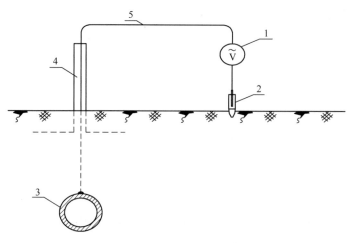

图 8-7　管道通断电电位测试接线图

1—数字万用表；2—参比电极；3—埋地管道；4—测试桩；5—测试导线

2）交流杂散电流干扰监测。

对于管道上存在大于 4V 的交流电压或土壤电阻率低的区域，需按照《埋地钢质管道交流干扰防护技术标准》GB/T 50698—2011 进行交流干扰的专项测试。交流干扰专项检测包括：长时间交流电压测试、交流电流密度测试和土壤电阻率测试。

长时间交流干扰电压测试，利用数据记录仪，设置仪器的数据记录频率为 1s 和记录时间为 24h，记录管道的交流电压。测试接线见图 8-8。通过专用软件，导出电压数据，绘制 24h 的交流干扰电压曲线。数据记录仪的采集频率一般为 1s 采集 1 组数据。测试时间：大于 24h。

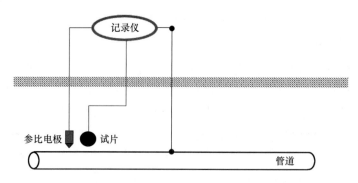

图 8-8　管道交流干扰电压测量接线图

交流干扰电流密度测试，对于管道上存在大于 4V 的交流电压或土壤电阻率低的区域，采用试片法测试交流电流密度，电流密度可以采用数据记录仪＋1cm² 试片检测。

2. 泄漏监测技术

（1）次声波法。

次声波法的原理是将声音传感器插入管道内，通过管道内的天然气传递声音信号。当管道的管壁存在穿孔、破裂时，管内天然气瞬间自孔洞喷出，管道内外形成的气体压力差产生特定频率的声波信号，信号沿管道向上、下游的方向传播，利用该声波信号传到管道内声音传感器的时间参数，可计算出管道泄漏点位置。

该种方法在天然气长输管道的泄漏点定位领域应用效果较好。监测范围在 5km 左右，定位精度为 5m 左右，可监测的泄漏点尺寸在 $\phi30mm$ 当量左右。对于城市天然气管道而言，由于管道内天然气压力较低，且管道泄漏多为腐蚀形成的小孔渗漏，不会产生声波的突发信号，所以声音传感器很难捕捉到突发的泄漏声波信号，因此次声波法可监控较大泄漏点的泄漏，对于城市天然气小泄漏点定位存在一定的技术局限（图 8-9）。

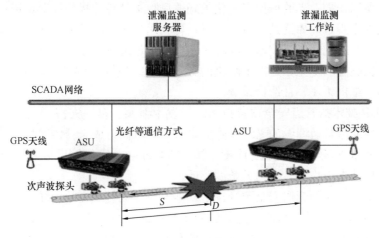

图 8-9　次声波泄漏监测系统示意图

（2）光纤检测技术。

光纤传感技术以光纤作为信息的传感和传输媒介，信号光作为信息的载体，通过外界物理量变化直接或间接的改变光纤中光波的振幅、相位、频率、偏振态或波长等参量，从而实现对外界物理信息的感知。近几年天然气管道的泄漏监测技术和方法都得到了极大的发展，其中，光纤传感器和光纤预警系统的发展尤为迅速，成为天然气管道保护技术中的热点和亮点。光纤预警系统在工作过程中不需要电源，抗干扰能力强，光信号衰减速度慢，在天然气管道的保护中兼具有效性和节能性两个特点。而且随着天然气光纤预警系统的发展和完善，在不远的未来极有可能实现天然气管道包括温度、压力等参数的同时监测。通过这种方法不仅能实现天然气管道的安全预警，还能实现各种参数的监测和统计。目前，光纤预警传感技术按照原理进行划分主要有干涉型传感技术和光时域反射型传感技术两种，下文将对这两种技术的原理和发展现状进行分析。

1）干涉型传感技术。

基于迈克尔逊干涉原理的安全预警技术。迈克尔逊分布式光纤传感技术是通过光纤的应变效应来感测外界入侵信号。该结构中使用双波长进行测量，在波长 1 构成的干涉仪的解调信号中，同时包含距末端距离和振动信息；在波长 2 形成的干涉仪中，当延迟光纤

1d>>1时,其解调信号可以近似认为只与振动信息有关。此种方法要求延迟光纤大于传感光纤,不适合于长距离铺设。

基于双Mach. zender干涉的光纤管道安全预警技术。基于Mach. zender干涉原理的分布式光纤系统原理是,当管道发生泄漏时,引起管道泄漏点附近的测试光纤产生应力应变,从而造成该处光波相位调制。产生相位调制的光波沿光纤分别向传感器的两端传播。使用两个光电检测器检测传感器两端干涉信号发生变化的时间差,即可精确地计算出泄漏发生的位置。此种方法具有较高的定位精度和灵敏度,可以进行实时监测。

2) 光时域反射型传感技术。

偏振态分布式光纤传感技术。早在20世纪80年代就已经出现了关于如何利用偏振态实现分布式光纤传感的研究。其原理为:当光波在光线中传播的过程中,其偏振态受到光纤折射率分布的影响,而光纤的折射率会随着外界物理量如温度、压力、电磁场等因素的变化而变化,所以,散射光的偏振态变化很好地反映了外界的扰动情况,通过检测偏振态的变化,可判断是否有外界扰动发生,同时,可利用光信号的延迟时间来对扰动事件进行定位。偏振态分布式光纤传感技术可同时对多个物理量进行测量。但是,如何区分究竟是哪种因素引起偏振态的变化,是需要解决的首要问题。实际应用中,技术需用保偏光纤,相关器件制作、维护不便,且造价昂贵。

基于OTDR技术的管道安全预警技术。当发生泄漏、自然灾害、施工以及第三方破坏等事件时,会使沿管道埋设的光纤发生形变效应,从而造成光纤传输特性的变化。据报道,基于OTDR的安全预警技术的检测范围为60km时,定位精度可以达到20m。该方法一般采用光脉冲进行检测,检测灵敏度较低。

利用拉曼散射效应的管道安全预警技术。基于拉曼散射效应的光纤传感技术其检测定位原理同OTDR技术一样,当外界扰动作用于光纤时,由于光纤的应变效应,使光纤振动段的背向散射光发生变化,通过检测背向瑞利散射光强的变化,求出注入光与反射光时间差来进行定位。

8.2.2 应用情况及存在问题

1. 腐蚀监测技术应用情况

阴极保护数据测量与远传技术可用于所有钢质燃气管道,不仅可以测量通断电电位,而且对于存在疑似交流干扰点可以加密测量频率,及时准确的掌握干扰程度。阴极保护远传技术的重要组成部分之一是测试探头,测试探头能够较大的消除IR降、排除杂散电流干扰、长期服役恶劣的土壤环境及能够测得更加真实的管道断电电位。

杂散电流干扰分为直流杂散电流干扰和交流杂散电流干扰。直流杂散电流干扰源主要有直流电气化轨道交通(地铁、轻轨等)、其他管道阴极保护系统、高压直流输电系统、潮汐、地电流、采矿场、大型电焊机、直流供电设备等。交流杂散电流干扰源主要有交流输电线路、交流电气化铁路(高铁、动车)、交流变电站等。通过杂散电流监测收集大量数据,结合相应的标准进行评价。目前国内外用于直流杂散电流干扰检测与评价的标准为《埋地钢质管道直流干扰防护技术标准》GB 50991—2014、澳大利亚标准《Cathodic protection of metals Part1: pipes and cables》AS 2832.1—2015;国内外用于交流杂散电流干扰检测与评价的标准为《埋地钢质管道交流干扰防护技术标准》GB/T 50698—2011、

《Corrosion of metals and alloys-Determination of AC corrosion-Protection criteria》ISO 18086—2019。

2. 泄漏监测技术应用情况

次声波及光纤监测技术主要应用于长输管道的泄漏监测，其中次声波技术通过检测管道次声波变化，借助 GPS 或北斗授时系统可实现对泄漏点的定位，次声波波动范围为 $50\sim3000\,Hz$，光纤监测技术较为成熟，在国家管网及国外石油公司均有应有。针对分布式光纤传感及吸收光谱分析等技术，越来越多的研究机构正在开展进一步的应用研究，以寻求切合实际的应用场景，例如渗漏监测在平原较为干燥区域已经具备应用价值。

各种管道泄漏监测技术在解决泄漏监测响应速度、可靠性、灵敏度、定位精度和系统成本之间的关系问题还存在一定的局限性，尚未解决泄漏监测灵敏度和误报率之间的矛盾。城市燃气管道主要敷设于人员密集区域，外部环境干扰因素较多，相对于长输管道误报率更高，且单独采用管道自动监控系统有时不能有效地检测微量的泄漏，需要辅以必要的人工巡检等方法来加强监测。因此在实际应用中，综合考虑各种监检测方法的特点及管网外部环境特点，互相配合使用，组成可靠性和经济性综合优化的泄漏监测系统。

8.2.3　提升建议

1. 加强对监测数据的分析及应用

随着监测硬件设备的提升，数据质量越来越高，如何充分发挥数据价值，深入挖掘数据隐含的现状极为重要。首先，监测数据如何进一步地统一管理和科学系统地分析，数据背后的大量信息如何进一步发掘，使其应有的价值能够充分地得到利用，这些问题都有待进一步研究；其次，对于数据分析所选用的标准是否合理，获得的风险评价是否正确还需深入研究。

2. 加大研发管道监测新技术和新设备

随着光纤传感器应用范围的逐渐扩大，其应用环境愈加复杂，研究可实现多参数同时测量的传感技术成为当务之急。未来光纤传感器的发展趋势主要为智能化、微型化、多参数实时化、高精度、高灵敏度等，同时进一步探索光纤监测技术在城市燃气复杂管道及复杂环境下的适用性至关重要。

8.3　修复技术

8.3.1　关键技术

管道修复是通过采用各种适用的技术对破损或泄漏的输送管道进行维修，使其恢复正常使用功能的活动。按照修复对象及应用场景的不同，燃气管道修复关键技术包括：微孔开挖技术、翻转内衬技术、现场成型折叠管内衬技术、静压裂管技术、带气切接线技术、焊口/局部修复技术。

1. 微孔开挖技术

微孔开挖技术是通过真空吸尘和切割挖孔相结合的方式开挖路面，然后利用特殊工具对地下管道进行修复和改造。微孔开挖以空压机为动力源，采用钻芯机在水泥或沥青路面上旋转切割路面，路面上出现一个圆形切割缝和圆形芯块，切割至底后将芯块取出；对路面下的土壤层进行真空挖掘直到露出地下管道，对管道进行修复；土壤回填，放回芯块进行快速粘结，修平路面并清洁后即可恢复使用。其优点是定点开挖且开挖量小，无污染，对周边环境影响小，施工设备简单、周期短，施工不受季节影响。

2. 翻转内衬技术

翻转内衬技术是通过翻转压力设备，利用压缩空气将浸渍了高强度胶粘剂的管状内衬材料推动翻入清理后的待修复管道中并粘于管道内壁上，经过常温保压固化，最终在管道内形成密闭性的内衬层，以达到管道修复的目的。翻转内衬修复技术适用压力、管径范围广，且施工速度快，免开挖、对道路交通和地面设施影响小，简化了城市地下管道维修的各种限制；修复后有效输送管径损失小，同时强化了管道功能如承压、减阻、耐腐蚀等，经内衬后的管道寿命可延长 50 年以上。

翻转内衬技术的工艺流程包括作坑开挖、高压水清理、机械清理或喷砂清理、翻转内衬和焊口补强等，如图 8-10 所示。

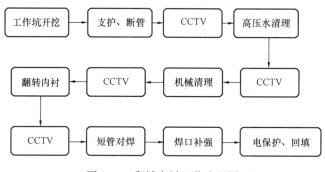

图 8-10 翻转内衬工艺流程图

3. 现场成型折叠管内衬技术

现场成型折叠管内衬技术将折叠成"U"形或"C"形的聚乙烯管拉入在役管道内后，利用材料的记忆功能，通过加热与加压使折叠管恢复原有形状和大小的修复更新工艺，如图 8-11 所示。其技术特点为半独立承压，耐腐蚀性强，防水性好，单段修复长度较长，施工速度快，但无法修复带弯度管道，修复压力范围较小，最高至中压，施工占地面积大。

图 8-11 现场成型折叠管内衬技术示意图

4. 带气切接线技术

带气切接线技术是一种在带压管道上利用机械或手工方法进行接线、切线作业的技术。在抢修过程中为不影响用户正常用气，常采用带气作业修复，即将管道内的燃气压力放散降压到 200～500Pa 时进行带气接切线及焊接修复。其优点是对市政交通及天然气用户影响小，但具有一定的危险性，必须严格按照安全技术规程操作。

5. 焊口、局部修复技术

焊口、局部修复技术主要包括焊缝补强技术和壁厚减薄补强技术。其中，焊缝补强技术主要指复合材料补强。常见的焊缝缺陷补强材料有三种，分别为玻璃纤维复合材料、芳纶纤维复合材料、碳纤维复合材料。壁厚减薄补强技术主要包括补焊/焊接补丁、B 型套筒、管道夹具、复合材料、环氧套筒。

补焊/焊接补丁：当管道漏点较小或管道运行时间不长且管材质量较好时，视情况降压力，直接进行焊补；当管道漏气部位为腐蚀穿孔或泄漏缝隙较大时，采用同一类的材质钢板复贴在漏气部位，然后将钢板与管道焊接牢固。

B 型套筒：由两个半圆圆柱形管或两个适量弯曲的金属板组成，末端采用角焊的方式固定在输送管道上。管套的壁厚至少要与输送管道的壁厚相同，而且管套的材料等级也要与输送管道的相同。管套的直径要稍稍大于输送管道的直径。

管道夹具：包括补片夹和"变位型"维修管卡。补片夹与焊接补丁类似，区别在于临近缺陷区域有一片弹性材料的螺栓夹；"变位型"维修管卡通常为柱体，由两个半壳组成，通过束紧两半壳产生的压力可对封条产生作用力。管道输送物泄漏也可对封条产生作用力，因此通常被称为"自封"安装。

复合材料：分为预成型法和湿缠绕法两大类别；根据使用的纤维材料不同，分为碳纤维、玻璃纤维、芳纶纤维三大类。其基本

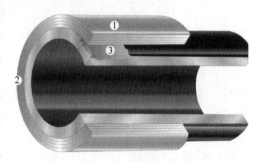

图 8-12　复合材料结构示意图

补强结构由三部分构成：高强度填料，粘胶，缠绕在管体外部的复合材料，如图 8-12 所示。

环氧套筒：套筒钢壳不是紧贴钢管外壁，而是很宽松地套在管道上，与管道保持一定环隙，环隙两端用胶封闭，再在此封闭空间内灌注环氧填胶，构成复合套管，对管道缺陷进行补强，如图 8-13 所示。

补焊/焊接补丁、B 型套筒施工简单、修复速度快，但是焊接安装风险大，且易产生次生缺陷；复合材料补强技术施工简单、效果显著、成本低，是非焊接补强方法中应用最广泛的。其中，预成型法的技术特点：自身刚度较大，不易变形，现场使用灵活性较差，机械性能稳定，受现场作业环境及现场安装质量影响小，在焊缝部位易于形成空鼓，综合成本较高。湿缠绕法技术特点：现场使用灵活，可用于各种管径，适用温度范围广，与管体贴合性好，补强层厚度较薄，易于防腐恢复，在施工现场人工浸润纤维布，浸胶过程易于受到施工环境影响，性能不稳定；环氧套筒无需在管壁上直接焊接，风险低，不影响管道的正常运行，可适用于弯管等异形管段。

8.3.2　应用情况及存在问题

1. 微孔开挖技术

微孔开挖技术适用于埋地管道的防腐层修复和牺牲阳极安装。国内广州燃气、北京燃

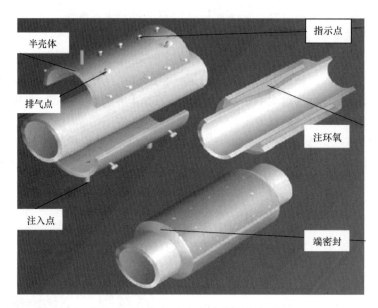

图 8-13　环氧钢壳复合套管安装示意图

气分别开展了利用微孔开挖技术进行牺牲阳极安装和防腐层修复方面的研究工作。现阶段微孔开挖设备占道面积大、钻机重量大，修复质量及修复精度都存在较大的不确定性，应用时需考虑当地的土质、道路结构、管道埋深等情况，根据实际需要开发相应的辅助工具。该技术尚未在燃气行业大范围推广应用。

2. 翻转内衬技术

翻转内衬技术适用于设计压力不大于 1.6MPa，公称尺寸为 DN300～DN700 的在役钢质燃气管道的修复施工，最佳修复长度 300m，可通过大于 1.5D 的 45°弯头（2 个）或大于 3D 的 90°弯管（1 个）。

翻转内衬技术在各大燃气企业已经得到许多应用，并取得了较好的应用效果。为了保证翻转内衬修复后，管道本身的承载能力和使用年限满足要求，需在修复前评估管道的修复能力，预测管道的剩余寿命。

现场成型折叠内衬法适用于 DN300～DN400 在役钢质管道的修复施工，修复后新管道的最大允许工作压力不应大于 0.4MPa，施工应在 5～30℃环境温度的条件下进行。

带气接切线技术根据现场施工条件、管径、壁厚、埋深、运行压力等因素选择采用机械作业或手工作业，优先选用机械作业。机械作业可用于设计压力不高于 2.5MPa 的管道，且作业时的压力不宜高于 1.0MPa。机械作业受限时，且设计压力不高于 0.4MPa 的管道可手工作业，手工作业时压力应保持微正压。

北京燃气每年都有大量的带气切接线作业，积累了丰富经验，并且针对燃气管道带气开孔封堵设备自动化和可视化进行了系列技术研究，取得了较好的应用效果，形成了系列产品。

3. 焊口/局部修复技术

焊口/局部修复技术在现状应用中应根据管道泄漏点的大小、形状和实际条件选择对应的修复方式。补板和 B 型套筒需要焊接作业，不仅直接成本高，带压不停输的焊接安全风险高，需要采取更多的安全防范措施，进一步增加了补强的成本。玻璃纤维复合材料补强修复，是目前成本最低、效率最高、质量可靠的方式，适合在城市燃气管道环焊缝补强和壁厚减薄的作业中应用。

8.3.3 提升建议

1. 提升改进现有修复技术

现有的修复技术仍然具有技术升级的空间，可以通过升级改造进一步提高修复水平、修复效果，降低成本。微孔开挖设备在减轻钻机重量、改进钻头尺寸、消除噪声以及集成化方面具备改进空间。带气切接线设备的可视化、自动化，以及更高压力和更大管径的适用范围成为下一步技术升级的方向。环氧套筒的智能化、多功能集成化也是发展方向之一。

2. 借鉴国外先进技术，加快新技术推广应用

借鉴国外先进的管道修复技术，逐步提高国内的管道修复水平。比如管体补强修复技术有补焊、打补丁、复合材料修复、环氧套筒、维修卡具等，其中补焊、打补丁、维修卡具已经在国内应用，但是复合材料和环氧套筒在国内仍是新技术，处于起步阶段，而在北美和欧洲已经广泛应用。值得注意的是，即便引进国外的先进修复技术，仍要考虑到国内的实际情况，适时开展适用性研究及性能改进工作，实现修复技术本土化。

3. 做好配套标准制定工作

国外引进的先进管道修复技术，在国内取得了较好的应用效果后，建议及时开展相关标准的制定工作。一方面，规范操作流程，保证修复效果；另一方面，也能推动修复技术的推广应用。

第9章 管线信息化

智慧燃气是以管线信息化建设为基础，利用先进的通信、传感、储能、微电子、数据优化管理和智能控制等技术，实现天然气与其他能源之间、各类燃气之间的智能调配、优化替代。利用"互联网＋"、大数据分析技术，突破传统服务模式，拓展全新服务渠道，提供系统化综合用能方案，建立智慧服务互动平台，提供最优服务。

智慧燃气是燃气科学管理的终极目标。当前，在"互联网＋"的背景下，广大燃气企业均不断响应科技创新的国家政策，以先进的科技"武装"企业，向燃气信息化、智慧化大步迈进。获取燃气管道及相关设备设施资产以及燃气运行、应急、服务等业务过程中对应的精准位置信息，并建立完善科学智能的信息管理平台，是智慧燃气建设的基础。在物联网、大数据技术的支持下，智慧燃气将成为现实。

9.1 信息系统建设技术

9.1.1 技术内容

管线信息系统的建设是从20世纪90年代初开始，随着第一轮管线大普查的展开，部分大中城市建立了综合管线的信息系统，主要用于城市综合管线的综合管理，广泛应用于规划、建设与维护的环节。进入21世纪，专业管线的信息系统建设逐渐发展并成熟起来。为了更好地管理、应用与维护管线数据，我国的燃气行业也逐渐开始建设完善燃气管线信息系统，通过应用GIS技术实现了燃气管线的空间信息和属性信息的一体化存储和数字化管理。

近年来，随着计算机软硬件、地理信息系统、物联网及数据采集技术的快速发展，燃气地下管线信息系统的建设也取得了突飞猛进的发展，主要体现在：地上地下三维一体化展示技术、内外业多源数据一体化技术、高精度北斗定位技术等。

1. 地上地下三维一体化技术

通常而言，燃气信息管理系统都是从二维开始建设的。传统的二维管线信息系统存在如下不足：不能直观地表达地下管线与管线之间的空间位置关系，特别是一些管线的交叉、碰撞、穿越等，在二维管线图中无法直观表达；不能表达地下管线与地上其他建（构）物之间的空间位置关系；不能直观地表达管线及其附属物（如井室与阀门等）之间的连接关系。

而普通三维管线系统也存在如下问题：有的只关注管线表面的几何建模，没有考虑到管线连接设备及其附属设施的建模；有的在建模中容易产生管线和附属设备之间开裂的现象，难以做到精确套合，影响可视化效果；有的难以支持海量城市管线数据模型的可视化分析与管理；有的仅支持C/S架构，不支持B/S架构的应用。

推进地上地下三维一体化展示技术，就是在二维管线数据的基础上，分类设计了抽象化的不规则形体的管点实体模型、尺寸结构属性驱动的管点实体模型、拓扑连接关系驱动的管点实体模型、结构化的管线段实体模型，通过材质、编码、特征、附属物等映射设置，快速、高效地实现了管线的三维建模，如图 9-1 所示。

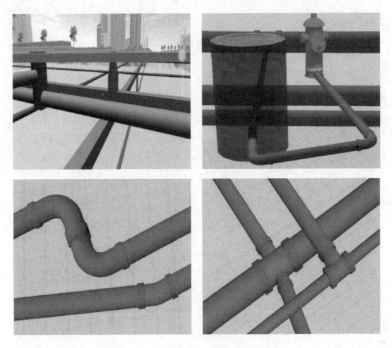

图 9-1　管线三维模型建模效果

同时还可基于真三维快速可视化技术，解决城市地上建（构）筑物、地下管线等海量三维模型的可视化与空间分析。在传统的三维模型数据可视化技术的基础上进行算法优化和创新，实现管线的快速可视化浏览、三维空间分析等，如图 9-2 所示。

2. 内外业多源数据一体化

通常，基于地下管线普查而建立的综合管线数据系统，其数据来源相对单一，主要是基于地下管线普查，动态更新时会用到竣工测量的数据。综合管线数据库关注的主要是管线的空间信息，其采集与更新的来源均相对单一化。

燃气专业管线的信息系统，最初也只是管线及设施的空间布局及拓扑关系管理。随着技术的发展，特别是信息技术与物联网技术的发展，专业管线信息系统逐渐发展到要覆盖规划、设计、建设、运营、维护等管线全生命周期。因此，燃气专业管线信息系统的数据越来越呈现出多源化特征，实现多源数据一体化是专业管线信息系统的重要任务，也是重要发展趋势。

这些多源的数据一般应包括：

（1）管线及设施的空间位置及属性信息，来源于管线普查、专业管线摸查、竣工测量及动态更新测量。

（2）管道规划审批信息，来源于总体规划、专项规划及规划报建、审批的信息。

（3）管道及设施的运营信息，早期是维修、巡视及养护人员手工采集的信息，后来是

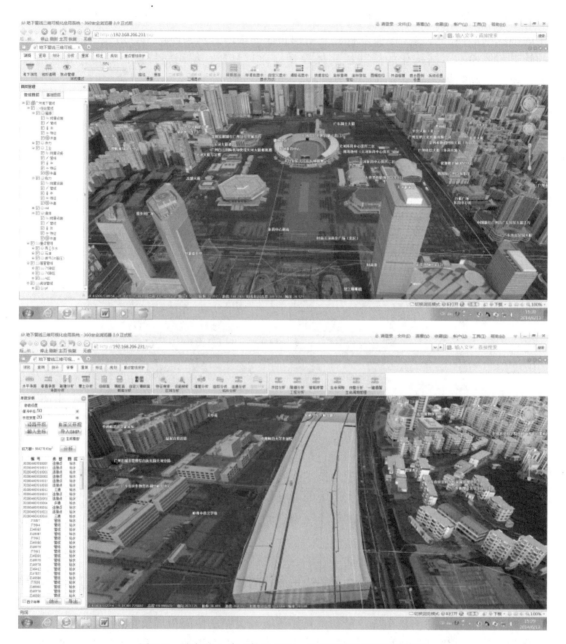

图9-2 城市地上建（构）筑物、地下管线三维管理系统

基于物联网的动态实时信息，监控管道运行状态、实时压力及维护、养护状态，如高压SCADA、中压RTU、调压箱、物联网终端等多种业务系统或设备的异构数据等。

（4）管道及设施的缺陷信息，来源于缺陷摸查的数据及管道年限、材质等状态信息。

（5）周边地质及地面状态信息，主要是重点设施附近的地质资料、摄像头实时监控的信息。

（6）档案信息，勘察、设计及建设资料信息。

近年来，各地燃气管理部门逐渐以建设"智慧燃气"为契机，搭建一体化智能采集平台，将现有如空间位置及属性信息、管道规划审批信息、运营信息、缺陷信息、周边地质及地面状态信息及高电子档案等多种分散建设的业务系统或设备的异构数据合并接入，对现场设备的压力、流量、温度、可燃气体浓度、阀门状态在线数据信息进行统一采集和归类，同时利用空间定位及大数据等技术，实现对各类采集终端设备的数据采集处理、异常监测、多维分析及数据共享服务，最终实现基于 GIS 系统的燃气管网信息多源数据"一张图"的管理目标。

3. 高精度北斗定位

燃气管线系统运营管理中，早期的管道坐标采集精度较低。由于缺乏高精度的测量手段，所采用传统的 GPS 民用仪器精度大约为 10m，这就造成采集的管道的位置信息不准确，定位精度远远不能满足管道高风险点管理的要求，服务于快速抢险抢修的基础数据不准，也存在着安全隐患。近年来，通过建设基于北斗卫星的高精度定位系统，为燃气日常业务应用提供高精度的差分动态服务以及事后精密定位服务，可以实现厘米级高精度定位。通过可靠稳定的国产北斗 CORS 系统与软硬件设备，可以确保燃气管道各业务高精度位置数据的安全可控，应用到燃气管道设计、管道施工、焊口位置采集、老旧管道坐标采集、管道巡检、燃气应急作业管理等多个业务，改善管道建设、运营、安全等业务的信息化管理能力和质量，将安全及运营管理提升至一个全新的高度。

随着 GPS 技术的飞速进步和应用普及，它在城市测量中的作用已越来越重要。当前，利用多基站网络 RTK 技术建立的连续运行（卫星定位服务）参考站（Continuously Operating Reference Stations，缩写为 CORS）已成为城市 GPS 应用的发展热点之一。CORS 系统是卫星定位技术、计算机网络技术、数字通信技术等高新科技多方位、深度结晶的产物。CORS 系统由基准站网、数据处理中心、数据传输系统、定位导航数据播发系统、用户应用系统五个部分组成，各基准站与监控分析中心间通过数据传输系统连接成一体，形成专用网络。基于北斗卫星系统的 CORS 不仅保障了数据的安全性，也可以大大提高测绘的速度与效率，降低测绘劳动强度和成本。操作也相对简单，燃气专业的测绘、巡检、维护等专业人员均可以快速掌握，从而可对燃气工程、设施进行实时、有效、长期的测量，大大加快该城市燃气信息系统的动态更新与维护。

9.1.2　应用现状

近年来，国家、省、市均相继发文，对地下管线信息系统建设提出要求和指导意见，各地方对管线信息管理系统的建设提升到新的高度。燃气管线信息系统的建设也有了长足的进步，基本覆盖了各大中城市的燃气管线管理。

1. 系统架构不断优化

燃气地理信息管理系统的架构一直在不断优化之中。一般都基于 C/S 架构开发，实现信息数据的入库、更新、管理及高级分析与利用功能。在数据库的设计中，将信息生产的数据库与服务发布的数据库进行物理隔离，以提升系统安全。

在功能上充分考虑用户需求，将管理与应用有机分离，从权属单位开始，向管理部门、勘测单位及个人、下属管养单位及个人，乃至各构件单元拓展，搭建一个服务于政府管理部门、权属单位、勘测单位与个人、管养单位与个人、管道整体网络以及社会应用等的一整套燃气地理信息系统，从而实现从勘测、入库、检测、监测到共享应用的全生命周期管理。

2. 逐渐覆盖全生命周期管理

专业地下管线信息管理系统开始是从空间拓扑关系为关注点，随着技术的进步，逐渐把系统的全生命周期管理的内容加入到信息系统中来。从管线规划、设计、建设，以及运维、巡查、保养等，直到系统的改造升级，在各地的燃气管线系统中均有所介入。特别是物联网的加入，可以将不少需要人工采集的数据改为传感器采集，燃气阀门、调压站、调压箱至用户气表等均可设置物联传感器，从而达到实时、安全、完整的效果。政府管理部门也可统筹全部管线单位的专业系统，加上与综合管线信息系统、规划建设管理系统的对接，可以逐渐覆盖全生命周期的管理。

3. 基于物联网的实时监控数据逐渐纳入管理

近年来，物联网技术突飞猛进，在不少管线管理系统中均进行了尝试，并逐渐纳入系统管理。如管道节点、气站的流量、压力等数据，之前需人工采集、录入，现在均实现了物联网实时采集。

9.1.3　存在问题

1. 管线数据的传统管理模式表现出较多问题

一是随着管线数据更新加快，管线数据日益增长为海量庞大的数据库，表现出显著的多源、海量、更新快速等时空数据的特性，但传统管理模式只关注现状管线数据（管线现状数据只是对管线某一瞬间状态的静态的快照式描述），未对管线历史、现状和规划数据进行有效统一管理，无法反演城市管线建设的历史变迁情况；二是管线的空间图形数据与档案资料割裂管理，无法建立关联；三是管线的时空数据与实时感知数据大多分割管理，未实现一体化融合。

2. 平台无法满足海量时空数据的低延迟存取高并发访问和实时处理分析的需求

管线后普查时代，管线数据动态更新加快，管线数据日益增长为海量庞大的时空数据库，传统管线空间信息平台对管线数据管理能力已表现出严重不足：在存储管理方面，传统关系型空间数据库的集中式存储严重依赖单机性能，极大限制了存储能力的可扩展性，无法支撑海量时空数据的低延迟存取高并发访问；在处理分析方面，传统计算平台采用的串行分析算法已无法满足海量时空数据的实时处理分析需求，不能充分发挥当前新型并行模型/框架的优势，从而严重限制了管线数据的利用效率和对外服务能力。

3. 管线信息的共享应用价值未充分发挥

管线数据在城市规划、建设、管理方面管线数据花费较大成本普查建库后，未充分发挥管线数据的利用价值，主要体现在：一是基于管线信息保密方面的考虑，未进行共享应用方面的探索和实践；二是有的城市管线基础信息管理平台软硬件设施能力有限，无法提供高效的对外服务；三是管线数据服务系统大多要经过从申请到审批的复杂 OA 流程，使用复杂繁琐，给管线数据的应用带来极大不便。

4. 安全预警方面还是任重道远

近年来各地燃气管道爆炸事故时有发生，也日渐严重，由此产生了巨大的经济损失、资源浪费，对于人民群众生命财产的安全也产生威胁。燃气专业信息系统除应满足运营管理外，也须肩负起风险评估、安全预警的重任，目前看，行业内均是处于起步阶段，确实任重道远。燃气企业燃气管网输配问题突出，尚未建立有效的燃气管网输配仿真信息化管理手段，因此在日常管理中，大多数燃气企业无法有效识别、预测和解决燃气运营管网输配难题，例如，由于缺乏对泄漏或停运等紧急工况进行拟仿真分析的信息化管理手段，从而无法提供最佳抢修预案，也无法减少维修及恢复通气而产生的事故；由于没有全生命周期模拟技术，无法预知管道所处自身的老化阶段或外部侵害风险等，无法进行安全预警。

9.1.4　提升建议

一是构建城市级地下管线时空大数据中心，实现城市管线数据管理从传统空间数据管理向管线时空大数据管理的转变。管线时空大数据中心支撑地下管线二三维数据、地上三维地形地貌模型、地面建筑白模及精细倾斜摄影模型、地下空间设施二三维数据、周边地层二三维数据的全空间信息模型库和百亿兆管线物联网监测大数据的管理；应研发时空大数据引擎，用于管理海量管线时空大数据，解决传统管线空间信息平台无法支撑海量时空数据的低延迟存取、高并发访问和实时处理分析的关键性问题。

二是推进管线信息系统的社会化应用。基于互联网开发便民小程序，在保密的前提下采用"互联网＋"便民 App 技术，解决燃气管线信息系统的便民服务应用；加强与综合管理系统、其他专业管线信息及地下轨道交通系统的沟通与联接，解决管线间距、规划建设及保护的难题，有效防范管线挖断事故的发生。

三是加强管道事故预测预警技术的研发。深入研究燃气管道事故发生发展的机理，理清事故灾害链，并基于物联网、大数据，人工智能等技术研发管道事故灾害的预测预警技术，实现事故的精准预测预报，保障管道安全。

9.2　物联网技术

9.2.1　技术内容

物联网是利用感知技术与智能装置对物理世界进行感知识别，通过网络传输互联，进行计算、处理和知识挖掘，实现人与物、物与物信息交互和无缝链接，达到对物理世界实时控制、精确管理和科学决策的目的。它是在互联网基础上延伸和扩展的网络。

近年来，随着科技的进步，物联网传感器在燃气管道安全监测实践工作的应用越来越多，取得了很好的实施效果。通常各单位的做法是基于 NB-IoT（窄带物联网）技术，研发燃气管道输配仿真算法，建设燃气实时监测预警系统，服务于燃气安全运行监控。

1. 技术特征

（1）互联特征。物联网技术的重要基础和核心仍旧是互联网，通过各种有线和无线网络与互联网融合，将物体的信息实时准确地传递出去。

（2）感知特征。物联网是各种感知技术的广泛应用，通过部署海量的多种类型感知设备，每个感知设备都是一个信息源，不同类别的感知设备所捕获的信息内容和信息格式不同。

（3）智能化特征。物联网应具有自动化、自我反馈与智能控制的特点。物联网本身具有智能处理的能力，能够对物体实施智能控制。

2. 技术体系

物联网的技术体系分为感知层、传输层和处理层三个部分（图9-3）。

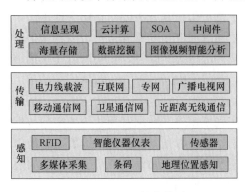

图9-3 物联网技术体系

（1）感知层。感知层位于物联网技术体系的最底端，是所有上层结构的基础。通过感知识别技术，让物品"开口说话、发布信息"是融合物理世界和信息世界的重要一环，是物联网区别于其他网络的最独特的部分。物联网的"触手"是位于感知层的大量信息生成设备，既包括采用自动生成方式的二维码、RFID、传感器、定位系统等，也包括采用人工生成方式的各种智能设备，物联网的信息获取方式已经多样化。

（2）传输层。任何通信的技术和方法都可以作为物联网的传输层。

互联网：IPv6扫清了可接入网络的终端设备在数量上的限制。互联网/电信网是物联网的核心网络、平台和技术支持。

无线宽带网：WiFi/WiMAX等无线宽带技术覆盖范围较广，传输速度较快，为物联网提供高速、可靠、廉价且不受接入设备位置限制的互联手段。

无线低速网：ZigBee/蓝牙/红外等低速网络协议能够适应物联网中能力较低的节点的低速率、低通信半径、低计算能力和低能量来源等特征。

移动通信网：移动通信网络将成为"全面、随时、随地"传输信息的有效平台。高速、实时、高覆盖率、多元化传输多媒体数据，为"物品触网"创造条件。

（3）处理层。处理层负责对感知信息的处理和控制，生产和社会层面决策的应用。处理层可完成协同、管理、计算、存储、分析、挖掘，以及提供面向行业和大众用户的服务等功能。处理层是确保物联网在多应用领域发挥价值的神经中枢和运行中心。物联网处理层技术包括海量数据存储、数据挖掘、图像视频智能分析、中间件、云计算等。

9.2.2 应用现状

基于物联网的燃气信息系统建立了四个工作层（图9-4），即设备层、网络层、平台层及应用层。

（1）设备层：对应物联网的感知层，即燃气管线运行状态信息的终端监测设备，包括温度、压力、流速、流量等传感器以及燃气泄漏传感器等，这些终端设备传感器基于物联网，以设备直连的方式在平台中进行注册，如目前许多城市的智能燃气表，覆盖了广大燃气用户。

（2）网络层：对应于物联网的传输层。通常为通信运营商所提供的网络服务（包括NB基站和IOT核心网），负责数据传输与互联。

（3）平台层：对应于物联网的处理层，通过设备层的感知能力，可接入燃气管线的温度、压力、流速、流量及泄漏监测传感器，收集运营信息；通过应用层的开放能力，可接入城市燃气管线二维、三维或移动端等信息管理系统及应用系统，提升服务能力、扩大应用范围。

（4）应用层：在燃气系统中，包括燃气管线二维、三维管理系统、移动端应用系统等，这些燃气管线应用系统管理着城市燃气管线的基本属性信息和空间位置信息，通过对设备层信息的对接，可实时查阅或定期查询管线终端监测设备的运行状态信息，解决燃气运营管理及维护的问题，能对异常情况进行及时预警。

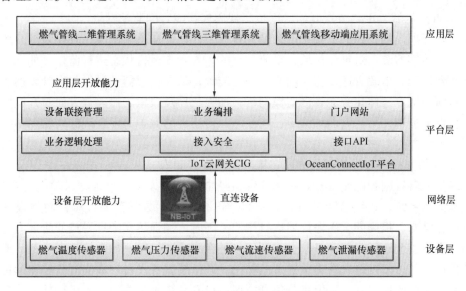

图 9-4 基于物联网的燃气信息管理系统

9.2.3 存在问题

一是物联网接入只是初具规模，传感器的数量无法满足全流程、全天候的监测与应用。传感器的埋设与增加受到以下几个因素的影响：首先是传感器本身的问题，电池的寿命、传感器的效果以及造价，均是影响广泛布设的原因，须进一步有效解决传统燃气监测终端电池寿命短、通信网络连接数量有限、信号穿透能力弱、成本高等关键性问题；其次，开挖动土施工的不便，大部分燃气管道已经埋设多年，且在城市道路边，开挖的审批与实施均有困难；再次法规稍显缺乏，对于物联网设施，如在线监控、远程自动切断等装置和地面设施等，均应纳入法规保护范围。

二是仿真计算处理技术有待提升，实时监测预警是物联网的最终目标。大量物联网传感设备的加入，可以获取大量的监测数据，解放了大量的外业人工。但实时监测预警才是物联网的最终目标，而实现这一目标，不仅需要外业大量的物联网传感器的埋设，还需要数据处理技术的大幅提升。须提出并研发新的燃气输配计算模型及仿真算法，开发燃气实时监测预警系统的燃气管道输配仿真子模块，加强燃气管网隐患的事前监测预警。基于仿真的气源调度、事故预测与管理、基于仿真的漏气、堵塞判定、用气预测等，均是物联网配套的关键技术，有待进一步的研究与提升。

三是大数据处理分析与处理技术有待进一步提升，扩大信息数据的应用效率。物联网加入燃气信息管理后，可实时接入中高压及低压入户燃气监测终端数据，大型城市燃气集团这种规模都可达数以十万计，甚至更多。全天候实时监测，可获得海量的数据。这样的大数据，其分析与处理技术亟需进一步的提升，如提升物联网大数据的检索效率、提升实时分析处理能力，如何达到百亿兆级物联网数据秒级查询响应，均是实时监测预警的重要基础。

9.2.4 提升建议

1. 从重点区域、重要节点开始，逐步实现燃气智能管网监控网络

为更好开展燃气管线信息系统的智慧化建设工作，应从重点区域、重要节点开始，依托物联网、传感器等，对重点区域、重要节点的燃气管道运行状态进行监控，如同时对密闭空间、管道相邻市政管道设施空间装设监控装置；加大传感器的研发与提升，逐步实现地上、地面、地下一体化智能管网监控网络；加强法规及政策支持，一方面对开挖、建设提供绿色审批通道；另一方面加强对已建设施、传感器的保护力度，确保物联网网络的正常运行。

2. 加强仿真处理科技的研发力度，提升监测预警能力

进一步完善管网智能化管理，对燃气管道经常发生重大事故行为、风险点进行分析，结合地理信息系统、在线监测模块，利用数据库技术建立数学模型，对管网从设计、使用、维护、维修、报废的全生命周期进行把控。同时，加强仿真处理科技的研发力度，在采集燃气管道安全运行数据的基础上，利用多种在线检测技术，如在线动态监测、泄漏监测、巡检检测等，实现燃气管道关键节点阀门、调压装置等设备参数实时监控和远传、远控，提升自动化监控水平，系统进行仿真模拟，提升系统预警能力，为运行数据的有效监控、异常状况的提前预警、紧急情况的自动控制、经营决策的数据支撑等方面提供依据，及时防范和化解风险，从而达到安全运行的目的，提高城市燃气管网信息系统的动态数据处置能力。

9.3 数字孪生技术

9.3.1 技术内容

数字孪生（Digital Twin）是指以数字化方式拷贝一个物理对象、流程、人、地方、系统和设备等。数字孪生将人工智能、机器学习和软件分析与空间网络图相集成以创建活生生的数字仿真模型，这些模型随着其物理对应物的变化而更新和变化。除了模拟/仿真物理对象、流程、人、地方等，更重要的是他们互相之间的关系。

1. 数字孪生理论基础

数字孪生的主要理论渊源和基础是系统建模与仿真理论、现代控制系统理论、复杂系统理论、信息物理系统理论、模式识别理论、图像图形学和数据科学。

（1）系统建模与仿真理论。系统建模方法体系如图 9-5 所示，系统仿真方法体系如图 9-6所示。

（2）现代控制系统理论。现代控制理论的主要分支包括线性系统理论、最优控制、随机系统理论和最优估计、系统辨识、自适应控制、非线性系统理论、鲁棒性分析与鲁棒控制、分布参数控制、离散事件控制、智能控制。

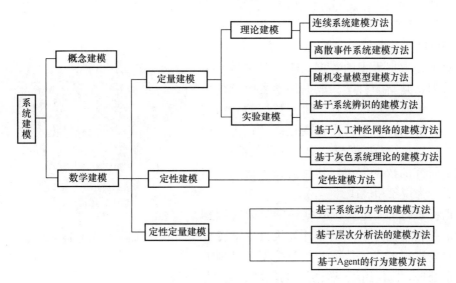

图 9-5　系统建模方法体系

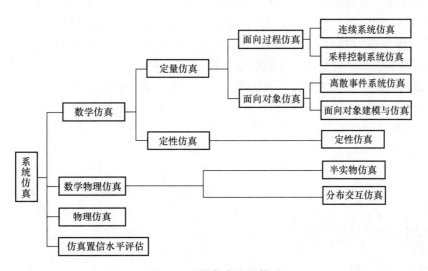

图 9-6　系统仿真方法体系

（3）模式识别理论。模式识别的目的是利用计算机对物理对象进行分类，在错误概率最小的条件下，使识别的结果尽量与客观物体相符合。模式分类的方法主要有数据聚类、统计分析、结构模式识别和神经网络。模式识别系统的基本构成如图 9-7 所示。

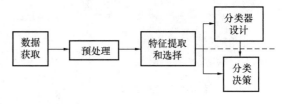

图 9-7　模式识别系统的基本构成

（4）计算机图形学。计算机图形学是研究怎样利用计算机来显示、生成和处理图形的原理、方法和技术的一门学科。计算机图形学的典型应用：CAD、可视化与可视计算、计算机动画。

（5）数据科学。数据科学的广义定义是研究探索网络空间中数据界奥秘的理论、方法和技术，研究的对象是数据界中的数据。研究对象是网络空间的数据，是新的科学。数据科学主要有两个内涵，一个是研究数据本身，研究数据的各种类型、状态、属性及变化形式和变化规律；另一个是为自然科学和社会科学研究提供一种新的方法，称为科学研究的数据方法，其目的在于揭示自然界和人类行为现象和规律。

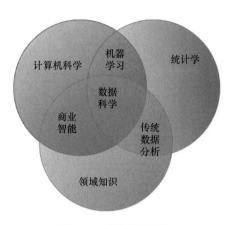

图 9-8　数据科学定义

数据科学的狭义定义：数据科学是研究数据的科学。它利用统计学知识和计算机技术对专业领域的对象进行现实大数据分析与挖掘及其他方式的数据处理，以使组织获取更大的经济效益（图 9-8）。

2. 数字孪生系统

数字孪生系统有传感器、控制器、数据、算法、模型、系统集成和智能管理决策平台七大组成部分，如图 9-9 所示，其中，传感器负责采集信号、传输感知数据；控制器是系统的核心，也是智能控制算法的物理载体，对系统起到核心调节和控制作用；传感器提供的物联网数据和生产管理数据合并形成数字孪生的数据来源；算法可以支撑数据挖掘分析技术开展数据分析、算法模型、可视化等工作；采用智能控制理论建立仿真模型，通过模型模拟和计算物理世界，纠正管控偏差；系统集成技术（包括边缘计算、通信接口、网络等）实现物理世界和数字世界之间的信息传输；智能管理决策平台可以通过大数据智能辅助管理者时间系统管理和全局决策。

图 9-9　数字孪生系统的组成

数字孪生系统的构建与开发包括目标与需求层、关键技术层、基础理论层、开发实现层和应用场景层。整个数字孪生信息物理系统的运行是一个动态平衡与自主优化的过程。

3. 数字孪生关键技术

数字孪生关键技术包括：

（1）操作系统：类 Unix 操作系统和 Windows 操作系统。

（2）调度处理芯片：CPU、GPU、NPU、FP-GA 现场可编程门阵列。

（3）工业物联网：SCADA 系统、OPC 标准化通信、云计算、大数据、传感器（被测物理量划分：温度、湿度、压力、位移、流量、液位、力、加速度、转矩传感器；传感器工作原理划分：电阻式、电容式、电感式、磁电式以及电涡流式等电学式传感器）、通信协议、网关、虚拟现实和增强现实、智能机器人。

9.3.2　应用现状

随着传感器技术、网络技术和智能硬件的不断发展，数字孪生技术取得了较好的应用成果，燃气行业也不断研究探索利用数字孪生技术，搭建了数字孪生智慧燃气系统体系架构（图 9-10），其中部分场景已经应用数字孪生，部分场景的应用还处于探索研究阶段。

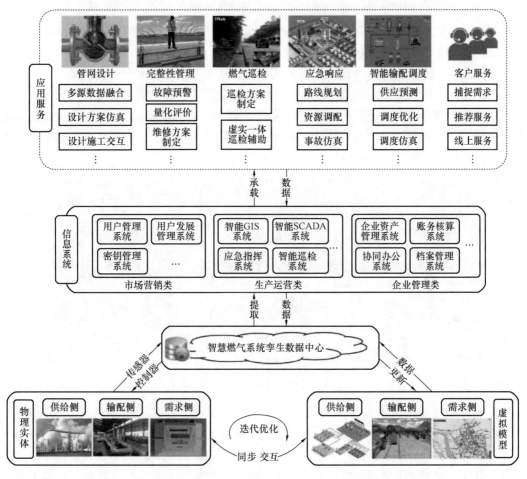

图 9-10　数字孪生智慧燃气系统体系架构

1. 数字孪生应用于燃气管道设计

燃气管道设计过程中，在数字孪生 3D 可视化管理平台展现管道系统的整体布局和结构，对设计方案全寿命周期内的输配调度、运行维护、应急响应等各项进行虚拟仿真，验证方案的安全性、可靠性、经济性等指标，经过迭代优化，确定最终方案。搭建虚拟仿真模型，结合历史需求、市场情况等需求信息，进行计算用户规模、预测用气量分布等用户需求分析与预测。施工过程中，利用传感器、三维扫描仪、人工测量等方式采集管道施工数据，对比实测数据与设计方案，核验施工过程并及时调整。

2. 数字孪生应用于燃气管道运行维护

数字孪生技术在燃气管道运行维护中广泛应用，包括燃气管道和设施的监测、控制、维护维修等。如通过内检测法、压力试验法、直接评价法等技术，对物理管道进行缺陷检测。将检测数据导入虚拟仿真模型，使用人工智能、大数据等技术对管道的剩余寿命、损失速率等状态进行评价分析，并将结果进行可视化呈现。识别风险因素并导入虚拟仿真模型进行仿真模拟，确定风险发生的可能性、严重性、可能的损失等结果，从而判定风险等级。利用虚拟仿真模型模拟确定维护策略，结合虚拟现实/增强现实、北斗定位等技术进行维护维修辅助，实现路线指引、操作预演、信息呈现等。

3. 数字孪生应用于燃气管道巡检

数字孪生技术在巡检人员管理、巡检数据记录及气体泄漏分析等方面发挥着重要作用。结合精确定位技术、设备及数字孪生可视化技术，对巡检人员进行精确的管理，实现巡检到位监督、巡检轨迹回放、巡检排班等功能，从而提高巡检人员的巡检效率。结合数字孪生技术与VR/AR、北斗定位等技术，辅助巡检操作，如利用无人机、无人巡检车实现自动巡检，对巡检人员进行埋地管道可视化指示、巡检项目提示等（图9-11）。利用无人巡检车、甲烷遥测仪等设备，精确探测燃气泄漏情况，同时，将测得数据与虚拟仿真模型结合，模拟燃气泄漏趋势，绘制燃气泄漏云图。

图9-11　机器人在进行无人化巡检

4. 数字孪生应用于燃气应急

数字孪生技术主要应用于燃气事故自动化接警处置。事故发生时，将事故类型、事故地点、管道参数等警情信息自动上报，并远程自动传输到燃气管道数字孪生数据中心。接警后，通过虚拟仿真模型确定紧急处置方式，并利用数字孪生虚实交互功能，从虚拟仿真模型对物理实体进行远程控制，如向周围民众发出警报、远程隔断、放散等操作。在紧急处置的同时，基于虚拟仿真模型对企业资源进行监视，确定如应急物资储备地点、应急人员所处状态等信号，实现应急资源的实时管理；根据应急资源与事故地点间的交通情况，结合GIS、北斗定位等系统，利用虚拟仿真模型规划最优路径，减少应急反应时间。

5. 数字孪生应用于燃气输配调度

基于数字孪生的燃气输配调度重点在于对供给侧、需求侧及输配侧进行虚拟仿真，并将仿真策略应用到物理实体中。数字孪生技术可用于需求预测、供给预测及调度方案的计算和仿真。基于供给侧、需求侧相关数据，利用虚拟仿真模型进行多气源/多压力级制/多时段/多地区等不同条件下的供给预测与需求预测。在供给预测时，结合燃气气源，如生物制气、煤制气、LNG等多种气源，保证供气的多样性与安全性。基于燃气系统物理实体输配侧相关数据，结合供给预测与需求预测，对输配方案进行仿真。确定输配调度优化目标，如压力均匀程度、供气稳定程度、设备磨损要求等；确定约束条件，主要包括气源供气压力与管道压力界限；利用虚拟仿真模型仿真不同参数下的输配调度策略，确定最优压力、流量、阀门开合角度等参数。

9.3.3　存在问题

1. 数据采集体系不足以支撑数字孪生的应用

孪生数据是数字孪生应用的核心驱动力，近几年，燃气管道信息化建设已经在覆盖面、渗透率和存储量上有了明显的进步，这为燃气数字孪生管道的建设提供了丰富的数据来源。但是传统的燃气管道数据只是包含燃气管道基础数据，但要充分发挥数字孪生技术的优势，基础数据不足以支撑，须进一步探索数字孪生的数据需求体系，建立完善的数据采集体系，获得完整、准确的基础数据、运行数据、维护数据、安全数据等，导入数字孪生平台，结合相关的仿真模拟模型，模拟仿真燃气管道的历史情况、实时情况，更加高效高质的协助燃气管道全过程管理决策。

2. 数字孪生在燃气管道应用场景少

数字孪生技术目前在燃气领域只是初步应用，未能在燃气管道规划、建设、运维管理、安全管理、应急管理等全过程深入应用。现在数字孪生平台，大多实现了燃气管道基础数据、巡检数据、应急数据等整合汇总并实时展示，但是没有挖掘其中的数据价值，不能实现运用数字孪生制定运维管理方案、巡检方案、应急策略等，应用场景还局限于表层，未能将应用场景深入。

9.3.4　提升建议

1. 完善燃气管道数据采集体系，支撑数字孪生发挥作用

以燃气管道完整性管理为导向，分析数字孪生数据需求，搭建集用户数据、管道基础数据、运行数据、巡检数据、风险数据、维护数据、应急数据等的数据框架，明确数据标准，采用人工测量、传感器、三维扫描、无人机、人工智能记录等方式采集地下燃气管道数据，通过大数据手段集成融合燃气管道数据，形成完整准确的燃气管道数据资源，导入数字孪生平台支撑燃气管道管理工作。

2. 深化数字孪生技术应用，推动燃气管道数智化治理

探索扩展数字孪生技术在燃气管道的应用场景，不局限于表面的收集数据、汇总数据、展示数据，进一步发挥数字孪生的智慧决策作用。一方面，加强数字孪生技术在日常运维的作用，实时记录上传管道运行和巡检数据，通过神经网络等技术，迭代分析运行状况和巡检效果，助力于运行方案和巡检计划的更新；另一方面，加强数字孪生技术在应急处置过程中的作用，融合警情上报数据、智能 SCADA 系统实时监测数据、事故现场采集数据及燃气管道虚拟仿真模型实时仿真数据，获得应急响应相关的综合数据，结合历史应急响应相关数据，仿真验证应急策略，确定最优应急策略，避免造成严重后果。

第四篇 借 鉴 篇

第 10 章　法国燃气管道管理

10.1　管理模式

10.1.1　运营及监管模式

法国采用国家垄断模式运营天然气管道，由国家对基础设施进行大规模的投资，依靠国家垄断的力量使天然气产业步入成熟期。随后在欧盟建立统一天然气市场的背景下才迈出开放的步伐。

欧盟天然气管道监管机构包括欧盟委员会和各成员国政府监督机构。欧盟委员会主要负责制定政策法规和发展战略规划，监督法令执行，并将有关情况向欧洲议会和欧盟理事会汇报。各成员国政府监督机构主要负责争议处理，建立透明、有效的监管及控制机制，各环节业务分开，管道向第三方开放。

20 世纪之后，在欧盟陆续颁布和实施相关法规的背景下，采取垄断垂直一体化经营的原法国燃气集团（GDF）拆分成以原法国燃气苏伊士集团（GDF Suez）为母公司，GRT gaz（输气公司）、GrDF（配气公司）、Storagy（储气公司）、elengy（LNG 接收站）等为独立法人的子公司。在下游，法国地方省区与 GrDF（Engie 集团的子公司）、22 家城市燃气公司（主要位于法国西南和东部）签署特许经营协议，允许这些企业在特许经营期间为用户提供天然气产品及服务。法国将原来集上游资源采购、输送、配送和销售为一体的企业分拆为独立业务的企业，特别是在零售市场方面，政府按照欧盟天然气指令的要求，没有引入新的售气企业，只是将燃气企业原有的配气业务部门与售气业务部门进行分离，成立独立的配气、售气企业。

法国的天然气运营和监管是集中式的，主要由法国燃气公司在法国监管委员会的直接监管下从事资源生产、引进、运输和配送等各环节的业务。

10.1.2　安全管理体系

法国的相关法律规定了公民享有保障人们生活和生命免受伤害的权利。涉及法国的天然气行业，不仅要通过采用各种安全措施来保护用户生命和生活的需要，也要限制由能源设备的损坏引起的经济损失和给第三方造成的危害，要将事故和损坏造成的损失降低到最小的程度。

法国实行燃气公司、燃气电力监管局和独立财务单位以及政府安全部门三方面的管理和监督，燃气管道管理标准体系及技术体系是其管理和监督工作的主要依据，可分为 4 个层面，见表 10-1。

法国燃气管道管理标准体系及技术体系　　　　　　　　　　表 10-1

层面	支持文件
法律	欧洲燃气法令（EU 54/2003，EU 55/2003，EU 67/2004）、国家能源经济法、民法等法律
规定、标准	Seveso（高危燃气企业安全规程）、OHSAS 18001、ISO 14001
技术规范、安全管理技术	各类安全管理技术及各类燃气技术规范、RSDG-ARTICLE 15 和 RSDG-ARTICLE 17
企业内部规定	运行规程、工作准则等

法国燃气公司（Gaz De France）内部有一个专门的风险管理部门，被称为"风险专家"管理部，这个部门主要负责企业的内外部风险管理。顾名思义，管理部是由多位风险专家组成，这些风险专家的主要任务是分析企业内外部的风险因素和环境，制定企业的风险管理框架和年度风险管理计划；协助企业相关部门对各种安全事故进行调查和分析；对企业风险进行年度评估，并提交相应的报告；在日常工作中为各业务部门提供风险管理支持等，而企业日常运营中的安全管理只是其全部风险管理中的一个部分。该部门的风险专家不具有任何行政权力，只充当"智囊团"的角色，除定期为公司高层提供风险管理报告和建议外，还为相关的燃气抢修施工部门和技术部门提供安全咨询和支持。

10.2　运营管理

法国城市燃气管道历史悠久，部分城市燃气管道老化，法国燃气输配公司（GrDF）近年正在逐步推进城市燃气管道改造，在改造超龄管道的同时实现了管道的优化升级。管道改造中，通过采取安全措施，大幅提高了中压直供气的比例，降低了区域调压站的数量，缩小了燃气管道口径，在确保安全的前提下，大大降低了管道改造投资。管道改造后，城市燃气二级管网基本成环状结构，每个环保证有两个调压站供气，环与环之间用连通阀门连接，既保证了环网供应的可靠性，也缩短了事故切断供气的时间。

10.2.1　燃气泄漏检测体系

GrDF 根据法律法规框架要求，建立了合规、先进的燃气泄漏检测体系，针对不同的压力和材质，采取不同的巡查检漏频次。具体要求见表 10-2。

检漏设备一般具有无线远传功能，检漏数据及时上传、记录和保存，确保检漏数据可追溯的合规性要求。检测到漏点后，检修人员必须在 1h 内到场，超出时间到场需要说明原因。检漏车出车前必须用标准气校验，确保设备有效，反应时间小于 2s，测量数据包括 GPS 位置数据（1 次/s）和 CH_4 浓度数据；检测到浓度超过 1% 或有大面积可燃气体存在，必须立即报告主管人员。

<table>
<tr><td colspan="3" align="center">GrDF 燃气管道检漏频次要求</td><td align="right">表 10-2</td></tr>
</table>

管道压力	数量（km）	检漏频次
MPC 0.4～2.5MPa	7500	法律规定，最长 4 年 1 次 GrDF 根据管网状况制定不同管道的检漏频次； MPC（0.4～1.6MPa）、MPB 管道 4 年 1 次； MPC（2.5MPa）管道 1 年 1 次； 新管道投运 24h 内检漏 1 次，1 年内再检漏 1 次； 特殊管道（无阴极保护等）1 年 1 次； BP（主要是老旧铸铁管道）4 月 1 次； 大客户管道按合同约定的周期检漏
MPB 0.1～0.4MPa	183600	
BP 2.1kPa	8900	

10.2.2　地下管线地理信息

GrDF 响应法律要求，积极推动地下管线地理信息精度达标。法国地下管线地理信息精度分为 A、B、C 级，不同精度管道的保护范围和保护措施见表 10-3。目前 GrDF 约97％管线定位精度达到 A 级，对于精度达不到 A 级的部分已制定探管计划，委托第三方专业队伍，提高精度，要求在 2020 年完成全部城镇管线的定位精度达标，2026 年完成乡村管线达标。具体要求见表 10-3。

<table>
<tr><td colspan="4" align="center">GrDF 燃气管线定位精度与保护要求</td><td align="right">表 10-3</td></tr>
</table>

管道定位精度		管道保护范围		管道保护措施
A 级	钢管≤40cm PE 管≤50cm	距离管道外壁		保护范围不得机械开挖
		钢管 40cm	PE 管 50cm	
B 级	1.5m	距离管道外壁 1.5m		
C 级	无具体位置	—		

10.2.3　应急响应体系

GrDF 建立了成熟、高效的应急响应体系，以满足政府的管控要求。GrDF 对社会和用户承诺，在接到燃气泄漏报警电话后，他们的应急人员将在 30min 内到达现场。为达到这个承诺，GrDF 设立了完整的应急响应梯队体系，比如在巴黎设有 20 多个应急抢险队，每个应急抢险队管理区域为 1h 车程范围，每个应急抢险队有多个技术员，技术员配有 GPS 定位的检修车。技术员一般单兵作业，ZEPIG 配置技术员的数量与每年该地区的应急事件有关。技术员既是巡检技术员，又是抢修技术员，一般在 4 个月中，一个技术员做 3 个月管线巡检，做 1 个月应急抢险。GrDF 的应急响应体系能够支撑法国每年 100 多万个报警电话，以及相关的燃气应急处置。在应急响应体系中，运营中心主任有明确的职责，负责重大事故抢险指挥，保障人员生命财产安全比保障供气更优先，与消防、警察、电力协调沟通，指挥尽快消除风险并修复管道设施。

10.2.4　产销差管理

完善产销差管理，产销差管理是燃气企业共性话题，不分国界，也是 GrDF 的管理主线之一。对于 GrDF 这样的纯配气企业翻译为气损（unaccounted for gas）更合适，其气损率约为 0.73%，气损可以计入管输费中进行补偿，或者国家直接财政补贴，但 CRE（国家能源调控委员会）有严格的核算和监管措施。非技术气损主要有窃气、进出交接点计量表缺失，技术气损主要包括运维过程中跑冒滴漏、计量表读数不精确、新建或更新管道初始气。GrDF 严格强化气损管理，认为气损管理是企业效益和社会责任的双重体现，并采取了诸如更换灰口铸铁管（或原管道中穿管）、做好低压管道压力管理、规避第三方破坏、实施计量表智能化等降低气损的有效措施。

10.3　安全管理

10.3.1　燃气安全管理信息系统

依托燃气安全管理信息系统，法国燃气公司对管道实行严格管理，从设计安全和风险分析着手杜绝一切可能的安全隐患，借助风险管理工具建立燃气安全管理信息系统。该系统作为综合管理系统，在法国燃气的安全管理中发挥着举足轻重的作用（图 10-1）。

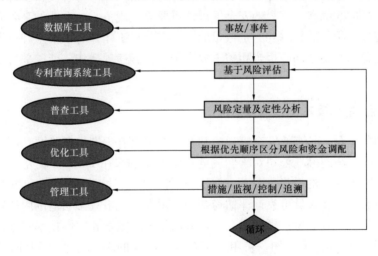

图 10-1　燃气安全信息关系流程图

10.3.2　专业抢修体系

以巴黎地区为例，法国燃气（GDF）在巴黎设有一个呼叫中心和 23 个区域抢修所，负责巴黎地区的燃气抢修事故，当然还有其他技术部门的支持。呼叫中心的工作主要是负责接听用户电话，为用户提供建议和技术支持，遇到有燃气事故，要及时传递给巴黎地区的各抢修所。该呼叫中心业务涵盖的用户达到 360 万户，每年接听电话 28 万个，其中和燃气有关的电话有 13.5 万个，占总电话处理量的 48.2%。呼叫中心在接到燃气事故报告后，要在 5min 内给用户答复，告诉用户最简单、有效的处理办法；同时，通知抢修所在30min 内赶到事故现场实施抢修作业。

10.3.3　专业化培训

燃气是一种危险的燃料，安全设计和有效的更新、维修作业只有通过有技术能力的作业人员才能实现，这就需要有技术能力的工程师对员工进行指导和培训。法国燃气公司每年会对本企业的员工进行不同层次的培训，特别是一线作业人员。培训由法国燃气协会来组织，他们负责对培训需求进行分析，设立培训程序，进行培训考试，颁发培训资格证书等。只有通过培训考试取得合格资质的人员方可入户作业。目前，国内的燃气公司还没有一套完整的培训机制，这也是安全事故频繁发生的原因之一。

10.3.4　实施定期检查

法国燃气公司、燃气及电力监管部门、政府能源部门对安全事故实施三方管理，其管理的依据是安全标准——96/82/EC 指令，该指令被称为 Seseso Ⅱ，用于确保在高危险性行业持续有效地使用高水平保护。一方面，政府和监管部门会派出燃气监控人员定期到法国燃气检查，如果发现隐患则提出警告，若在 30d 内未采取措施，政府和监管部门可上告到法院或要求公司停牌。另一方面，法国能源部每年会颁发一个燃气安全许可证，要求燃气公司提供以往的案例和一整套的安全管理体系及操作规范，由企业的高管人员签订一个承诺书，即有哪些相关的技术和一定数量的人员在公司工作。有了安全许可证后，燃气企业要定期向能源部的安全部门报告相关事故案例，如有违规操作，能源部可以向法院进行起诉。

10.3.5　安全管理技术

全面识别危险源，是有效安全管理的基石，如果没有识别出危险源，那么就无法制定措施和移植风险。法国燃气公司对于燃气危险源的识别采用 FMEA 研究、危险及可操作性分析（HAZOP）、人的可靠性分析（HRA）等工具。对于燃气事故和事件频率的计算是以设备故障数据库和人员可靠性评估为基础，识别重大事故影响范围内的敏感性和环境接受因素，并建立后果模型。模型建立后，采用相关的定量和定性技术实施评估，并参考适用的国家/公司风险标准。如，采用基于对人的因素的评估方法（THERP）和基于对组织失误的评估分析方法（TRIPOD）。依据评估结果制定各种措施和要求，最后形成安全报告，报告结果包括重大事故环境影响评估、事故后果分析和环境调查结果，以及风险管理建议等。

法国燃气公司将这些安全管理技术措施融入到日常的安全管理工作中，建立起一种流程安全管理模式。流程安全管理模式涉及流程监督、理念选择、危险源识别、后果评估、风险评估、预启动、行动响应审核和经营过程中的检查与审核。它的主要目标是制定计划、系统和程序，防止燃气及有毒物质的意外释放而造成有毒影响、火灾或爆炸。此外，流程安全管理模式在法国燃气公司还被用于解决与流程经营性、生产效率、稳定性和质量输出相关的问题，从而为企业提供安全规范，防范意外事件的发生。

第 11 章　英国燃气管道管理

11.1　管理组织体系

英国的燃气供应模式基本是生产商、销售商、管网运营商、供应商四个部分，已形成了完全开放的燃气市场，依靠有效的监督管理机制和手段，促进良性竞争。这种模式在燃气法、公用事业法、竞争法、安全健康法等多个基本法案以及一系列配套的法律条例的支撑下，通过政府、行业以及企业的共同协作来得以实现。

主要的政府监管部门及管理平台包括：HSE（健康与安全执行局）是英国国家性的对工作场所的健康与安全进行监管的机构；Ofgem（燃气与电力市场管理办公室）对参与燃气销售、输配业务的企业发放经营许可执照和进行市场监管；JOOGT（燃气输送商联合办公室）依照 UNC（管网规则）对参与燃气供应链的各方进行管理协调（对燃气企业的商业制度进行监管）；独立的 XOServe 管理平台为参与燃气的供应和输送的各方提供规范、统一的合同框架服务（和中央数据服务）；政府和企业的 HSE 机构对所有涉及安全健康方面的管理、运行、操作行为进行监督；独立机构 Lloyds Register 根据 GIRS（燃气工业注册方案）对 IGT 或者 UIP（公用事业基础设施提供商）等的设计、建设、项目管理等资质进行审核。正是依赖以上这样一个严密监管体系的有效运作，为实现开放、竞争、有序的燃气市场奠定了基础。

11.2　法律法规体系

英国与管道安全相关的法律法规主要有《1974 年工作场所健康与安全法》《1985 年石油与管道法》《1992 年水上交通安全法》《1992 年海上安全法》《1995 年天然气法》等 4 部法律。根据法律制定的相应法规有《1996 年天然气安全（管理）条例》《2003 年管道安全条例（修正案）》《2000 年压力系统安全条例》《2005 年海上设施（安全状况）条例》和《2015 年重大事故隐患控制条例（修正案）》等，其中《2003 年管道安全条例（修正案）》是英国管道安全监管的重要法规。

英国除法律法规外，还有大量的可执行层面的相关规程和指南。关于油气管道安全管理比较重要的规程和指南有《1996 年管道安全条例指南》《1996 年天然气安全（管理）条例指南》《重大事故隐患管道应急计划进一步说明》《1996 年管道安全条例第 13A 条款指南》《避免对地下设施造成损害办法》和《1999 年重大事故隐患条例指南》6 项，目前正在制定或等待批准的指南有 6 项。

各级政府和 HSE（健康与安全执行局）均有权对所有涉及安全健康方面的管理、运行、操作等行为进行监督。HSE 本身是非部门性质、受就业及退休保障部资助的公共团体。然而根据《1974 年工作场所健康与安全法》赋予的权力，其成为健康与安全方面法律法规的监管者和执行者，并直接对内阁大臣负责。HSE 制定了《执行政策说明（EPS）》和《执行管理模型（EMM）》，并就具体履行监管职责与当地机构（LAs）合作，联合开展关于保障在工作场所的健康与安全的监管工作。其所进行的监管包括但不限于指导、检查、建议、协调、调查和报告等，而对于企业或个人违反安全健康法律行为的处置是相当严厉的，其所受的处罚包括但不限于被约谈、撤销申请、变更执照或免税额、警告和提起诉讼等。通过立法的形式来强化对管理的要求，是英国政府为实现全方位的安全管理所做出的实践与行动。

11.3 安全管理体系

英国在燃气安全管理方面有相当丰富的经验，英国燃气公司成立至今已有 150 多年，在生产、运输、销售等渠道上积累了丰富经验，开发了很多方面的技术和服务。目前整个欧洲采用的都是英国的安全体系和标准。

11.3.1 安全管理理念

在英国的管理理念里，追求的是"安全型管理"，而不是简单的"管理安全"，"安全"绝不是孤立的概念，也绝非某一机构、部门或个人的职责，对于安全的需求是全方位的，应该贯彻到企业日常管理的每一个环节中。由于在整个管理运作的流程中，任何一个不规范的行为都可能造成严重后果，因此必须始终严格执行各种管理制度、工作程序、操作规程，来实现对全过程的有效控制，从而达到本质安全。简而言之，控制过程才能控制结果。

燃气公司对管道管理非常严格，从设计安全和风险分析等多方面着手杜绝一切可能的安全隐患，同时通过投放广告宣传安全知识、向用户提供免费电话服务、在用户家安装气体探测器、安全调压阀、使用高标准的室内管道材料和设备，还有施工人员的支持等安全教育来推进安全管理。因此，英国的燃气泄漏事故发生频率较低。根据 2019—2020 年度 HSE 报告数据，因燃气爆炸引起的事故为 41 起，死亡 8 人。

11.3.2 规范的管理

与严格的法律体系和政府监管相呼应的是企业自身的规范管理。规范管理的关键在于工作的标准化，因此，制定和执行统一的工作标准显得尤为重要。针对目前 ISO（国际标准组织）、CEN（欧洲标准委员会）、BSI（英国标准协会）等对于燃气工业均有各自的标准，英国的燃气行业组织和一些实力企业纷纷投入力量，在上述各种标准的基础上进行整合，结合英国燃气行业和企业的实际，建立起自身的一套工作标准。目前，由 IGEM（英国燃气工程师与管理者协会）制定出台的一系列规范，已成为英国燃气行业较为权威的指导性文件。

作为英国燃气（管网输配）企业龙头老大的 National Grid 公司，也结合企业自身的管理需求，对于企业内部的管理和工作标准做了详细的分级、分类，从企业政策到管理程序、工作程序、操作说明、工程通告等，力求环环相扣、层层控制，为实现企业自身严格、规范的管理提供了保障。

11.4　管理支撑体系

11.4.1　资质与培训

一线的作业人员是否有足够的能力和资质胜任、是否有足够的意识来严格执行规程，将直接影响到整个安全管理过程是否最终有效。因此，英国燃气公司对于从业人员的资质要求非常严格，以确保所有操作行为都是规范、安全、可控的。因此，针对不同的岗位、工种、等级，都必须经历一系列相应的比较系统的理论结合实操的培训，经严格考核合格后才能获得上岗资格。同时，对于已取得资质从业人员的定期复审、资格升级等，同样必须经过严格的复训并考核。

作为全国性的安全监管机构，HSE 强制要求其所管辖的燃气公司所雇佣的管网操作工人在上岗前必须接受 SCO（操作过程中的安全控制）培训并会对掌握情况进行定期检查。SCO 体系包含以下几项内容：PtW（工作许可）、RO（常规操作过程）、NRO（非常规操作过程）和 FoA（工作授权）。针对具体岗位和企业的要求所接受的培训可以有所不同。

在英国，既有独立的对社会开放的专门培训机构，也有燃气公司内部设立的培训机构，但他们对培训的要求和标准是一致的，而且他们对培训内容的安排非常具有针对性和注重实用性。例如 National Grid 公司在 Hollinwood 的西北区域管网公司培训中心，其培训重点是针对企业内部一线工人的操作培训。中心设立了专门的工作间和实践场地，供受训人员进行实操训练和考核（如装表、穿管、灭火、查漏、疏散等）。其中还有一个非常实用的夜间报漏现场情景处置的实操培训点，设置了一个街道模拟实景，让受训人员进行接报查漏、数据记录、用户沟通、安全控制、人员疏散、情况报告等一系列行为的实践培训，确保受训人员最终对每一个步骤、细节和注意事项都能够熟练掌握，确保在实际工作中具备规范操作、冷静处置的能力。

11.4.2　技术应用

尽最大可能地避免对用户供应的中断，是英国城市燃气供应的首要任务。在输配、施工工艺中，相关技术手段的合理应用为持续、稳定的燃气供应服务提供了保障。技术应用均以提高管网系统性能、确保持续供应为目标。

在现场的排管建设、更新改造及急修施工时，对于各种不停气施工技术的应用是非常普遍的，一般采取临时旁通结合带堵的模式，如：快速灵活的 PE 管挤压式封堵；常规的阻气袋封堵；针对大口径高压力所研制和采用的管道封堵技术和设备等，也尽可能减少停气对用户所造成的影响。

承插式接口增湿防漏技术和接口注胶快速堵漏技术的应用，节省了管道更换改造所需的庞大费用。

新型入户旧管穿管技术的使用，在提高入户管安全性的同时，避免了大面积开挖破坏绿化、施工周期长等缺陷，对于用户停供的影响时间也可以压缩到最短。

　　此外，英国持之以恒收集管线信息，包括建设年份、设计标准、管道材料、衔接方式、压力级制等数据，准确掌握管网系统每一部分的基础信息和第一手资料，即便经历多次的产业结构调整、改革，相关的基础资料也得到了较好的移交和传递。

第 12 章　美国燃气管道管理

12.1　管理组织体系

美国的天然气市场经济高度发达，天然气管道运输与销售业务相分离，市场主体多元化，市场竞争激烈，上中下游及交易市场完全自由竞争。天然气管网的管理模式属于完全市场型，所有燃气企业均为私营公司，既包括众多私人所有的独立管道运输服务公司，也有综合能源公司的专业子公司，各类公司需取得许可证才有资格参与天然气运输。排名前30 的大型天然气公司控制着约 75％以上的州际管道（输气能力和管网长度），其中，Williams Gas、Kinder Morgan、Enterprise（ETP）、ONEOK 是美国最主要的管道运营商。

美国国家管道和危险材料安全管理局（Pipeline& Hazardous Materials Safety Administration，简称 PHMSA）是美国天然气管道输送的最高管理和监督部门。为推动城镇燃气管道运营管理及完整性管理的实施和执行，PHMSA 作为主管部门，牵头组织编制管道完整性管理规则（DIMP，Distribution Integrity Management Program）联邦法规，在法规制定以及实施过程中，美国的城市燃气企业、燃气协会、研究机构、公众代表和国家管道安全代表协会起到了至关重要的作用，且燃气协会组织培训帮助燃气运营企业理解和执行完整性法规，各机构职责和分工见表 12-1。

美国城镇燃气管理组织机构　　　　　　　　　　　　　表 12-1

英文名称	中文名称	主要职责
Pipeline& Hazardous Materials Safety Administration (PHMSA)	管道和危险材料管理局	制定法规、规范、组织编制 DIMP 调查报告
American Gas Foundation（AGF）	美国天然气基金会	编制城镇燃气基础设施完整性和安全性报告
Gas Pipeline Technical Committee（GPTC）	天然气管道技术委员会	编制城镇完整性管理指南
Common Ground Alliance（CGA）	公共地下设施联盟	建立 8-1-1 呼叫中心防止开挖损坏
American Public Gas Association（APGA）和 Security and Intergrity Foundation（SIF）	美国公共燃气协会、安全完整性基金会	开发完整性软件 SHRIMP
American Gas Association（AGA）	美国燃气协会	为运行人员提供教育和培训来帮助其执行完整性法规
American Public Gas Association（APGA）	美国公共燃气协会	
Midwest Energy Association（MEA）	中西部能源协会	
National Propane Gas Association（NPGA）	美国丙烷气体协会	
Southern Gas Association（SGA）	南方燃气协会	
Northeast Gas Association（NGA）	东北燃气协会	

12.2　法规标准体系

美国有着比较完善的法规标准体系。各大管道公司也大都参考国际标准，如 ASME、API、NACE、DIN 标准，形成了本公司的管理技术标准体系，把国际标准作为指导大纲，编制本公司的二级或多级操作规程，细化燃气生产运营管理的每个环节。

主要依据的法规标准见表 12-2。

美国燃气管道相关法规标准　　　　　　　　表 12-2

分类	相关标准
联邦法规	美国联邦法典第 49 部第 191 部分——天然气和其他气体的管道运输年度报告、事故报告以及相关安全条件报告； 美国联邦法典第 49 部第 192 部分——天然气和其他气体的管道运输的联邦最低标准
完整性管理标准	ANSI/GPTC Z 380.1 天然气长输与输配管道/燃气输配管道完整性管理指南* PHMSA 燃气管网完整性实施导则 ASME B31.8S—2009 输气管道系统完整性管理 CSA Z662 油气管线系统 CSA B51 锅炉、压力容器与压力管道规范
风险评价类	ASME B31G—2009 确定腐蚀管线剩余强度手册 NACE SP0502—2008 外腐蚀直接评价 NACE SP0206—2006 干气天然气内腐蚀直接评价 NACE SP0204—2008 应力腐蚀开裂直接评价 API 579—2007 服役适用性
检测类	API RP574—1996 管道系统组件检验推荐作法 API 577—2004 焊接检验和冶金 NACE RP0102—2010 管道在线内检测 API RP580—2009 基于风险的检测 API RP581—2008 基于风险的检测——基础源文件 NACE TM0109—2009 埋地钢质管道防腐系统地面不开挖检测方法 NACE TM0102—2002 管道防腐层导电性检测方法 NACE TM0497—2002 埋地钢质管道阴极保护测试技术 NACE RP0169—2002 埋地或水下金属管线系统的外腐蚀控制
维修与维护	API 570—2006 管道检验规范——在用管道系统检验，修理，改造和再定级 ASME PCC-2—2006 承压设备与管理修复
人员资格评定	ASME B31Q—2006 输气管道从业人员资质标准 ANSI/ASNT CP-189—2006 无损检测人员资格评定导则 API RP 1162—2003 管道操作者的公共注意项

注：ANSI/GPTC Z 380.1 天然气长输与输配管道，此标准由燃气管道技术委员会（GPTC）制定，主要是针对天然气管道的输送和输配的规定，附录中 G-192-8 章节为"燃气输配管道完整性管理指南"。

12.3　运营管理

12.3.1　运营监管

1. 管道泄漏准则及泄漏检测要求

在燃气输配方面，2006 年美国国会通过的《管道检查，保护，执法与安全》

（PIPES）法案第 9 章规定了管道设施维护的最低要求，该最低要求需要在输配系统运营商的管道完整性管理规则中予以考虑。联邦法规第 192.703 条明确了 2 个主要的基于性能的管道维护准则：

（1）每段不安全的管道段都必须更换、维修或解除在役。

（2）危险泄漏必须及时修复。

危险泄漏定义为"对人员或财产存在或可能存在的危险，需要立即维修或采取持续行动，直到情况不再危险为止的泄漏"。运营商的管道完整性管理规则中需明确危险泄漏的预防、检测、维修和报告程序。运营商需对泄漏进行分类，并确定泄漏处理的优先级。尽管未明确纳入法规要求中，美国国家标准委员会下设的气体管道技术委员会（GPTC）的《城镇完整性管理指南》中提供了管道泄漏修复的推荐性做法。该指南将泄漏的等级从 1 级（需要立即修复的泄漏）到 3 级（非危险性泄漏）进行分级。表 12-3 描述了 GPTC 的城镇完整性管理指南中对泄漏级别的定义。

气体管道技术委员会的城镇完整性管理指南中描述的泄漏等级标准　　表 12-3

等级	1	2	3
定义	需要立即修复或采取连续措施，直到泄漏不再危险的泄漏	检测到的非危险性泄漏，但未来可能发展为危险的、需要予以维修的泄漏	检测到的非危险性泄漏，预期未来也会保持其非危险性
建议措施	实施紧急维修和其他可能的措施，包括封路、报警等	1 个日历年度内维修，如果潜在危险较高，则需在更早的时间内维修	下一次巡查，或在泄漏报告的 15 个月内重新评估危险性，直到不再有泄漏迹象为止
示例	泄漏的燃气产生燃烧，或所测得的气体浓度达到其爆炸下限的 80％以上	在冻结或不利土壤条件下的泄漏可能会迁移到建筑物墙壁的外部，在密闭空间中泄漏的燃气浓度达到爆炸下限的 20％～80％	在密闭空间中泄漏的气体浓度小于爆炸下限的 20％

PHMA 对输配系统泄漏检测的最低要求如下：

（1）每个自然年度至少 1 次，两次之间的间隔不超过 15 个月。商业区必须使用设备进行泄漏检测，以便对气体泄漏点进行准确定位（例如，燃气、电力和给水供水系统的阀门井、检修孔和人行道/车行道的裂缝等）。

（2）在商业区之外，每 5 年必须至少执行 1 次泄漏检测。对于未有阴极保护的输配管道，必须每 3 年进行 1 次泄漏检测。

2. 运营数据报告

PHMSA 要求运营商每年报告相关运营数据，包括主干管道材质、直径、里程，庭院管道材质、直径、里程、年度更换或修复的漏点数量，开挖造成的破坏等。另一个上报的重点是是事故情况。事故是指从输配管道排放气体，导致下列情况之一或任何一种组合：

（1）人员死亡；

（2）需要住院治疗的伤害；

（3）估计财产损失 50000 美元或以上，包括对经营者和其他人财产的损失，或两者兼有，但不包括气体损失费用；

（4）无意造成的 300 万 ft³（立方英尺）或更多的天然气损失；

（5）在运营商的判断中是重要的，即使它不符合上述 4 个标准中的任何一个。

如果发生事故，必须在发现后 12h 内电话报告给国家反应中心，电子事故报告必须在 30d 内提交至 PHMSA，事故报告应包括事故的原因、影响和其他特征的详细信息。

12.3.2　腐蚀控制

美国燃气管道腐蚀控制遵从联邦法规的最低要求。腐蚀控制要求的完整文本可在美国联邦法典第 49 部第 192 部分中找到。

同时还遵从美国腐蚀工程师国际协会（NACE）的相关要求。NACE 是世界上最大的推广和传播腐蚀知识的组织。NACE 标准是该技术协会为腐蚀预防和控制领域设定的非强制性指南。NACE 技术标准体系在全球管道腐蚀控制领域发挥了重要作用。

从事腐蚀控制的人员应具有相应资质。腐蚀控制操作人员需按照法规规定的程序进行合规操作。

阴极保护准则方面：要求管道运营商可以满足五条管道阴极保护准则其中任何一个要求即可。大多数管道系统都是按照准则 1 进行设计和管理的：在施加保护电流时，在管道和饱和铜－硫酸铜参比之间测量的电压至少为－0.85V（考虑 IR 降）。

阴极保护种类方面：牺牲阳极系统和外加电流（整流）系统。当应用合理时，外加电流系统是阴极保护的首选方法。

腐蚀控制实施方面：1971 年 7 月 31 日以后安装的所有埋地金属管道都必须经过适当的防腐层涂敷，并设计有阴极保护系统，以保护整个管道。新建的金属管道在安装前必须进行涂装，并且必须有阴极保护系统。1971 年 8 月 1 日以前安装的金属管道（裸管或防腐涂层管），所有的地下天然气输送系统，包括与调压和测量站有关的地下管道，必应积极地考虑追加阴极保护、修复或更换。

12.4　安全管理

12.4.1　数据基础建设

美国运输部（Department of Transportation，DoT）PHMSA 从 1970 年开始收集统计城市燃气管道长度、材质、管径、泄漏事件、泄漏原因、事故原因等数据，具有统一的数据采集模板，并且根据数据质量情况不断更新及优化，且数据对外公开。在编制完整性管理规范的同时，编制完整性管理软件 SHRIMP，建立防第三方破坏的"8-1-1"呼叫系统。SHRIMP 满足 DIMP 法规中 7 大要素要求，内置有 PHMSA 年报中管道基础信息及数据，根据具体的施工、检测及维修历史产生问题来评价 DIMP 规则中所要求的 8 种隐患，在此基础上建立风险评价数学模型，提供风险控制措施及效能评价方法。

12.4.2　防第三方破坏

"8-1-1"呼叫中心成立于 2007 年，由美国公共地下管线联盟（CGA）运行管理，该联盟成员包括城市燃气运营商在内的地下设施运营商、保险业及相关委员会。要求任何施工作业方于开挖之前必拨打"8-1-1"，联系呼叫中心，告知其开挖计划。燃气运营商会根据开挖所在地点管道的情况，提出开挖意见，标示管道位置，并对开挖地段管道进行监测，以减少开挖破坏。

12.4.3　风险管理

根据管道失效数据分析，输配管道完整性管理软件（SHRIMP）中将影响管道的风险因素分为八类，即腐蚀、自然外力、开挖/机械损坏、其他外力损坏、材料和焊接、误操作和设备失效以及其他可能影响管道完整性的威胁因素。详见表 12-4。

事故数据分类

表 12-4

一级类别	腐蚀	自然外力	开挖/机械损坏	其他外力损坏	材料和焊接	误操作和设备失效	其他
二级类别	外腐蚀、内腐蚀	地土体移动、闪电、暴雨/洪水、温度、狂风	运营商开挖、第三方开挖	火灾/爆炸、与开挖无关的车辆、早已损坏的管道、故意损坏	管道材料、接头、焊接接头、填角、焊缝	故障、管道破裂、密封泄漏、误操作	其他综合因素

第五篇 展 望 篇

第 13 章 地下燃气管道发展趋势

近年来，我国出台了多项城市燃气生产和供应支持政策，加快发展城市燃气管道建设。2022 年 6 月，国务院发布《城市燃气管道等老化更新改造实施方案（2022—2025年）》，我国在"十四五"期间将重点开展城市燃气管道老化更新改造工作。未来我国燃气管道需求将表现为"新增＋改造"双轨高速发展的趋势。同时，随着国家能源结构的调整及双碳目标的发展趋势，燃气管道的发展趋势不仅仅是单一的燃气输送，而是向多能互补方向发展。例如，燃气与太阳能、风能等可再生能源的结合，可以实现能源的互补利用，提高能源利用效率，同时也能够减少对环境的污染。此外，在施工管理方面也向智能化、绿色化方向发展。例如，采用新型材料、新工艺、新技术等手段，可以提高管道的建设质量和效率，同时也能够减少对环境的影响。

13.1 智能化建设发展，助力燃气管网安全运维

随着科技的不断进步，地下燃气管网将更多地采用智能感知技术、机器人技术、无损检测技术等，融合物联网大数据、云计算、人工智能等信息化技术，实现基础信息全面管理、传感设备精准布控、监测预警高效联动，逐步建立完善的管网信息化系统，对管网进行精细化管理。推进城镇燃气运行全面感知、自动采集、监测分析、预警上报，通过实时有效的动态风险预警与多渠道、多部门的信息联动，为风险防控、隐患治理、抢险抢修、人员疏散避险、应急处置等多方面提供助力，从而打造全方位、多维度、一张图的"智慧型"综合管网管理平台，实现城市地下管网全生命周期的数字化、智能化管理，提高管网的运行效率和安全性。

13.2 燃气管道节能减排，推动绿色低碳转型发展

随着光伏、可再生分布式供能技术、智能化技术的发展，城市燃气管道输送过程中的节能减排得以实现。通过优化供气管网布局，采用智能化管理系统，实现对供气、抢修、改造过程的精细化控制，最大限度地减少天然气的浪费。通过引进高精度监检测设备及时发现管道设施微漏、第三方破坏，第一时间进行维抢修，有效减少天然气排放量。采用高效燃烧设备对门站的加热系统进行改造，实现最大化节能应用，采用压差发电、LNG 冷能利用等能源综合利用技术，实现管网输送过程中能源的高效利用，通过光伏、固体氧化

燃料电池、氢燃料电池等分布式功能系统的引入，为管网输送端的监控设备、站房供电。通过技术、设备、分布式功能引入，逐步形成包含多种低碳能源的技术储备体系，实现城市燃气管网输送过程中的绿色低碳转型。

13.3　燃气管道掺氢输送，盘活在役管道设施资源

随着"碳达峰，碳中和"目标的提出，非化石能源，尤其是可再生能源未来将成为我国能源体系的基石，现有的天然气供应体系将会发生转变，燃气企业也将多方位布局能源转型发展。氢能是最清洁的能源，在"双碳"背景下，氢的大规模运用是一个重要的发展方向，氢能用途广泛，且在可再生风能转化为电能的过程中发挥重要的储能作用。然而，氢气的运输是制约氢能发展的关键难题，利用在役管道掺氢输送是未来氢气运输环节的发展趋势。在"双碳"目标的不断实施过程中，城市燃气也将面临天然气减量发展趋势，利用现有在役管道掺氢输送一方面可盘活管道设施资源，另一方面可实现碳减排。然而，燃气管道掺氢输送将对管道安全运维带来一定的挑战，有必要开展相关技术研究，保障管道安全掺氢、安全运维。

附录 1 相关法律法规列表

附表 1-1 燃气管道相关国家层面法律法规

序号	法律法规名称	颁布机构	首次颁布时间	最新版实施时间
1	《中华人民共和国突发事件应对法》	全国人民代表大会常务委员会	2007年8月30日	2007年11月1日
2	《中华人民共和国石油天然气管道保护法》	全国人民代表大会常务委员会	2010年6月25日	2010年10月1日
3	《中华人民共和国特种设备安全法》	全国人民代表大会常务委员会	2013年6月29日	2014年1月1日
4	《中华人民共和国劳动法》	全国人民代表大会常务委员会	1995年1月1日	2018年12月29日
5	《中华人民共和国城乡规划法》	全国人民代表大会常务委员会	2007年10月28日	2019年4月23日
6	《中华人民共和国消防法》	全国人民代表大会常务委员会	2009年5月1日	2021年4月29日
7	《中华人民共和国安全生产法》	全国人民代表大会常务委员会	2002年6月29日	2021年9月1日
8	《建设工程安全生产管理条例》（国务院令第393号）	中华人民共和国国务院	2004年2月1日	2004年2月1日
9	《生产安全事故报告和调查处理条例》（国务院令第493号）	中华人民共和国国务院	2007年4月9日	2007年6月1日
10	《特种设备安全监察条例》（国务院令第373号）	中华人民共和国国务院	2003年3月11日	2009年1月24日
11	《危险化学品安全管理条例》（国务院令第344号）	中华人民共和国国务院	2002年1月26日	2013年12月7日
12	《城镇燃气管理条例》（国务院令第583号）	中华人民共和国国务院	2011年3月1日	2016年2月6日
13	《生产安全事故应急条例》（国务院令第708号）	中华人民共和国国务院	2019年4月1日	2019年4月1日
14	机关、团体、企业、事业单位消防安全管理规定	中华人民共和国公安部	2021年11月14日	2002年5月1日

序号	法律法规名称	颁布机构	首次颁布时间	最新版实施时间
15	消防监督检查规定	中华人民共和国公安部	2004 年 6 月 9 日	2004 年 9 月 1 日
16	《高层民用建筑消防安全管理规定》	应急管理部	2021 年 6 月 21 日	2021 年 8 月 1 日

附表 1-2　燃气管道相关地方层面法律法规

序号	省（自治区、直辖市）	地方性法规	最新实施时间
	主要省份		
1	河北	《河北省城市地下管网条例》	2015 年
2		《河北省燃气管理条例》	2020 年
3	广东	《广东省燃气管理条例》	2010 年
4		《广东省特种设备安全条例》	2015 年
5	四川	《四川省燃气管理条例》	2016 年
6		《四川省城镇地下管线管理办法》	2016 年
7	陕西	《陕西省城市地下管线管理条例》	2013 年
8		《陕西省特种设备安全监察条例》	2014 年
9		《陕西省燃气管理条例》	2015 年
10	海南	《海南省燃气管理条例》	2013 年
	自治区		
11	宁夏	《宁夏回族自治区燃气管理条例》	2015 年
12		《宁夏回族自治区城镇地下管线管理条例》	2017 年
13	广西	《广西壮族自治区燃气管理条例》	2019 年
	直辖市		
14	北京	《北京市供热采暖管理办法》	2010 年
15		《北京市燃气管理条例》	2021 年
16	上海	《上海市燃气管理条例》	2016 年
17		《上海市燃气管道设施保护办法》	2018 年
18	天津	《天津市燃气管理条例》	2018 年
19		《天津市地下空间规划管理条例》	2018 年
20	重庆	《重庆市天然气管理条例》	2020 年
21		《重庆市特种设备安全条例》	2020 年

附录 2 相关国家标准、行业标准

附表 2 燃气管道相关国家标准、行业标准

序号	标准名称	标准编号
1	液化石油气	GB 11174—2011
2	水及燃气用球墨铸铁管、管件和附件	GB/T 13295—2019
3	城镇燃气分类和基本特性	GB/T 13611—2018
4	人工煤气	GB/T 13612—2006
5	压力容器	GB/T 150.1~ GB/T 150.4—2011
6	可燃气体探测器 第1部分：工业及商业用途点型可燃气体探测器	GB 15322.1—2019
7	可燃气体探测器 第3部分：工业及商业用途便携式可燃气体探测器	GB 15322.3—2019
8	可燃气体探测器 第4部分：工业及商业用途线型光束可燃气体探测器	GB 15322.4—2019
9	燃气用埋地聚乙烯（PE）管道系统 第1部分：管材	GB/T 15558.1—2015
10	燃气用埋地聚乙烯（PE）管道系统 第2部分：管件	GB/T 15558.2—2005
11	燃气用埋地聚乙烯（PE）管道系统 第3部分：阀门	GB/T 15558.3—2008
12	可燃气体报警控制器	GB 16808—2008
13	天然气	GB 17820—2018
14	埋地钢质管道腐蚀防护工程检验	GB/T 19285—2014
15	钢质管道外腐蚀控制规范	GB/T 21447—2018
16	埋地钢质管道阴极保护技术规范	GB/T 21448—2017
17	埋地钢质管道聚乙烯防腐层	GB/T 23257—2017
18	燃气输送用不锈钢波纹软管及管件	GB/T 26002—2010
19	城镇燃气调压器	GB 27790—2020
20	城镇燃气调压箱	GB 27791—2020
21	钢制管道带压封堵技术规范	GB/T 28055—2023
22	低压流体输送用焊接钢管	GB/T 3091—2015
23	塑料管材和管件燃气和给水输配系统用聚乙烯（PE）管材及管件的热熔对接程序	GB/T 32434—2015
24	城镇燃气符号和量度要求	GB/T 36263—2018
25	连续铸铁管	GB/T 3422—2008
26	聚乙烯（PE）埋地燃气管道腐蚀控制工程全生命周期要求	GB/T 37580—2019
27	城市燃气设施运行安全信息分类与基本要求	GB/T 38289—2019

序号	标准名称	标准编号
28	压力管道规范　公用管道	GB/T 38942—2020
29	城镇燃气设计规范（2020年版）	GB 50028—2006
30	室外给排水和燃气热力工程抗震设计规范	GB 50032—2003
31	工业金属管道工程施工质量验收规范	GB 50184—2011
32	工业金属管道工程施工规范	GB 50235—2010
33	现场设备、工业管道焊接工程施工规范	GB 50236—2011
34	输气管道工程设计规范	GB 50251—2015
35	城市工程管线综合规划规范	GB 50289—2016
36	工业金属管道设计规范（2008年版）	GB 50316—2000
37	油气输送管道穿越工程施工规范	GB 50424—2015
38	油气输送管道跨越工程设计规范	GB/T 50459—2017
39	油气输送管道跨越工程施工规范	GB 50460—2015
40	油气输送管道线路工程抗震技术规范	GB/T 50470—2017
41	城镇燃气工程基本术语标准	GB/T 50680—2012
42	现场设备、工业管道焊接工程施工质量验收规范	GB 50683—2011
43	埋地钢质管道交流干扰防护技术标准	GB/T 50698—2011
44	燃气系统运行安全评价标准	GB/T 50811—2012
45	城市综合管廊工程技术规范	GB 50838—2015
46	大中型沼气工程技术规范	GB/T 51063—2014
47	城镇燃气规划规范	GB/T 51098—2015
48	压缩天然气供应站设计规范	GB 51102—2016
49	液化石油气供应工程设计规范	GB 51142—2015
50	人工制气厂站设计规范	GB 51208—2016
51	天然气液化工厂设计标准	GB 51261—2019
52	燃气工程项目规范	GB 55009—2021
53	输送流体用无缝钢管	GB/T 8163—2018
54	燃气用钢骨架聚乙烯塑料复合管及管件	CJ/T 125—2014
55	燃气用埋地孔网钢带聚乙烯复合管	CJ/T 182—2003
56	管道燃气自闭阀	CJ/T 447—2014
57	燃气输送用不锈钢管及双卡压式管件	CJ/T 466—2014
58	城镇燃气设备材料分类与编码	CJ/T 513—2018
59	燃气输送用金属阀门	CJ/T 514—2018
60	燃气工程制图标准	CJJ/T 130—2009
61	城镇燃气报警控制系统技术规程	CJJ/T 146—2011
62	城镇燃气管道非开挖修复更新工程技术规程	CJJ/T 147—2010
63	城镇燃气加臭技术规程	CJJ/T 148—2010

序号	标准名称	标准编号
64	城镇燃气标志标准	CJJ/T 153—2010
65	城镇燃气管网泄漏检测技术规程	CJJ/T 215—2014
66	燃气热泵空调系统工程技术规程	CJJ/T 216—2014
67	城镇燃气管道穿跨越工程技术规程	CJJ/T 250—2016
68	城镇燃气自动化系统技术规范	CJJ/T 259—2016
69	城镇燃气工程智能化技术规范	CJJ/T 268—2017
70	城镇燃气输配工程施工及验收规范	CJJ 33—2005
71	城镇燃气设施运行、维护和抢修安全技术规程	CJJ 51—2016
72	聚乙烯燃气管道工程技术标准	CJJ 63—2018
73	城镇燃气埋地钢质管道腐蚀控制技术规程	CJJ 95—2013
74	城镇燃气雷电防护技术规范	QX/T 109—2021
75	钢质管道熔结环氧粉末外涂层技术规范	SY/T 0315—2013
76	燃气管道系统用聚乙烯（PE）专用料	SH/T 1768—2009
77	城镇燃气输送用不锈钢焊接钢管	YB/T 4370—2014
78	燃气管道用铜制球阀和截止阀	JB/T 11492—2013

附录 3 规范性文件

附表 3 燃气管道相关规范性文件

序号	发文机关	规范性文件名	发文文号	发文日期
1	国务院	《国务院关于加强城市基础设施建设的意见》	国发〔2013〕36 号	2013 年 9 月 6 日
2		《国务院关于促进天然气协调稳定发展的若干意见》	国发〔2018〕31 号	2018 年 8 月 30 日
3	国务院办公厅	《突发事件应急预案管理办法》	国办发〔2013〕101 号	2013 年 10 月 25 日
4		《国务院办公厅关于加强城市地下管线建设管理的指导意见》	国办发〔2014〕27 号	2014 年 6 月 3 日
5		《国务院办公厅关于推进城市地下综合管廊建设的指导意见》	国办发〔2015〕61 号	2015 年 8 月 3 日
6	国务院安全生产委员会	《国务院安全生产委员会关于印发〈全国城镇燃气安全排查整治工作方案〉的通知》	安委〔2021〕9 号	2021 年 11 月 24 日
7	应急管理部	《安全生产事故隐患排查治理暂行规定》	国家安全生产监督管理总局令第 16 号	2007 年 12 月 28 日
8		《生产安全事故应急预案管理办法》	国家安全生产监督管理总局令第 88 号	2016 年 6 月 3 日
9	住房和城乡建设部	《燃气经营企业从业人员专业培训考核管理办法》	建城〔2014〕167 号	2014 年 11 月 19 日
10		《燃气经营许可管理办法》	建城规〔2019〕2 号	2019 年 3 月 11 日
11		《住房和城乡建设部关于加强城市地下市政基础设施建设的指导意见》	建城〔2020〕111 号	2020 年 12 月 30 日
12	住房和城乡建设部工业和信息化部国家广播电视总局国家能源局	《城市地下管线工程档案管理办法》	中华人民共和国建设部令第 136 号	2005 年 1 月 7 日
13		《住房和城乡建设部 工业和信息化部 国家广播电视总局 国家能源局关于进一步加强城市地下管线建设管理有关工作的通知》	建城〔2019〕100 号	2019 年 11 月 25 日

续表

序号	发文机关	规范性文件名	发文文号	发文日期
14	发展与改革委员会	《天然气利用政策》	发展和改革委员会令第 15 号	2012 年 10 月 14 日
15		《天然气基础设施建设与运营管理办法》	发展和改革委员会令第 8 号	2014 年 2 月 28 日
16		《加快推进天然气利用的意见》	发改能源〔2017〕1217 号	2017 年 6 月 23 日
17		《国家发展改革委办公厅关于统筹规划做好储气设施建设运行的通知》	发改办运行〔2018〕563 号	2018 年 5 月 16 日
18	国家发展改革委办公厅	《关于规范城镇燃气工程安装收费的指导意见》	发改价格〔2019〕1131 号	2019 年 6 月 27 日
19	国家能源局	《石油天然气规划管理办法》	国能发油气〔2019〕11 号	2019 年 2 月 23 日

参 考 文 献

[1] 新华社. 习近平在第七十五届联合国大会一般性辩论上的讲话(2020-10-23)[EB/OL]. 中国政府网 http://www. gov. cn/xinwen/2020-09/22/content_5546168. htm.

[2] 段常贵, 等. 燃气输配(第四版)[M]. 北京: 中国建筑工业出版社, 2011.

[3] 李猷嘉. 燃气输配系统的设计与实践[M]. 北京: 中国建筑工业出版社, 2007.

[4] 吕淼. 2020年城市燃气行业发展现状及"十四五"的机遇与挑战[J]. 能源, 2021(6): 45-49.

[5] 欧阳丽, 王晓明, 赵建夫. 我国城乡规划体系下公用设施规划编制现状探析[J]. 现代城市研究, 2015(9): 49-55.

[6] 郝天文. 市政工程专项规划编制几点问题的探讨[J]. 城市规划, 2008, 32(9): 84-86.

[7] 林峰, 王健, 徐虹, 李佩. 深圳市燃气专项规划的编制实践[J]. 煤气与热力, 2018, 38(5): 35-38.

[8] 清华大学建筑节能研究中心. 中国建筑节能年度发展研究报告[M]. 北京: 中国建筑工业出版社, 2019.

[9] 国务院办公厅关于开展重大基础设施安全隐患排查工作的通知(国办发〔2007〕58号).

[10] 唐建国. 城市燃气管道管理理论与实践[M]. 北京: 石油工业出版社, 2019.

[11] 刘克会. 2017年中国城市地下管线发展报告[M]. 北京: 中国建材工业出版社, 2018年.

[12] 安成名, 牟南翔. 阴极保护极化电位远程监测技术在城市燃气管线的应用研究[J]. 城市燃气, 2011(10): 11-15.

[13] 宋永彬, 黄俊峰. 分布式光纤传感技术在油气管道安全预警系统中的应用[J]. 创新交流, 2016 (10): 55-58.

[14] 孟鑫伟. 基于光纤传感管道预警技术发展综述[J]. 综述专论, 2020(14): 182-183.

[15] 郭保玲, 乔佳, 董久樟, 等. 美国城市燃气管道完整性管理体系与成效[J]. 煤气与热力, 2021, 41(1): 后插36-后插39.

[16] 解东来. 美国燃气输配运营监管、管道更新改造和对我国的启示第一部分: 燃气输配运营监管要求[J]. 城市燃气, 2020(10): 前插2, 9-16.

[17] 马伟平, 贾子麒, 赵晋云, 等. 美国油气管道法规和标准体系的管理模式[J]. 油气储运, 2011, 30(1): 5-11.

[18] 帅健. 美国油气管道的安全管理体系研究[J]. 油气储运, 2008, 27(7): 6-11.

[19] 佘思维, 王毅辉, 陈晶, 等. 美国城镇燃气管道完整性管理基本架构研究[J]. 石油与天然气化工, 2016(2): 103-108.

[20] 杨玉锋, 周利剑, 张海健, 等. 美国城市燃气输配管道完整性管理研究[J]. 煤气与热力, 2013, 33(6): 79-83.

[21] 解东来. 美国燃气输配运营监管、管道更新改造和对我国的启示第四部分: 对我国城市燃气运营监管的借鉴与思考[J]. 城市燃气, 2021(1): 1-9.

[22] 金雷, 王一君. 开放市场环境下法国燃气分配公司发展经验及启示[J]. 城市燃气, 2013, 8 (462): 41-43.

[23] 汪红, 姜学峰, 何春蕾, 等. 欧美天然气管理体制与运营模式及其对我国的启示[J]. 国际石油

经济，2011，6：25-30.

[24] 吕建中，司云波，杨虹，等. 美俄欧天然气管网运营管理模式比较及启示[J]. 国际石油经济，2015，4：28-33.

[25] 张志. 法国燃气公司安全管理企业文化和模拟培训[J]. 煤气与热力，2017，37(5)：B40-B45.

[26] 马迎秋. 法国城市燃气管网介绍[J]. 上海煤气，2014(2)：36-40.

[27] 陈江. 浅析法国燃气企业良性政企关系[J]. 上海煤气，2019(5)：34-38.

[28] 李超. 法国 GrDF 企业发展和市场开发的战略应用及思考[J]. 上海煤气，2016(2)：44-47.

[29] 刘爱华，黄检吴，等. 城市燃气管道状况及燃气事故统计分析[J]. 煤气与热力，2017，37(10).

[30] 李为尧. 城市燃气管网安全运行影响因素分析及对策[J]. 化工设计通讯，2020 46(8)：2.

[31] 赵伟章，董征. 城市燃气概论[M]. 北京：石油工业出版社，2017.

[32] 薛亮，薛维栋. 嘉兴天然气 SCADA 系统生产运行管理平台的升级改造[J]. 上海建设科技，2020，(6)：65-67.

[33] 陆烁玮. 综合能源系统规划设计与智慧调控优化研究[D]. 杭州：浙江大学，2019.

[34] 维克托·迈尔-舍恩伯格，肯尼思·库克耶，ViktorMayer-Schonberger，等. 大数据时代：生活、工作与思维的大变革[M]. 杭州：浙江人民出版社，2013.

[35] 杜明芳，邢春晓. 数字孪生城市-新基建时代城市智慧治理研究[M]. 北京：中国建筑工业出版社，2021.

城市热力管道

第六篇 态 势 篇

第14章 概 述

14.1 城市供热行业概况

供热行业是城市发展的基础性产业，是北方城市赖以生存的重要基础，也是城市正常运行、居民安居乐业的重要保障。近年来，人们生活水平不断提高，对居住环境的舒适度要求也越来越高，黄河以南地区甚至长江以南地区城市也逐渐开始采用集中供热。

14.1.1 供热行业基本情况

近年来，随着我国经济的快速发展和城市规模的日益扩大，城市供热事业得到快速发展，供热设施规模显著增加。根据《中国城市建设统计年鉴（2021年）》统计数据，截至2021年，我国已有334个城市建设了集中供热设施，城市集中供热面积为106.03亿 m^2，其中住宅供热面积为80.57亿 m^2，公共建筑供热面积23.66亿 m^2。2000—2021年城市集中供热面积及同比变化情况见图14-1。

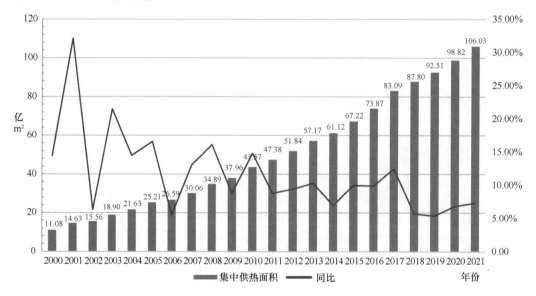

图 14-1 2000—2021 年城市集中供热面积及同比变化情况

从行政分区看，山东和辽宁城市集中供热面积超过 10 亿 m²；河北、黑龙江、山西、吉林、北京、内蒙古、河南和天津 8 个省（区、市）超过 5 亿 m²；陕西、新疆、甘肃、宁夏和青海 5 个省（区）超过 1 亿 m²；江苏、安徽、湖北、西藏、贵州、云南、四川、新疆 8 个省（区）不足 1 亿 m²；上海、浙江、福建、江西、湖南、广东、广西、海南和重庆 9 个省（区、市）无集中供热。

14.1.2　供热行业发展趋势

1. 规模越来越大

随着人们生活品质的逐渐提升，对于冬季供暖的需求越来越广泛，对于供热品质要求越来越高，一方面，许多南方城市将逐渐开始供暖，另一方面北方城市采用集中方式供热的建筑将越来越多，城市集中供热的规模会越来越大。

2. 注重绿色节能理念

城市供热在终端能源消费领域占有较大比例，将绿色节能理念融入供热行业，对于节约资源和促进环保具有重要影响，2010 年以来供热能源强度（即每平方米的终端能源消耗）每年下降约 2%。

3. 可靠性逐渐提升

在每年的供暖季，停热或供暖温度过低是各类城市管理问题中居民投诉最高的问题之一。现在各地正积极开展各种探索工作以避免或减少此类问题的发生。未来可以通过设计多热源联网供热的方式，提升供热可靠性。即多于一个的热源同时接入，当主供热源出现故障时其他热源可以即时补充供热，从而避免出现因人员故障导致的用户体验度降低或大事故的发生，最大限度地保证供热可靠性。

4. 智能化理念逐渐推进

智能温控、智能计费等手段也将逐渐在供热领域推进。通过在用户端安装智能化控制设备，实现客户自行选择控制室内温度的需要，即可以通过远程控制的方式对室内温度按需调节。并实现对客户的热量使用情况以及使用时段等情况加以分析，在此基础上，提供更为精细化、高质量的供热服务。.

14.2　热力管道发展规模

14.2.1　总体规模

城市供热系统是利用能源加热热媒，并通过热力管道向用户提供生产生活用热的系统，主要由热源、热力管道和热用户三部分。热力管道是输送热媒的供热管路系统，是连接热源和热用户的重要纽带，是我国城市生产用热、冬季居民生活取暖的重要"生命线"。

近年来，随着城市供热事业发展，城市热力管道规模显著增加，已形成规模庞大、分布广泛的网络体系。根据《中国城市建设统计年鉴（2021 年）》统计数据，2021 年底我国城市集中供热管道长度达到 46.15 万 km，约为 2000 年的 10.5 倍，其中一级管网长度为 12.08 万 km，二级管网长度为 34.07 万 km。2000—2021 年我国城市集中供热管道长度如图 14-2 所示。

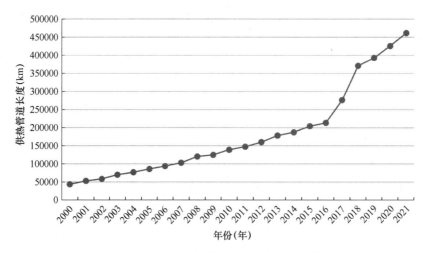

图 14-2　2000—2021 年我国城市集中供热管道长度

2000 年以来，我国城市集中供热管道长度年增长率呈波动变化，年均增长率为 12.12%。其中，2000—2016 年间，供热管道长度年增长率呈波动减少趋势，年均增长率为 10.75%；2017—2018 年，供热管道增长幅度较显著，年均增长率分别为 29.37% 和 34.32%。2000—2021 年我国城市集中供热管道长度年增长率如图 14-3 所示。

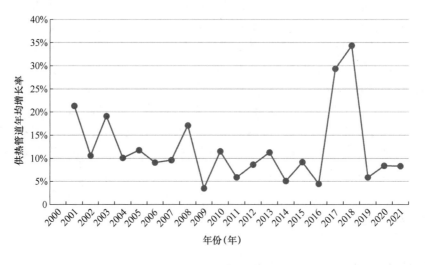

图 14-3　2000—2021 年我国城市集中供热管道长度年增长率

14.2.2　密度情况

2000 年以来，我国城市集中供热管道密度逐年增加，年均增长率为 6.81%。2021 年，我国城市建成区范围内的集中供热管道密度为 7.39km/km²，是 2000 年的 3.79 倍。2000—2021 年我国城市集中供热管道密度如图 14-4 所示。

14.2.3　万人保有量情况

2000 年以来，我国城市集中供热管道万人保有量呈逐年增长趋势，年均增长率为

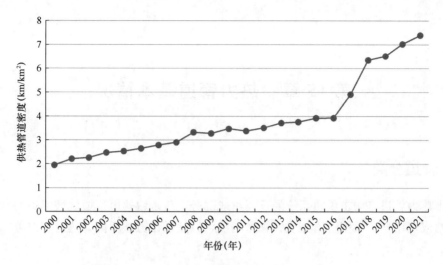

图 14-4　2000—2021 年我国城市集中供热管道密度

11.35％。2021 年，我国城市集中供热管道万人保有量为 10.09km/万人，是 2000 年的 8.95 倍。2000—2021 年我国城市集中供热管道万人保有量如图 14-5 所示。

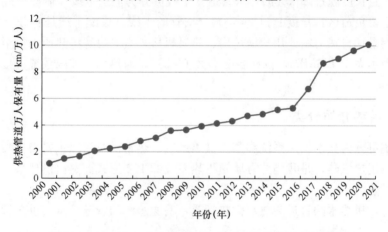

图 14-5　2000—2021 年我国城市集中供热管道万人保有量

第15章　热力管道基本情况

15.1　管道分类

城市热力管道是城市供热系统的重要组成部分，负责将热电厂或区域锅炉的热源输送至热力站或热用户。根据管道介质、管道功能，以及敷设方式不同，热力管道可以分为多种类型。

15.1.1　按用途分类

按照热力管道用途可以分为长输热力管道、干线和庭院管道。长输热力管道是自热源至主要负荷区且长度超过 20km 的热水管道。干线可分为输送干线和输配干线，输送干线是自热源至主要负荷区且长度超过 2km 无分支管的干线；输配干线是有分支管接出的干线。庭院管网是指自热力站或用户锅炉房、热泵机房、直燃机房等热源出口至建筑热力入口，设计压力不大于 1.6MPa，设计温度不大于 85℃，与热用户室内系统直接连接的热水供热管网。

15.1.2　按供热介质分类

供热系统可分为热水供热系统和蒸汽供热系统。热水供热系统主要向供暖、通风、空调和热水等热用户供热，是我国北方城镇供热系统的主要形式。蒸汽供热系统主要向生产工艺热用户供热。

对应的，输送热水的管道为热水供热管道，输送蒸汽的管道为蒸汽供热管道。

15.1.3　按照管道敷设方式分类

按照管道的敷设方式可以分为直埋敷设、架空敷设、管沟（管廊）敷设。直埋敷设可分为直埋无补偿、直埋有补偿敷设；架空敷设可分为高支架、中支架、低支架敷设；管沟敷设可分为通行、半通行、不通行敷设。

15.2　管道系统构成

城市供热管网系统主要由管道本体及附件、中继泵、热力站、附属设施及供热监控系统组成。

1. 管道本体及附件

管道本体是热力管道的主要组成部分，管道主要由内层工作管、保温层和外护管组成。热力管道可选用的工作管包括钢管、塑料管和钢塑复合管，塑料管道由于承压能力低，主要用于热水管网的二次网中。热力管道的管路附件主要包括弯头、三通、异径管、阀门、补偿器、支座（架）、隔断、排潮和疏水设备等。其中，补偿器是热力管道中起热补偿作用的管路附件，可分为弯管补偿器、方形补偿器、波纹管补偿器、套筒补偿器、球形补偿器和旋转补偿器等。

2. 中继泵站

中继泵站是指热水供热管网中根据水力工况，在输送干线或输配干线上设置的水泵等设施。中继泵站里的水泵可安装在供水管、回水管或同时安装在供水管和回水管上，根据管网条件，供热系统中可设置一个或多个中继泵站。一般大型的热水供热管网需要设置中继泵站。

3. 附属设施

热力管道的主要附属设施为供热检查室。对于地下敷设的管道，在装有阀门、排水与放气、套管补偿器、疏水器等需要经常维护管理的管路设备和附件处，应设置检查室。检查室的结构尺寸，应根据管道的根数、管径、阀门及附件的数量和规格大小确定，既要考虑维护操作方便，又要尽可能紧凑。

4. 监测与调控系统

监测与调控系统是对供热各组成部分（包括热源出口、管网、热力站以及其他一些关键部位）的主要参数及设备的运行状态实行采集、监视、调节和控制的软件系统及硬件设施。

15.3　管道材料要求

按照热力管道输送介质、压力、温度等不同，管道工作管、保温材料和外护管所采用的材料存在明显的差异，并应严格遵守相关设计规范，热水管道和蒸汽管道技术参数如表 15-1 所示。

热水管道和蒸汽管道技术参数　　　　　　　　　　　　　　表 15-1

管道种类	工作压力（MPa）	介质温度（℃）
热水管道	≤2.5	≤200
蒸汽管道	≤2.5	≤350

15.3.1　热水管道

现行《城镇供热管网设计标准》CJJ/T 34 中规定热水管道的供热热水介质设计压力小于或等于 2.5MPa，设计温度小于或等于 200℃。针对直埋热水管道，现行《城镇供热直埋热水管道技术规程》CJ/T 81 中规定，直埋热水管道的设计温度小于等于 150℃，设计压力小于或等于 2.5MPa。直埋敷设管道及管件应采用工作管、保温层及外护管三位一体的结构，且应采用工厂预制的成品保温管道。

1. 工作管材料

工作管管道按材质可分为钢质管道和塑料管道。

钢制管道主要包括无缝钢管、电弧焊或高频焊焊接钢管。现行《城镇供热管网设计标准》CJJ/T 34 规定了管道及钢制管件的钢材牌号，见表 15-2。庭院管网当设计压力小于或等于 0.1MPa 时，工作管可选择满足设计条件的塑料管。

供热管道钢材及适用范围　　　　　　　　　　　　　表 15-2

钢材牌号	设计温度（℃）	壁厚（mm）
Q235B	≤300	≤20
L290	200	不限
10、20、Q345B	不限	不限

塑料管道应用于工作温度和压力较低的二级管网。塑料管道由于其耐腐蚀、使用寿命长等优点，在水位高的地下或潮湿的环境中具有明显优势。但受到耐温性的限制，早期主要在给水排水管道和燃气管道上广泛应用。进入 21 世纪后，随着技术的发展，耐高温塑料管道的出现，在不超过 80℃运行的二级供热管道上开始应用。

2. 保温材料

针对不同的敷设方式，保温管道选用不同的保温材料。直埋热水管道的保温材料为聚氨酯，由于直埋敷设的特点，要求钢管、聚氨酯及聚乙烯外护管形成三位一体的保温结构。聚氨酯泡沫塑料具有导热系数和吸水率低的优势，具有优异的保温节能效果，高密度聚乙烯又具有良好的防水、防腐性。采用这种保温管进行直埋敷设时，节约投资、占地小、施工周期短、热损失小、使用寿命长和维修量小，在城市集中供热直埋管网上大量使用。我国直埋热水管网主要采用此种预制。

架空、管沟或综合管廊敷设的热水管道的保温材料主要有聚氨酯、玻璃棉、气凝胶毡、泡沫玻璃等。热力站内的保温材料还有橡塑棉等。

3. 外护管

直埋敷设热水管道的外护管材料有高密度聚乙烯或玻璃钢，国内的供热工程中，主要采用高密度聚乙烯的外护管。为了适应预制保温管道在架空和综合管廊中的使用，科技人员开发了使用镀锌钢板、铝皮及不锈钢板等材料做外护层的预制保温管道产品。部分管沟敷设的热水管，由于管沟中的环境相较综合管廊更潮湿，可采用高密度聚乙烯外护管以增加抗腐蚀能力，提高管网寿命。

15.3.2　蒸汽管道

近年来，国内兴建的一些开发区的规模较大，很多化工行业的用汽参数较高，且输送距离较远，为了适应工业发展的需要，蒸汽管网的设计压力已提升至 2.5MPa。《城镇供热直埋蒸汽管道技术规程》CJJ/T 104—2014 中规定蒸汽管网的工作压力小于或等于 2.5MPa，温度小于或等于 350℃。对于直埋蒸汽管道，只适用于钢质外护管结构的蒸汽管道。我国目前的供热工程中，蒸汽管道的最大规格已达 DN1200。

1. 工作管材料

工作管是在直埋蒸汽保温管结构中，用于输送蒸汽的钢管。《城镇供热直埋蒸汽管道技术规程》CJJ/T 104—2014 和《压力管道规范　公用管道》GB/T 38942—2020 中规定蒸汽管道工作管的材料及适用范围见表 15-3。

直埋蒸汽管道的钢材钢号　　　　　表 15-3

钢号	蒸汽设计温度（℃）	钢板厚度	推荐适用范围
Q235B	≤300	≤20mm	工作管、外护管
20、16Mn、Q345	≤350	不限	工作管

2. 保温材料

《城镇供热预制直埋蒸汽保温管及管路附件》CJ/T 246—2018 中规定直埋蒸汽保温管道保温层可以是单一保温材料或多种保温材料复合层。工程项目中，蒸汽管道的保温材料主要有高温玻璃棉、硅酸铝毡及气凝胶等无机材料，也可与聚氨酯复合保温。

3. 外护管材质

外护管是指保温层外抵抗外力和环境对保温材料的破坏和影响，具有足够机械强度和可靠防水性能的套管。《城镇供热直埋蒸汽管道技术规程》CJJ/T 104—2014 规定，外护管应能承受动载荷、静载荷及热应力，并应具有密封、防水、耐温、防腐性能。应根据工程实际情况选择直埋蒸汽管道的外护管材料和防腐材料。直埋外护管防腐材料主要有聚乙烯防腐层、纤维缠绕增强玻璃钢防腐层、熔结环氧粉末防腐层、环氧煤沥青防腐层及聚脲防腐层等。

架空和综合管廊中的预制蒸汽管道使用镀锌钢板、铝皮及不锈钢板等材料做外护层。

15.4　敷设方式

根据管道敷设方式不同，可以分为地下敷设管道和地上敷设管道。城镇街道上和居住区内的热力管道宜采用地下敷设。当地下敷设困难时，可采用地上敷设，我国绝大多数供热管道采用地下敷设方式。地下敷设又可细分为直埋敷设、管沟敷设和综合管廊敷设三类。

15.4.1　直埋敷设

直埋敷设是将供热管道直接埋设于土体中的一种敷设方式，不需要砌筑地沟和支承结构，通常工作管、保温层、外护管形成整体保温结构，直接埋设于土壤中的预制保温管道。直埋敷设方式既可缩短施工周期，又可节省投资。

15.4.2　管沟敷设

管沟敷设是将供热管道敷设于混凝土、砖石等砌筑的专用围护构筑物内的一种敷设方式。根据管沟尺寸和功能不同，管沟又可分为通行管沟、半通行管沟和不通行管沟。

通行管沟多用于主干管管径较大，同沟敷设根数较多、重要地段、重要用户、用户密集等情况，管沟净高应大于等于 1.8m，人行通道宽应大于等于 0.6m。

半通行管沟，可供在沟内检查及维修，半通行管沟适合管道敷设根数不太多的主干管或支管，管沟净高大于等于 1.2m，人行通道宽应大于等于 0.5m。

不通行管沟易于布置和施工，一般用在管道根数少（1～2 根）的支管上，在阀门、疏水器组等需操作的地方可设阀门井和检查井（图 15-1）。

图 15-1　供热管道管沟敷设图

15.4.3　管廊敷设

　　综合管廊敷设是近年来快速发展的一种新型敷设方式。综合管廊是集中容纳了多类地下管线的地下构筑物及附属设施。根据现行《城镇供热管网设计标准》CJJ/T 34，热水供热管道可与自来水管道、电压 10kV 以下的电力电缆、通信线路、压缩空气管道、压力排水管道和重油管道一起敷设在综合管廊内，蒸汽供热管道应在独立舱室内敷设。供热管道的具体敷设形式主要为支墩、支架敷设（图 15-2）。

图 15-2　供热管道管廊敷设方式图

第16章 热力管道现状分析

16.1 分布情况分析

1. 城市集中供热管道长度

据统计，截至2021年底，我国供热管道共分布于22个省（区、市）和新疆生产建设兵团（以下简称新疆兵团）。从管道长度分布来看，主要分布于北方严寒、寒冷地区，南方地区分布较少。

山东、北京和辽宁三个省市城市集中供热管道长度位于前三位，均超过6万km，其集中供热管道长度分别达到8.81万km、6.54万km和6.13万km。河北、天津、吉林、内蒙古、黑龙江和山西6个省（区、市）超过2万km；河南、新疆和甘肃3个省（区）超过1万km。建设有集中供热的省（区、市）和新疆兵团集中供热管道长度如图16-1所示。

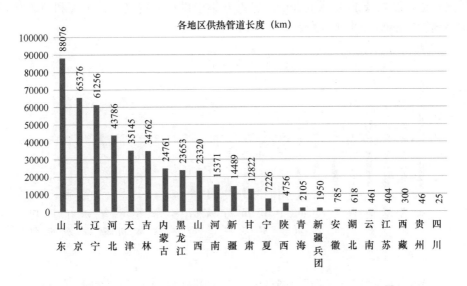

图 16-1　2021年年末我国各省（区、市）和新疆兵团城市集中供热管道长度

从地区分布看，我国城市集中供热管道主要分布于华北、东北和华东地区，供热管道长度分别为19.24万km、11.97万km和8.93万km，分别占供热管道总长度的41.69%、25.93%和19.34%。2021年年末我国各地区供热管道长度及占比详见图16-2。

2. 城市集中供热管道密度

从行政分区看，北京和天津城市集中供热管线密度位于前两位，其中北京管道密度达到50.71km/km²；辽宁、吉林、内蒙古、河北和山西5个省（区）城市集中供热管道密

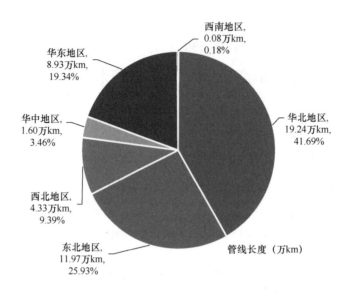

图 16-2　2021 年年末我国各地区供热管道长度及占比

度均超过了 18km/km²；山东、宁夏、甘肃、黑龙江和新疆 5 个省（区）城市集中供热管道密度超过了 10km/km²；云南、安徽、湖北、江苏、贵州和四川 6 个省仅有部分城市供热，供热管道密度均低于 0.4km/km²。建设有集中供热的省（区、市）和新疆兵团建成区集中供热管道密度如图 16-3 所示。

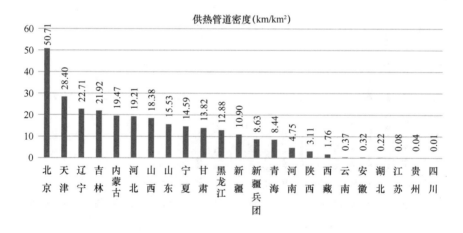

图 16-3　2021 年年末我国各省（区、市）和新疆兵团城市集中供热管道密度

3. 供热管道万人保有量

从行政分区看，内蒙古、吉林、北京、宁夏、辽宁和天津 6 个省（市、区）城市集中供热管道万人保有量超过 30km；新疆兵团、山东、新疆、甘肃、河北和山西 6 个省（市、区）供热管道万人保有量超过 20km/万人；云南、安徽、湖北、江苏、贵州和四川 6 个省的供热管道万人保有量均低于 0.6km/万人。建设有集中供热的省（区、市）和新疆兵团万人集中供热管道长度如图 16-4 所示。

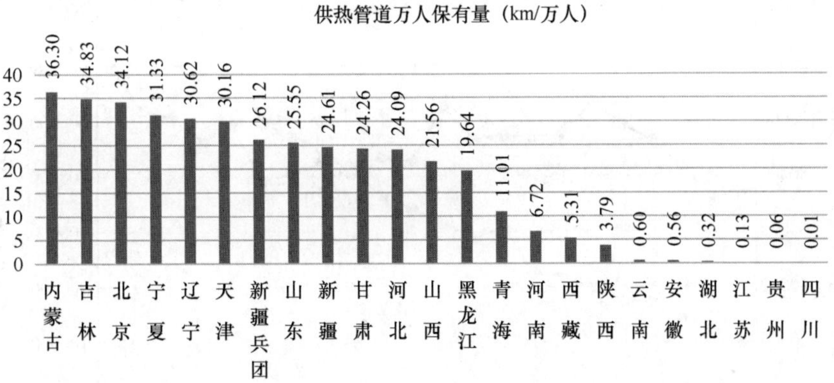

供热管道万人保有量（km/万人）

图 16-4　2021 年年末我国各省（区、市）和新疆兵团城市集中供热管道万人保有量

16.2　供应能力分析

2021 年年末，我国城市蒸汽集中供热能力 11.88 万 t/h，同比增长 14.80%；热水集中供热能力 59.32 万 MW，同比增长 4.78%。城市集中供热热源主要来自热电厂、锅炉房，详见表 16-1。

2021 年年末我国城市集中供热能力　　　　表 16-1

供热热源形式	蒸汽		热水	
	供热能力（t/h）	占比	供热能力（MW）	占比
热电厂	105185	88.55%	297645	50.17%
锅炉房	9820	8.27%	220776	37.22%
其他	3779	3.18%	74805	12.61%
合计	118784	—	593226	—

从历年我国供热能力变化看，蒸汽供热能力在 2010—2016 年间呈递减趋势，但在 2017—2021 年间有所增加。2021 年蒸汽供热能力同比增加 1.53 万 t/h，增长 14.80%。热水供热能力在 2010—2017 年呈递增趋势，在 2018—2019 年间呈递减趋势，2020 年以后又有所增加。2021 年热水供热能力同比增加 2.70 万 MW，增长 4.78%，详见图 16-5。

截至 2021 年底，我国城市集中供热总量为 42.59 亿 GJ。其中，热水供热 35.77 亿 GJ，同比增长 3.68%；蒸汽供热 6.82 亿 GJ，同比增长 4.78%。热电厂供热量为 26.33 亿 GJ，占供热总量的 61.81%；锅炉房供热量为 13.00 亿 GJ，占供热总量的 30.52%；其他热源供热量为 3.26 亿 GJ，占供热总量的 7.67%。

16.3　安全形势分析

16.3.1　事故总体情况

据中国测绘学会地下管线专业委员会统计，2021 年度媒体公开发表的地下管线事故

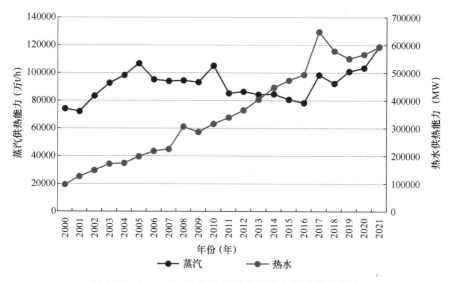

图 16-5 2000—2021 年我国城市蒸汽和热水供热能力

共 1355 起，其中热力管道事故 142 起，较 2020 年统计到的热力管道事故增加了 42%。2019—2021 年统计到的热力管道事故呈逐年上升趋势，具体见图 16-6。热力管道事故数量增幅较大也与近年来人们对管道事故的关注度越来越高，媒体对管道事故的报道逐渐增多有关。

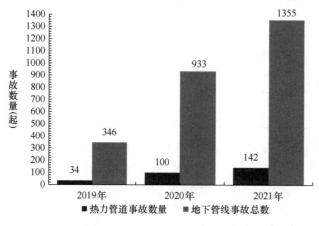

图 16-6 2019—2021 年热力管道事故数量

地下管线事故按照管线类型分为给水、排水、燃气、热力、电力、电信、工业管线事故和井盖类事故 8 大类。其中，2021 年度供热管道事故各类地下管线事故总数的 10.48%，位居地下管线事故第三位。

从事故影响及伤亡情况看，供热管道事故多表现为管道破裂泄漏，事故通常会造成大量高温热水涌出路面或渗入塌陷区域，可能对过路行人造成烫伤，也有人员掉入热水坑中导致伤亡的情况。事故还会造成供暖中断、道路塌陷及交通中断等，对居民正常生活造成较大影响，从近三年供热管道事故影响范围看，最严重时影响供热面积达 400 多万平方米。其中，2021 年度供热管道事故共造成 2 人受伤、1 人死亡，受伤人员均为热水灼烫受伤，死亡人员因掉入坍塌的坑中救援时已没有生命体征。各类型地下管线事故数量及人员伤亡情况见表 16-2、图 16-7。

各类地下管线事故数量及人员伤亡情况统计表　　　　　　　表 16-2

设施类型	事故数量（起）	死亡人数（人）	受伤人数（人）	所占比例
给水管道	719	2	4	53.06%
燃气管道	230	54	230	16.97%
热力管道	142	1	2	10.48%
电力电缆	116	1	2	8.56%
排水管道	94	0	4	6.94%
电信线缆	27	0	0	1.99%
井盖类设施	22	3	13	1.62%
工业管道	5	0	16	0.37%
总计	1355	61	271	100%

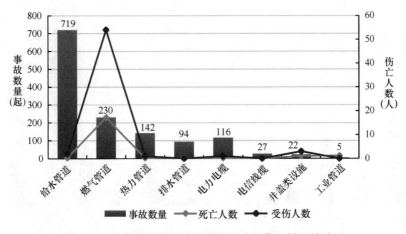

图 16-7　各类地下管线破坏事故及人员伤亡情况统计图

16.3.2　事故特点分析

从事故表现形式看，2021 年度 142 起供热管道事故主要是管道或者阀门泄漏事故，蒸汽管道存在爆炸的风险。从事故原因分析，自身结构性隐患是导致供热管道事故的最主要原因，其次为外力破坏。2021 年度供热管道事故原因分布情况见图 16-8。

从事故发生时间看，2021 年度的 142 起热力管道事故主要集中在 1~3 月、10~12 月供暖季，这段时间的热力管道事故占到了全年热力管道事故总数的 92.96%。其中，11 月份最多，共 49 起，占热力管道事故总数的 34.51%，原因可能是 11 月份天气刚进入寒冷期，管道需要升压运行，导致应力变化，引起系列泄漏事故。2021 年热力管道事故月度分布情况详见图 16-9。

从事故发生区域看，2021 年度热力管道事故主要发生在东北、东南、华东、华北、西北区域，涉及 17 个省级地区（含直辖市、自治区）。其中，113 起热力管道事故位于城

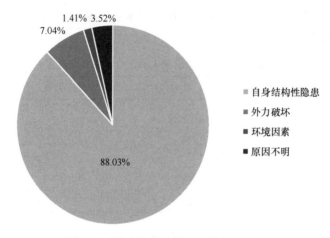

图 16-8 热力管道事故原因分布及占比图

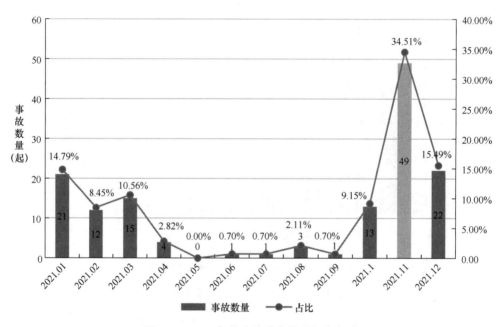

图 16-9 2021 年热力管道事故月度分布图

市道路范围内，29 起热力管道事故位于非城市道路范围（如居民区）内，占比分别为 79.58% 和 20.42%。各省级地区热力管道事故发生情况详见图 16-10。

16.3.3 典型事故案例

1. "2021.1.5" 河南郑州热力管道事故

2021 年 1 月 5 日晚上 10 点左右，河南省郑州市建设路大学北路附近一处热力管道爆裂，致使路面出现塌陷，形成了一个将近 6m² 大、1m 多深的大坑。

事故现场热气弥漫，能见度极低，一女子骑电动车涉水时，不幸掉入坍塌的坑中，截至凌晨 1 时左右，女子被打捞上来时已经没有生命体征。事发过程中，另有一名市民在路过时被破裂管道的热水烫伤，前往医院救治。

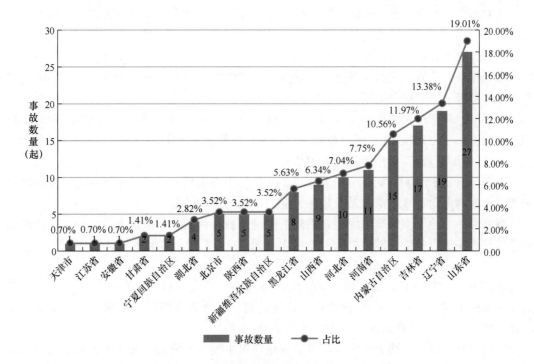

图 16-10　热力管道事故各省级地区分布及占比图

此次事故还造成附近 37 万 m^2 供热中断。据相关负责人介绍，该管道自 1995 年投入使用，至今已有 20 余年，爆管主要原因为供热管道老化。

2.“2020.12.10”内蒙古呼和浩特热力管道事故

2020 年 12 月 10 日，呼和浩特市某区域的多个小区因为供热管道泄漏抢修暂停供暖。据了解，12 月 9 日供热公司巡线员在巡查时发现阿尔泰游乐园南侧的小树林地下热力管道有跑水现象。12 月 10 日凌晨 4 时 30 分许关闭阀门，开始抢修第一个漏点。在修好注水过程中，又发现该区域由西至东方向管道有流水情况，又开始寻找第二个漏点，并组织抢修。截至 12 月 12 日晚，管道泄漏点抢修完毕，主管网进入注水阶段，受影响的停暖区域在停暖 2 天后陆续恢复供暖。

据相关工作人员介绍，这些出现跑水的管道是 2005 年左右建成的，至今约 15 年时间，加上管道处于阿尔泰游乐园内的树木下方等原因，维修需要先联系园林部门移树，也给抢修工作带来一定难度。据现场抢修人员介绍，第一个漏点影响范围较广，约 43 座热力站停止工作，影响面积 400 多万平方米。

停暖期间，有部分小区停暖后居民用电量骤增，还造成了电路故障，居民生活受到严重影响。

3.“2021.1.7”辽宁丹东热力管道事故

2021 年 1 月 7 日上午 7 时，因受多日极端低温天气影响，供热管网连续保持高温高压运行，位于东港市兴工街黄海市场西门北侧路口的一处供热管网发生泄漏。

接到群众反映后，东港市住房城乡建设局立即启动供热应急预案，第一时间组织新源热力维修人员赶赴现场查看险情，进行应急抢修。上午 8 时多，抢修人员开始进行抢修作业。在地面以下约 1m 处，抢修人员发现管道处的漏点，为减少对用户的影响，热力公司选择在高温高压条件下顶水抢修作业，极大地增加了施工抢修难度。抢修人员不惧风险、不畏严寒，克服作业空间狭小、溢水水汽较大遮蔽视野及管网持续喷溅高温水等困难，争分夺秒摸排漏点位置，进行系统降压、漏点作业面清理、抢修材料的初步加工及漏电的应急封堵焊接等一系列应急处理。

据了解，该管道供热面积达 50 万 m²，涉及周边热用户 1 万多人。经过近 15 个小时的连续抢修，于当日晚 23 时应急抢修完毕，供热参数恢复正常。

4. "2022.11.20" 北京市热力管道事故

2022 年 11 月 20 日 4 时 7 分，北京市 119 指挥中心接到朝阳区一小区热力管线事故的报警，迅速调派附近 3 个消防站及相关专业力量到场进行处置。

现场为一半地下室供暖水泄漏，消防员经过搜救转移出 3 名被困人员，经 120 救护车紧急送往医院进行救治。其中 2 人经抢救无效死亡，1 人生命体征平稳。

5. "2020.11.19" 北京市热力管道事故

2020 年 11 月 19 日，北京市丰台区南顶路与榴乡路交叉口，北京某单位在进行污水管线修复施工时，将一 DN300 热力直埋管线挖漏。事故造成西至蒲黄榆路、东至顶秀金石社区周边，约 3500 户居民供暖中断 2 个小时。

接到报修电话，市热力集团立刻赶赴现场，对主线热力管道和分支热力管道阀门先后进行了关闭，查找管线漏点并进行修复。根据市城管委安全应急工作处的事故通报，市城管执法局执法总队立即组织丰台区城管执法局、属地南苑乡综合执法队、市热力集团及涉事单位召开现场会，督促指导属地对该事故进行立案调查。

《北京市供热采暖管理办法》规定，禁止在规定的地下热力管道安全间距范围内堆放物品，或者进行挖掘、取土、钻探、打桩、埋杆、栽植深根性植物和爆破作业等危害供热安全行为；违反规定的，由城市管理综合行政执法机关责令改正，严重影响供热设施安全的，可以处 5000 元以上 3 万元以下罚款。经立案调查，丰台区南苑乡综合执法队对涉事单位进行罚款处罚。

16.3.4　影响因素分析

影响热力管道安全运行的因素大体上可以分为三类，一是管道自身的问题，如敷设方式不合理、管道材质缺陷、输送介质影响等造成的管道腐蚀、疲劳失效等隐患；二是管道周边环境风险，如周边土体病害、周边挖掘施工活动等；三是管理因素，如管理制度不健全、违章作业、巡检不到位等。以下从影响供热管道安全的主要因素出发，分析当前的安全现状及未来的需求。

1. 管道老化问题仍较为突出

根据现行行业标准《城镇供热管网设计标准》CJJ/T 34 等相关标准要求，直埋预制保温管在正常使用条件下的设计使用寿命一般为 20 年，蒸汽管道采用直埋敷设时设计寿命不应低于 25 年。如果管网周边环境较好，通常可延期使用，但在实际使用过程中，管网由于防腐层质量缺陷、阴极保护系统失效、输送介质滋生藻类细菌、保温层或防腐层长期受到外来水浸泡等多种因素影响，容易形成腐蚀隐患，缩短管网使用寿命。

另外，当供热管道进入超期服役状态，其结构可靠性和功能稳定性逐渐下降，也容易出现管道材质老化、腐蚀、泄漏、承载能力不足等隐患。1980 年我国只有 10 个城市建设了集中供热设施，到 1989 年已有 81 个城市开展了集中供热，到 2000 年年末，全国有 300 多个城市建设了集中供热设施。1980—1990 年之间建设的供热管道已经运行 30 多年，管道逐渐进入超期服役状态，2000 年之前建设的供热管道运行已经超过 20 年，逐渐接近设计寿命。管道在承受重复应力循环作用下，管道材料承受力削弱，当达到一定的极限疲劳寿命时，管道会发生疲劳失效。

近年来，供热管道老化更新改造工作逐渐受到国家及各地政府的重视。但老旧管道规模较大、分布广泛，更新改造工程所需资金量大、制约因素众多，供热管道更新改造体制机制尚不顺畅，难以在短时间内对所有老旧管道进行改造。因此，部分超期服役或存在隐患的管道在一定时期内将依然存在。

2. 管道外部环境风险日趋复杂

对于地下热力管道，特别是直埋管道，周边环境对其运行安全具有重要的影响。随着我国城市空间开发利用强度不断增大，热力管道周边环境风险日趋复杂，主要表现在以下三个方面：

一是管道生存环境风险，包括土壤腐蚀性、杂散电流腐蚀和土体病害。土壤腐蚀性对热力管道的影响体现在土壤的酸碱度超标造成土壤腐蚀性增加，进而加剧管道外壁的腐蚀。管道周边城市地铁、电车、电缆等设施的运行，使热力管道周边形成杂散电流，可能导致管道钢制外护管发生腐蚀穿孔。近年来因城市雨洪灾害、排水管道泄漏或坍塌、施工回填不实等原因形成的地下空洞、水囊、土体疏松或不均沉降等，均有可能导致热力管道发生力学破坏，出现变形或破裂。

二是施工活动破坏带来的风险。城市中的各类钻探、挖掘施工活动，如勘探、打桩、盾构施工、明挖施工、非开挖施工等，也是目前导致热力管道破坏的主要原因之一。管道毗邻区域的施工活动会造成周边土体应力变化，导致管道出现位移或损坏，或直接造成管道被打漏、挖破等。

三是自然灾害因素带来的风险。自然灾害对热力管道的影响程度往往更大，所带来的经济损失也十分严重。自然灾害不仅包括地震、台风洪水、滑坡塌方等地质灾害，还包括雨雪冰冻等气象灾害，往往会影响整个管线系统的运行，造成连锁反应。

3. 管理缺陷为热力管道运行埋下隐患

管道设计、施工和运维各阶段的管理中也可能存在导致热力管道事故的不利因素，管理缺陷也是造成热力管道失效的重要因素。

设计与施工因素主要包括设计缺陷、施工缺陷、设备缺陷和安全设施缺陷等。管线设计质量的好坏对工程质量有直接的影响，在供热管网工程设计中，需要考虑管材的选择、热网设计是否合理、设备布置是否合理以及热力管线周围是否存在其他影响因素等；焊接施工方面则需要注意焊缝质量、管道及管路附件的施工质量、地基是否加固处理等。这些因素都会可能影响到供热管网的质量，从而在日后的运行过程留下隐患，产生管道泄漏的风险。

运行维护因素主要包括运行管理缺失、维修管理缺陷、操作规程不健全或存在操作失误等。具体来说，可能出现作业人员因操作规程不健全、责任制度不健全而出现失误性操作造成管道破坏等。

4. 热力管道发展提出安全新要求

近年来，我国持续推进综合管廊建设，入廊热力管道数量有所增加。因综合管廊内集中敷设了多类管线，管线之间的相互影响作用更为明显，管道事故后果影响也有所增大。入廊管道的敷设、运行维护、应急处置等与传统直埋、管沟敷设方式都有较大区别，不仅需要结合综合管廊内受限空间条件，还要综合考虑管道自身运行、维修养护等对廊体和周边管线的影响，兼顾周边各类设施的运行安全需求。然而，目前我国在综合管廊日常管理、应急处置等方面的经验仍有限，仍需在理论研究和实践探索中不断总结和完善。

另外，随着集中供热智慧化管理、多热源联网供热等发展，城市热力管道内部温度与压力变化更加复杂，管道运行状态的频繁变化可能加速管道疲劳失效。新形势下管道发展可能面临新的问题，应引起重视。

第七篇 策 略 篇

第 17 章 建 设 管 理

17.1 规划管理

17.1.1 管理内容要求

1.《中华人民共和国国民经济和社会发展第十四个五年（2021—2025 年）规划和 2035 年远景目标纲要》的要求

《中华人民共和国国民经济和社会发展第十四个五年（2021—2025 年）规划和 2035 年远景目标纲要》（以下简称《规划》），根据《中共中央关于制定国民经济和社会发展第十四个五年规划和二〇三五年远景目标的建议》编制，是国民经济和社会发展的主要依据，是我国开启全面建设社会主义现代化国家新征程的宏伟蓝图，是各行业建设发展的重要行动纲领。

供热管网是城市基础设施体系的重要组成，《规划》中虽未提及供热管网规划方面的具体要求，但针对全面提升城市品质、加快发展方式绿色转型、建设现代化基础设施体系等的整体要求，为供热管网规划发展指明了方向，具体体现在以下方面：

（1）提升城市品质方面

《规划》强调加快转变城市发展方式，统筹城市规划建设管理，实施城市更新行动，推动城市空间结构优化和品质提升。在转变城市发展方式方面，按照资源环境承载能力合理确定城市规模和空间结构，统筹安排城市建设、产业发展、生态涵养、基础设施和公共服务；推行功能复合、立体开发、公交导向的集约紧凑型发展模式，统筹地上地下空间利用；加快推进城市更新，改造提升老旧小区、老旧厂区、老旧街区和城中村等存量片区功能，推进老旧楼宇改造。在推进新型城市建设方面，顺应城市发展新理念新趋势，开展城市现代化试点示范，建设宜居、创新、智慧、绿色、人文、韧性城市；提升城市智慧化水平，推行城市楼宇、公共空间、地下管网等"一张图"数字化管理和城市运行一网统管；增强公共设施应对风暴、干旱和地质灾害的能力，完善公共设施和建筑应急避难功能。

供热管网作为保障韧性城市建设的重要基础设施，其规划需要符合地下空间利用的整体统筹，既要结合城市智慧化水平提升、防灾减灾能力提升要求完善管网规划，也要结合城市更新实施老旧城区管网优化改造和韧性提升，助力城市整体品质提升。

（2）加快发展方式绿色转型方面

《规划》强调全面推行循环经济理念，构建多层次资源高效循环利用体系。深入推进园区循环化改造，补齐和延伸产业链，推进能源资源梯级利用、废物循环利用和污染物集中处置。健全自然资源有偿使用制度，创新完善自然资源、污水垃圾处理、用水用能等领域价格形成机制。

我国落实2030年应对气候变化国家自主贡献目标，制定了2030年前碳排放达峰行动方案，努力争取2060年前实现碳中和。能源结构转型对于热力行业提出新的要求，也提供了新的发展路径。如《规划》中提出的深入推进园区循环改造，推进能源资源梯级利用，具体到供热行业来说可以依靠热电联产、工业余热、垃圾处理的余热等满足部分地区供暖需求，既能降低投资、提高效益，也能保证供热管网得到充分利用。

（3）建设现代化基础设施体系方面

《规划》强调围绕强化数字转型、智能升级、融合创新支撑，布局建设信息基础设施、融合基础设施、创新基础设施等新型基础设施。加快交通、能源、市政等传统基础设施数字化改造，加强泛在感知、终端联网、智能调度体系建设。

2. 《国务院办公厅关于加强城市地下管线建设管理的指导意见》（国办发〔2014〕27号）的要求

该文件要求要加强城市地下管线的规划统筹。开展地下空间资源调查与评估，制定城市地下空间开发利用规划，统筹地下各类设施、管线布局。各城市要依据城市总体规划组织编制地下管线综合规划，对各类专业管线进行综合，结合城市未来发展需要，统筹考虑军队管线建设需求，合理确定管线设施的空间位置、规模、走向等，包括驻军单位、中央直属企业在内的行业主管部门和管线单位都要积极配合。编制城市地下管线综合规划，应加强与地下空间、道路交通、人防建设、地铁建设等规划的衔接和协调，并作为控制性详细规划和地下管线建设规划的基本依据。

该文件要求要严格实施城市地下管线规划管理。按照先规划、后建设的原则，依据经批准的城市地下管线综合规划和控制性详细规划，对城市地下管线实施统一的规划管理。地下管线工程开工建设前要依据《中华人民共和国城乡规划法》等法律法规取得建设工程规划许可证。要严格执行地下管线工程的规划核实制度，未经核实或者经核实不符合规划要求的，不得组织竣工验收。要加强对规划实施情况的监督检查，对各类违反规划的行为及时查处，依法严肃处理。

3. 现行国家标准《城市供热规划规范》GB/T 51074规定的内容

依据现行国家标准《城市供热规划规范》GB/T 51074，供热规划编制内容主要包括：热负荷分类、热负荷预测及规划热指标等热负荷要求；供热方式分类、供热方式选择及供热分区划分等供热方式要求；热电厂、集中锅炉房及其他热源规划要求；热网介质和参数选择、热网布置、热网计算、中继泵站及热力站、供热主干管网布局及规格等热网及附属设施布局要求等。

供热管网规划内容主要包括：确定供热管网介质（热水/蒸汽）和设计参数（温度/压力）；确定供热管网规划布局、敷设方式、管材、管径；确定中继泵站及热力站的设置位置、设计规模、用地面积、供应范围；结合热负荷分布情况绘制水力计算示意图，对供热管网进行水力计算，计算最不利环路压力损失、优化管道布局及规格参数，同时绘制水压图、确定连接方式等。

17.1.2　管理热点剖析

1. 供热管网水力计算

供热管网水力计算是管网规划的重要基础，其主要任务是按已知的热媒流量和压力损失，确定管道的管径；或者按已知的热媒流量和管道管径，计算管道的压力损失；也可以按已知管道管径和允许压力损失，计算或校核管道中的流量。具体计算方法及步骤如下：

（1）绘制管道平面布置图或计算简图，并在图上标明热源和用户的流量与参数、各管段的计算长度、管道附件等；

（2）确定各管段的计算流量，选择管网主干线，确定经济比摩阻；

（3）根据主干线各管段的计算流量和初步选用的平均比摩阻，根据水力计算表，确定主干线各管段的标准管径和相应的实际比摩阻，用同样的方法确定干线、支线的管径；

（4）根据选用的标准管径，核算各管段的压力损失和流速，并对管网最远用户和热媒参数有要求的用户核算是否满足设计要求。

2. 供热管网规划协调

城市道路下方地下空间资源有限，供热管网规划时需要与其他市政管线、其他地下构筑物加强统筹协调、合理布局，以保障地下空间资源合理有效利用、热力管道及其他设施安全平稳运行。

（1）管线综合规划

根据《城市工程管线综合规划规范》GB 50289—2016，城市工程管线综合规划的主要内容包括：协调各工程管线布局；确定工程管线的敷设方式；确定工程管线敷设的排列顺序和位置，确定相邻工程管线的水平间距、交叉工程管线的垂直间距；确定地下敷设的工程管线控制高程和覆土深度等。

供热管网规划时应在符合用地规划优化布局前提下，充分利用现状管线及线位，并合理避开土质松软地区、地震断裂带、滑坡危险地带以及高地下水位区等不利地段。具体而言，热力管道位置选取时应平行于道路中心线，并宜敷设在车行道以外，同一条管道应只沿街道的一侧敷设；穿过厂区的热力管道应敷设在易于检修和维护的位置；通过非建筑区的热力管道应沿公路敷设；当工程管线竖向位置发生矛盾时，压力管线宜避让重力流管线，易弯曲管线宜避让不易弯曲管线，分支管线宜避让主管线，小管径管线宜避让永久管线；各种工程管线不应在垂直方向上重叠敷设，当工程管线交叉敷设时，应符合规范的最小净距要求，并按照规范要求顺序自上而下敷设。

（2）垂直交叉问题

根据《城市供热规划规范》GB/T 51074—2015 和《城镇供热直埋热水管道技术规程》CJJ/T 81—2013，地下敷设热力管道时，管沟盖板或检查室盖板覆土深度不应小于0.2m，直埋敷设的最小覆土深度应考虑土壤和地面活荷载对管道强度的影响，且管道不得发生纵向失稳；当给水、排水管道或电缆交叉穿入热力网管沟时，必须加套管或采用厚度不小于100mm的混凝土防护层与管沟隔开，同时不得妨碍热力管道的检修和管沟的排水，套管伸出管沟外的长度不应小于1m。

热力管沟内不得穿过燃气管道，当热力管沟与燃气管道交叉的垂直净距小于300mm

时，必须采取可靠措施防止燃气泄漏进管沟。管沟敷设的热力管道进入建筑物或穿过构筑物时，管道穿墙处应封堵严密。地上敷设的热力管道同架空输电线或电气化铁路交叉时，管道的金属部分（包括交叉点两侧 5m 范围内钢筋混凝土结构的钢筋）应接地。接地电阻不应大于 10Ω。

热力管道采用综合管廊敷设方式时，可与自来水管道、电压 10kV 以下的电力电缆、通信线路一起敷设在综合管廊内，且应高于自来水管道；采用管架敷设的热力管道可与其他管道敷设在同一管架上，但应便于检修，且不得架设在腐蚀性介质管道的下方；综合管廊内的蒸汽管道应在独立舱室内敷设。

3. 多热源联网供热

多热源联网供热是指在一个供热系统中同时存在多个热源共用一个管网，而且联合运行时又不相互隔断的供热形式。这种供热形式在节约能源、提高系统的供热质量和运行安全性、可靠性、灵活性等多个方面都充分发挥了其独特的作用，具体体现在以下几个方面：

（1）系统稳定。传统的单热源集中供热系统如果发生事故，可能导致供热网络陷入瘫痪，而对于由多种不同的热源联合而成的多热源供热联网系统而言，多个热源呈现出相互备用的关系，如果某个热源或者供热干线上产生故障，不会对整个供热系统产生太大的影响。与此同时，应用该种多热源联网方式进行供热，由于采用了环状的管网，流体在管网内运行的摩阻系数并不大，不同热力站的资用压头较大，增强了系统的稳定性。

（2）系统节能。多热源供热系统在运行过程中，由基础热源承担基本的热负荷，当基础热源提供的热负荷不能满足要求时，开启调峰热源，来承担尖峰热负荷。这种工艺技术能够做到让低能耗热源尽量满负荷运行，有效减少高能耗热源运行时间，使得热源总体能耗降低。

（3）系统经济。应用多热源联网供热技术，可以避免使用过多的备用设备，也可以降低供热管网的数量，减少工程建设成本。在各热源的合理调度下，能够使得热源及其他设备尽量在满负荷下运行，在一定程度上降低了整个系统的运行费用。

（4）系统可扩。在城市建设的过程中，经常会出现原有的供热系统无法满足城市发展的需要，很多具备热源但是无法进行改扩建的现象，必须在供热区域内进行再增加供热范围和区域。如果采用多热源进行供热，就会有更好的扩展性，可以在合理的区域内选择地点，来对供热系统再次设置调节峰值的热源，再对当前的供热管网系统进行一定程度的改建，让其具备多热源联网功能。与此同时，地热、太阳能以及垃圾焚烧热能等新能源的规模不断扩大，多热源联网供热也可吸纳多种能源。

17.1.3　典型案例/创新举措

1. 太原：太古大温差长输供热工程

太古供热工程采用清华大学大温差长输供热技术，回收古交兴能电厂 6 台发电机组的乏汽余热向太原市区供热，总供热规模达 7600 万 m^2，为太原市区总供热面积的三分之一，供热半径 70km，于 2016 年 10 月正式投入运行。太古大温差长输供热工程是国内第一个成功实施的大温差长距离供热工程，在集中供热领域创造了单体规模最大、回水温度最低、输送距离最远、能耗最低等多项世界领先指标。

工程采用多项关键技术，在单体供热规模、长输距离、供热隧道长度、管网高差、能源站换热能力等方面创造了国内之最，实现了大温差长输供热技术体系、六级泵循环加压输送系统、锚杆和内衬相结合传力结构、大位移直管压力平衡膨胀节、阵列式无应力配管技术等多项技术创新。其中从电厂首站至中继能源站敷设的 4 根直径 1.4m 管线是工程重点和难点，该段管线长度 37.8km（包括直埋 20.1km、隧道 15.7km、野外架空 2.0km），长输管线六次穿越汾河、两次穿过铁路、三次跨越高速公路、两次穿过引黄管线、多次穿越太钢精矿粉管道，建设了三座中继泵站、一座事故补水站、一座中继能源站，实现六级热网循环泵逐级加压。

为了大幅度降低长输热网的回水温度，扩大供回水温差，提高长输管网的热量输送能力，在城区供热范围内的热力站设置吸收式换热机组，在长输热网和城区一级热网连接处设置适合于大温差换热的中继能源站。同时，在兴能电厂梯级回收汽轮机低品位乏汽余热，回收的余热量占总供热量比例达到 79%，大幅度降低了热源的能耗和成本，弥补了热网距离长所引起的投资和输送电耗增加。输送至城区的供热成本仅与燃煤锅炉房相当，显著低于目前其他清洁供暖方式。

太古供热工程的投运实现了对太原第一热电厂四台 300MW 机组和 1640 万 m^2 分散燃煤锅炉的全面替代，每年减少燃煤 276 万 t，改善了人民群众的生活环境，并为提高太原市冬季大气环境质量提供强有力的保障，是全面落实国家节能减排政策、推进城市清洁供热的示范样板项目。

2. 宁夏：华电银川减碳减煤集中供热项目

华电银川减碳减煤集中供热项目，采用了百万空冷机组供热技术、长距离大温差热泵技术、大直径热力管道无补偿冷安装直埋敷设技术、穿黄河盾构隧道等技术和 Q345 B 级钢作为大口径集中供热管材，是目前国内一次规划设计并投运面积最大的供热项目。

该项目以华电灵武电厂为热源，应用互联网和智慧供热技术联合方式为银川市进行集中供热，全部工程于 2018 年 11 月建成投运。项目东线辐射黄河东岸滨河新区、银川河东国际机场等功能区，西线穿过黄河辐射望远、永宁、兴庆、金凤等区域。项目供热主输送管线全长 46km，城区主、支干线距离 217km，穿越交通枢纽 108 处，水利设施 53 处，公路、铁路 21 处，盾构穿越黄河 1838m，共有中心换热站 29 座，末级换热站 106 座，趸售站 7 座，供热面积接近银川市供热面积的一半。

该项目采用和创新和关键技术主要包括：

（1）大温差、长距离热水输送技术：一级管网和二级管网供回水温差按照 100℃ 设计。热力管道采用无补偿冷安装技术，一级管网除穿越黄河、三通接口等应力较集中得特殊情况外，不设置补偿器。

（2）长距离输送供热技术：一、二级管网设置了供热首站、1 号中继加压泵站、3 号隔压站，进行热量输送；根据气温变化调整首站供水温度实现"质"调节，通过改变灵武首站、1 号和 3 号泵站、各换热站水泵频率，调节各级管网流量，实现系统"量"调节。

（3）穿黄河盾构技术：采用盾构技术穿越黄河，盾构开挖直径 9.05m，隧道外径 8.7m、内径 7.9m，总长度 1838m，隧道内布置一、二期工程热力管道及通风等辅助设施。

该项目一期工程设计供热面积 3770 万 m^2，替代供热区域小锅炉 155 台。年减少城区燃煤量130万t，年减少二氧化硫排放1.2万t、氮氧化物2万t、烟尘3.5万t，具有显著的环保效应、社会效应和节能效应。

17.2　管道设计

17.2.1　管理内容要求

1. 热力管道设计相关标准规范规定内容

供热管网设计需要综合考虑多种因素，包括城市的平面布局、热负荷的分布、区域的气象情况、建筑物的实际条件、其他管线、水文地质等等。设计规范作为管道设计的主要依据，对于设计起指导作用，常用的供热管网设计规范有：《城镇供热管网设计标准》CJJ/T 34—2022、《城镇供热直埋热水管道技术规程》CJJ/T 81—2013、《发电厂汽水管道应力计算技术规程》DL/T 5366—2014 等。

《城镇供热管网设计标准》CJJ/T 34—2022适用于供热热水介质设计压力小于或等于2.5MPa，设计温度小于或等于200℃；供热蒸汽介质设计压力小于或等于1.6MPa，设计温度小于或等于350℃的供热管网的设计。具体包括以热电厂或锅炉房为热源，自热源至建筑物热力入口的供热管网；供热管网新建、扩建或改建的管线，中继泵站和热力站等工艺系统。规范中针对供热管网设计的主要技术要求包括：

（1）基本要求：供热管网设计应符合城镇规划要求，并宜注意美观。

（2）管网设计内容：热负荷预算、供热介质的选择、供热管网选择、水力计算、管网布置与敷设、管道应力计算和作用力计算、保温与防腐涂层、热源及供热管线参数检测与控制、街区热水供热管网和管道设计材料选择等。

（3）管道材料选择：热力管道和街区热水供热管网管道材料应采用无缝钢管、电弧焊或高频焊焊接钢管；用于生活热水供应的管道材料，应符合现行国家标准《建筑给水排水设计标准》GB 50015 的规定；直埋保温管的技术要求应符合现行行业标准《玻璃纤维增强塑料外护层聚氨酯泡沫塑料预制直埋保温管》CJ/T 129 的规定。

2. 《市政公用工程设计文件编制深度规定（2013年版）》中规定的内容

2013年，住房和城乡建设部工程质量安全监管司组织编写的《市政公用工程设计文件编制深度规定》，针对供热工程的可行性研究报告、初步设计文件以及施工图编制内容及深度进行了规定，其中管道设计方面的具体要求如下：

（1）可行性研究报告

可行性研究报告是对项目建设的必要性、经济合理性、技术可行性、实施可能性等进行综合性的研究和论证，对不同建设方案进行比较，提出推荐建设方案。热力管道可行性研究报告内容应包括热力网形式、管网布置方式和管道敷设方式等。

（2）初步设计

初步设计要明确工程规模、建设目的、投资效益、设计原则和标准，深化设计方案，确定拆迁、征地范围和数量，提出设计中存在的问题、注意事项及有关建议，其深度应能控制工程投资，满足编制施工图设计、主要设备订货、招标及施工准备的要求。热力管道初步设计主要涉及管网布置与管道敷设，具体内容包括热力网形式，管网布置原则，管网走向和干线、支干线定线位置，管道敷设方式及热补偿方式，管道材料及规格（必要时进行管道强度分析），管道附件的布置、形式及质量要求，管道防腐及保温（防腐涂料、保温材料、保温结构、保温厚度，必要时进行管网热损失计算和温度降计算）。

（3）施工图设计

施工图设计应根据批准的初步设计进行编制，其设计文件应能满足施工招标、施工安装、材料设备订货、非标设备制作、加工及编制施工图预算的要求。热力管道设计图纸应包括工艺设计图和结构设计图，其中工艺设计图包括管道平面布置图（必要时应有管线位置示意图）、管道横断面布置图、管道纵断面布置图、检查室和节点布置图、管道支座安装图；结构设计图包括管沟结构图、管道支架结构图、检查室和节点结构图以及人孔、爬梯、井盖、集水坑结构详图。

17.2.2　管理热点剖析

1. 热力管道布置基本要求

（1）敷设方式及选择原则

热力管道敷设方式分为地上敷设和地下敷设两种，地上敷设包括低支架敷设、中支架敷设和高支架敷设，地下敷设包括直埋敷设、管沟敷设。在敷设方式选择方面，城市街道上和居住区内的热力管道宜采用地下敷设，地下敷设困难时可采用地上敷设，但应注意美观；厂区的热力管道宜采用地上敷设；热水热力管道地下敷设时，宜采用直埋敷设；热水或蒸汽管道采用管沟敷设时宜采用不通行管沟敷设，穿越不允许开挖检修的地段时应采用通行管沟敷设，采用通行管沟困难时可采用半通行管沟敷设。

（2）管道材质及布置要求

管道材质方面，当蒸汽管道采用直埋敷设时，应采用保温性能良好、防水性能可靠、保护管耐腐蚀的预制保温管直埋敷设，其设计寿命不应低于 25 年；直埋敷设热水管道应采用钢管、保温层、保护外壳合成一体的预制保温管道；热力管道采用套管敷设时，套管内不应采用填充式保温，管道保温层与套管间应留有不少于 50mm 的间隙，套管内的管道及其他钢部件应采取加强防腐措施，采用钢套管时，套管内、外表面均应做防腐处理。

管道布置方面，采用通行管沟方式敷设时，通行管沟应设置事故人孔，采用整体混凝土结构的通行管沟，每隔 200m 宜设一个安装孔；地上敷设的热力管道穿越行人过往频繁地区时，管道保温结构下表面距地面的净距不应小于 2.0m，在不影响交通的地区，采用低支架敷设时管道保温结构下表面距地面的净距不应小于 0.3m；热力管道同河流、铁路、公路等交叉时应垂直相交，地下敷设热力管道与铁路或不允许开挖的公路交叉且交叉端的一侧留有足够的抽管检修地段时，可采用套管敷设。

2. 热补偿方式及选择要求

热补偿对于热力管道具有重大意义，分为自然补偿和补偿器补偿两种方式。其中，无补偿直埋敷设分为冷安装无补偿和预应力无补偿；补偿器包括矩形补偿器、套管补偿器、波纹补偿器、球形补偿器和旋转补偿器等。

热力管道的温度变形应充分利用管道的转角管段进行自然补偿，直埋敷设热力管道自然补偿转角管段应布置成 $60°\sim90°$，当角度很小时应按直线管段考虑。小角度数值应按现行行业标准《城镇供热直埋热水管道技术规程》CJJ/T 81 的有关规定执行。

选用管道补偿器时，应从补偿量、刚度、占地面积、安全可靠等方面综合评估，尽量选择补偿量大、刚度小、占地面积小、安全可靠性高的补偿器。当采用套筒补偿器时，应计算各种安装温度下的补偿器安装长度，并应保证在管道可能出现的最高、最低温度下，补偿器留有不小于 50mm 的补偿余量，套筒补偿器应按现行行业标准《城镇供热管道用焊制套筒补偿器》CJ/T 487 的有关规定执行。当采用波纹管轴向补偿器时，管道上应安装防止波纹管失稳的导向支座，波纹管补偿器应按现行行业标准《城市供热管道用波纹管补偿器》CJ/T 402 的有关规定执行。采用球形补偿器、铰链型波纹管补偿器和旋转补偿器，且补偿管段较长时，宜采取减小管道摩擦力的措施。

3. 长距离、低能耗输送供热管网

冬季供热阶段所产生的能源损耗与二氧化碳等污染物排放问题是目前节能减排等环境保护措施实施中的一大难题，但为保证国民在冬季拥有良好舒适的生活环境，供热环节必不可少，无法避免，基于此，如何调节供热与生态保护之间的矛盾关系是供热企业亟待考虑与解决的问题。基于热电联产事业快速发展需求，立足生态环保战略下的长距离、低能耗输送供热管网技术应运而生。

该技术强调应用复合保温结构、隔热管托、合适补偿方式和精确的水力计算等技术，以最大程度降低蒸汽输送温降、压降为宗旨，将输送供热管网距离提升到原来的 3 倍以上，温降减少到原来的 1/2，压降减少到原来的 1/50，热能损耗降至原来的 1/5，供热成本节省约 8%，供热环节的安全系数大幅度上升。

长距离、低能耗输送蒸汽管道主要技术如下：

(1) 热补偿方式。蒸汽管道热补偿形式分为两类，一类为利用管道走向改变的自然补偿，另一类为补偿器补偿。对于长距离输送供热管网，架空蒸汽管道补偿可选用旋转补偿器；埋地蒸汽管道一般采用波纹管补偿器，当选用旋转补偿器时可采用预制直埋旋转补偿器集装箱模式进行全埋地，或将旋转补偿器段伸出地面，并设置外护罩。

(2) 保温材料。硅酸铝针刺毯与高温玻璃棉是供热管网在实际使用中最常用的保温材料，其中硅酸铝针刺毯根据不同参数划分为普通型、标准型、高纯型、高铝型和含锆型。在实际保温材料选择中应将蒸汽温度划分为 3 个档值：第 1 档 250℃ 以下、第 2 档 250 ～ 310℃、第 3 档 310 ～ 350℃，根据不同档位值对应选择高温玻璃棉保温、高温玻璃棉与硅酸铝针刺毯相结合保温、硅酸铝针刺毯材料保温。

(3) 保温结构。利用硅酸铝针刺毯与高温玻璃棉对供热管网实施保温作用时可采取多层保温结构，从外至里保温结构分别为彩钢板、抗对流层、多层复合保温层、供热管。

(4) 隔热管托。隔热管托可采用导热系数较低、强度较好的隔热瓦块做隔热层，管托在支撑面采取聚四氟乙烯与不锈钢滑动，使管托位移滑动所产生的对管架推力减少 2/3，聚四氟乙烯导热系数比钢小，也能减少管托底部的导热性。采用隔热管托可减少热损、减少管道摩擦力、减少管架推力、节省土建投资。

(5) 钢套钢地埋管。在供热管网实际铺设过程中经常会遇到河流与其他管道，为有效规避地下构件并实现成本管控，可在施工过程中采用钢套钢地埋管工艺。该工艺可在不增加管网铺设工程环节下保证工程工期，并降低热能损耗。钢套钢地埋管从外至里结构层分别为钢制外套管、空气层、多层复合保温层、供热芯管。

17.2.3　典型案例/创新举措

1. 淄博：耐热聚乙烯管在城市供热中的应用

淄博市王东生活区建成于 2000 年，供热面积 10 万 m²。社区原有钢制热力管道腐蚀问题严重（图 17-1），导致输送能耗增加、采暖效果降低、水质差，管道的跑、冒、滴、漏问题严重，热能大量浪费，严重影响了生活区供热安全。为解决钢管腐蚀、漏水问题，该小区选用 PERT Ⅱ耐热聚乙烯预制直埋保温管道（以下简称 PERT Ⅱ型管道）代替传统钢管。

图 17-1　王东生活区管网现状

PERT Ⅱ型管道是目前市场上较为先进的管道材料，也是当下绿色供暖的重要选择。此类管道可以承受高温高压，耐腐蚀，具有良好的抗冲击性和柔韧性。在应用方面，PERT Ⅱ型管道可以应用在多种场合，如家庭供暖、工业用气以及城市管网等，广泛应用于生活、工业和市政公用事业领域；其次，PERT Ⅱ型管道可不需要连接点，大幅度提升了传输效率和管道安全性。在环境保护方面，PERT Ⅱ型管道不含卤素、双酚 A 等有害物质，生产过程中排放量也较低，对环境影响很小，符合现代工业的环保要求；此外，该材料可以循环利用，降低了对环境的破坏。

王东生活区选用 PERT Ⅱ型管道，保温层为聚氨酯发泡保温材料，外护管为高密度聚乙烯（HDPE）。施工安装方面，主要采用热熔对接、热熔承插、电熔承插方式进行连接，均为本体连接，因为其热熔对接自动化程度很高，电熔管件焊接灵活方便，操作过程很容易掌握；由于 PERT Ⅱ型管道弹性模量小、韧性好、具有蠕变特性，因此管道可依地形进行蛇形敷设，减少接头数量；同时 PERT Ⅱ型管道可实现沟边连接，降低沟槽要求，管道连接与沟槽开挖可同时进行，提升了安装效率。PERT Ⅱ型管道安装现场如图 17-2 所示，管道敷设如图 17-3 所示。

PERT Ⅱ型管道采用无补偿直埋敷设，未采取任何锚固措施。经一个供暖季的运行，PERT Ⅱ型管道运行良好未出现管道把地面拱起或接头保温层剥落的情况，从实际应用角度证明了管道热膨胀产生的轴向力不足以使管道产生轴向位移或脱层。

2. 岳阳：长距离输送热网技术在华能岳阳电厂供热管网中的应用

湖南省华能岳阳电厂一期供热管网工程采用了无推力旋转筒补偿器、特殊设计的保温

图 17-2　PERT Ⅱ型管安装现场图

图 17-3　PERT Ⅱ型管道敷设图

材料和结构、隔热管托和钢套钢地埋管等长距离输送热网技术措施，项目节能与环保效果明显，获得国家能源局"燃煤电厂综合升级改造项目"专项资金奖励。

该工程包括：建设电厂到云溪工业园主管网 12.6km，5 个分支管网共计 11.8km，将电厂一期 2×362MW 燃煤发电机组产生的低压蒸汽，供应热用户 44 家，最远用户 16.2km。签订协议流量共 117t/h，考虑到热用户的同时使用系数，云溪工业园一期热用户设计最大流量约为 80t/h，最小流量约为 30t/h，平均流量约为 50t/h。

该工程管径选择 DN450，壁厚选用 $\phi480\times10$，跨距选用 18m，管道材质起始端 2km 内选用 20 号优质无缝钢管，其余管段采用 Q235B 高频螺旋缝焊接钢管，埋地蒸汽管道、疏放水管道均采用 20 号优质无缝钢管，埋地蒸汽管道保护套管采用 Q235B 高频螺旋缝焊接钢管。

（1）工程具体措施。

第一，采用先进可靠的 SZG 系列耐高压自密封旋转补偿器，产品结构为双重密封，产品补偿为 PN2.5 等级。

第二，主保温厚度为 190mm，保温材料选用复合结构形式，一共四层，内两层保温为硅酸铝针刺毯，外两层保温为高温玻璃棉。保温保护外壳采用 0.5mm 厚彩钢板，该保护层耐腐蚀性好，不易软化、脆裂，且材质价格低廉，暴露在郊外被人为盗窃破坏的可能性较低，减少了维护成本。

第三，采用低摩擦高效隔热节能型管托，比普通管托的散热损失要减少约 40%，滑动管托摩擦系数为 0.07~0.10，管道对固定支墩的摩擦推力降低 60%。

第四，按照地方政府规划部门的要求，本管线跨越重要公路均采用地下穿越的方式，选用钢套钢地埋管，钢套钢地埋管采取分段加工，现场焊接组装的方式，采取开挖施工，埋设后恢复路面。直埋敷设管线部分采用自然补偿和外压轴向型波纹管补偿器。

第五，在蒸汽管网前、中部设置蒸汽管道启动疏水，在蒸汽管网后部设置启动疏水及连续疏水，疏放水管道均需要保温，减少热力损失。

（2）工程效果分析。

华能岳阳电厂一期供热管网工程通汽试运行后，所有支吊架受力正常，旋转补偿器动作正常无泄漏。实际流量达到 46t/h（设计值的 57.6%）时，供热首站的压力为 1.2MPa，温度为 297℃，最远用户（管道长度 16.2km）压力为 0.86MPa，温度为 173℃，沿途所有疏水器都无水流出，温降为每千米 7.65℃，压降为每千米 0.021MPa，稳定运行时工质损失为零。

本供热改造工程实施后，节约标煤约 3.8 万 t/年，减排大量烟尘 1446t/年、二氧化硫 1278t/年、氮氧化物 297t/年、二氧化碳 7.2 万 t/年，灰渣 6804t/年。

17.3　施工管理

17.3.1　管理内容要求

1.《城镇供热管网工程施工及验收规范》CJJ 28—2014 规定的内容

（1）热力管道工程施工。

根据《城镇供热管网工程施工及验收规范》CJJ 28—2014 的规定，热力管道工程施工程序包括前期工程测量、土方工程施工、管道安装、施工回填、压力试验、清洗、试运行等。

1）前期工程测量。工程测量应根据城镇平面控制网点和城市水准网点的位置、编号、精度等级及其坐标和高程资料，确定管网施工线位和高程。

2）土方工程施工。热力管道施工前应对工程影响范围内的障碍物进行现场核查并应对工程施工影响范围内的各种既有设施采取保护措施。土方工程施工可以采用明挖、暗挖、顶管、定向钻等施工工法，涉及管沟和检查室砌体结构施工、支架等预制构件安装、穿墙套管安装等。

3）管道安装。包括支架和吊架安装、管道安装、管口对接、接口保温、补偿器安装、法兰和阀门安装、焊接及检验、标志安装等工序。

4）施工回填。沟槽、检查室的主体结构经隐蔽工程验收合格和测量后应及时进行回填。回填前应先将槽底杂物、积水清除干净，回填过程中不得影响构筑物的安全，并应检查墙体结构强度、外墙防水抹面层硬结程度、盖板或其他构件安装强度，当能承受施工操作动荷载时，方可进行回填。

5）压力试验、清洗、试运行。热力管道工程施工完成后应进行压力试验（包括强度试验和严密性试验）。热力管道的清洗需要再试运行前进行，应根据设计和管道运行要求、介质类别确定，可采用人工清洗、水力冲洗和气体吹洗方式。试运行应在单位工程验收合格、热源具备供热条件后进行。

（2）热力管道工程竣工验收。

根据《城镇供热管网工程施工及验收规范》CJJ 28—2014 的规定，热力管道工程竣工验收包括验收前的竣工测量、竣工图绘制以及试运行合格后的竣工验收。

1）竣工测量。热力管道竣工测量应符合现行行业标准《城市地下管线探测技术规程》CJJ 61—2017 的相关规定。竣工测量应重点测量和记录下列数据：管道材质和管径；管线起点、终点、平面转角点、变坡点、分支点的中心坐标和高程；管沟、固定支架、盖板、检查室、管路附件等的中心坐标、表面高程、相对位置等。

2）竣工图绘制。竣工测量选用的测量标志应标注在管网总平面图上；各测点的坐标数据应分别标注在平面和纵断面图上；与热力管线相关的其他地下管线和构筑物的名称、直径或外轮廓尺寸、高程等相关数据应进行标注。

3）竣工验收。竣工验收项目主要有承重和受力结构、结构防水效果、补偿器和防腐保温、竣工资料等。竣工资料主要包括施工技术资料、施工管理资料、工程物资资料、施工测量监测资料、施工试验及检测报告、施工质量验收资料、工程竣工验收资料等。

2.《国务院办公厅关于加强城市地下管线建设管理的指导意见》（国办发〔2014〕27号）的要求

该文件要求要严格规范建设行为。城市地下管线工程建设项目应履行基本建设程序，严格落实施工图设计文件审查、施工许可、工程质量安全监督与监理、竣工测量以及档案移交等制度。要落实施工安全管理制度，明确相关责任人，确保施工作业安全。对于可能损害地下管线的建设工程，管线单位要与建设单位签订保护协议，辨识危险因素，提出保护措施。对于可能涉及危险化学品管道的施工作业，建设单位施工前要召集有关单位，制定施工方案，明确安全责任，严格按照安全施工要求作业，严禁在情况不明时盲目进行地面开挖作业。对违规建设施工造成管线破坏的行为要依法追究责任。工程覆土前，建设单位应按照有关规定进行竣工测量，及时将测量成果报送城建档案管理部门，并对测量数据和测量图的真实、准确性负责。

3.《住房和城乡建设部 工业和信息化部 国家广播电视总局 国家能源局关于进一步加强城市地下管线建设管理有关工作的通知》（建城〔2019〕100 号）的要求

该文件要求要按标准确定管线使用年限，结合运行环境要求科学合理选择管线材料，加强施工质量安全管理，实行质量安全追溯制度，确保投入使用的管线工程达到管线设计使用年限要求。加强管线建设、迁移、改造前的技术方案论证和评估，以及实施过程中的沟通协调。鼓励有利于缩短工期、减少开挖量、降低环境影响、提高管线安全的新技术和新材料在地下管线建设维护中的应用。加强地下管线工程覆土前质量管理，在管线铺设和窨井砌筑前，严格检查验收沟槽和基坑，对不符合要求的限期整改，整改合格后方可进行后续施工；在管线工程覆土前，对管线高程和管位是否符合规划和设计要求进行检查，并及时报送相关资料记录，更新管线信息。

4.《住房和城乡建设部关于加强城市地下市政基础设施建设的指导意见》（建城〔2020〕111 号）

该文件要求要切实加强工程质量管理。地下管线工程应按照先深后浅的原则，合理安排施工顺序和工期，施工中严格做好对已有设施的保护措施，严禁分散无序施工。地铁等大型地下工程施工要全面排查周边环境，做好施工区域内管线监测和防护，避免施工扰动等对管线造成破坏。科学制定城市地下市政基础设施的年度建设计划，强化工程质量安全要求，争取地下管线工程与地面道路工程同步实施，力争各类地下管线工程一次敷设到位。

17.3.2　管理热点剖析

1. 热力管道防腐保温施工

在热力管道的长期运行中，管道的防腐保温工作直接关系到管道的正常运行和使用寿命，在热力管道建设中，防腐保温施工技术和质量控制显得尤为重要。加强对管道的保温和防腐，能够有效的避免管道出现劣化，将外部恶劣的环境跟管道进行隔离，不但可以延长管道的使用寿命，还可以保证管道运行的安全性。

（1）热力管道的保温措施。

保温材料选择方面，当前使用较多的是人工制造的保温材料，主要包括珍珠岩、玻璃棉、矿渣棉等，从 20 世纪 70 年代开始从业人员开始进行新型保温材料的研发，聚氨酯泡沫塑料、聚苯乙烯泡沫塑料、泡沫石棉、泡沫玻璃等材料被开发出来。因为管道在运行中需要面临复杂的环境，所以要依据施工现场的具体情况进行保温材料的选择，不但要对材料的热工性能进行分析，还要充分考量项目具体的环境。

保温结构施工方法方面，保温结构主要包括保温层和保护层，在具体施工中，要先进行防锈层的构建再进行保温结构的施工，主要的保温施工方法包括粘贴法、帮闸阀和涂抹法。

（2）热力管道的防腐措施。

造成埋地管道腐蚀的因素主要包括酸碱度、湿度、静电流等，通常利用涂抹沥青涂料的方式进行防腐。在进行防腐施工以前，为了保证涂料和钢管具有更好的粘结力，需要先进行冷底子油的涂抹。沥青温度达到 160℃ 左右，才可以进行涂刷。加强包扎层可以选择麻袋布、玻璃丝布等材料，从而使沥青涂层具有更好的稳定性和强度。

（3）热力管道防腐保温施工质量控制策略。

施工前，应对施工现场进行充分的勘查和调查，并按照国家相关规定制定防腐保温施工方案和质量控制计划，明确施工质量标准和验收标准，确保施工质量的可控性和稳定性；对施工现场的地形、地貌、环境、气候等因素进行分析和评估，确定防腐保温材料的选用和施工方案的优化；对防腐保温材料进行验收，确认材料的质量和性能，保证材料符合施工要求和标准。

防腐保温施工涉及多个环节和工艺，施工过程中需要对每个环节和工艺进行严格控制，避免出现质量问题。首先，要对材料的存储、搬运和使用进行监控，杜绝材料损坏和混淆现象的发生；其次，要对施工现场进行定期的检测和记录，对施工过程中的关键节点和工艺进行现场监控和记录，及时发现和解决质量问题；另外，要加强对施工人员进行防腐保温施工技能的培训和交底，确保施工人员熟练掌握防腐保温施工技能和质量要求，提高施工质量和效率，提高施工人员的技能水平和工作意识。

防腐保温施工完成后，需要对施工质量进行验收和评估，确保施工质量符合标准和要求。验收时应该对防腐保温层进行逐层检查，确认材料质量和施工工艺是否符合标准，发现问题及时整改，确保施工质量的完整性和稳定性。

在施工过程中需要建立健全文档管理系统，确保所有施工过程中的记录、检测、验收等文档得到有效保存和管理。文档管理系统不仅可以控制策略的完整性，还可以为后续施工质量评估提供依据和支持，同时也有利于施工质量的持续改进和提高。

2. 热力管道非开挖修复

热力管道位于地下，随着时间的推移会因老化而出现泄漏、裂缝和腐蚀等缺陷。使用传统的明挖法修复管道，不仅成本高昂、影响道路交通，而且工期较长。非开挖修复方法使用专用设备从内部修复管道，可以更快、更具成本效益并且对周围环境的破坏性更小，为修复热力管道提供了一种替代方法。非开挖修复技术可以分为管道内衬法、裂管法、滑动衬砌法和定向钻法。但由于供热管道严苛的高温、防水、防锈等使用要求，对修复材料要求较高，非开挖修复技术在热力管道方面应用受限较多。目前的研究和实践显示，管道内衬法较为适合热力管道修复。

管道内衬法指将新内衬插入现有管道并就地固化，以此在旧管道内创建新的无缝管道。管道内衬方法有多种类型，包括原位固化法（CIPP）、喷涂内衬和拉入内衬。原位固化法（CIPP）将柔性内衬插入现有管道并用空气或水对其充气以符合旧管道的形状，然后使用热量、紫外线或蒸汽将内衬固化到位，以在旧管道内形成新的无缝管道。喷涂内衬法将液态聚合物喷涂到现有管道的内部，以形成新的无缝内衬。聚合物就地固化形成坚硬、耐用层，而且耐腐蚀和磨损。拉入式衬砌将内衬插入现有管道并使用绞车或液压系统将其拉入到位，然后将内衬充气并固化到位，以在旧管道内形成新的无缝管道。

3. 施工过程质量和安全管理

热力管道工程施工质量与施工安全是至关重要的，其施工质量管理过程中最容易存在问题的方面包括图纸设计水平不高、施工质量管理制度不完善、热力管道等材料质量不高、质量监督管理人员综合素质较低等。因此，需要从四个方面加强热力管道施工质量管理：一是加强热力管道工程项目勘察力度，及时记录并分析施工现场的具体情况和各类风险问题，及时做出响应和合理管控；二是采取合理有效措施，多角度、多方位提升热力管道工程设计水平，如详细了解现场施工条件，依据相关标准规范并结合实际情况制定合理规划等；三是建立完善的施工质量管理制度，为相关工作开展提供规范指导和依据；四是严格控制施工材料质量，在管道及相关施工材料检验、运输、安装各阶段进行质量检查。

热力管道施工过程中的安全事故大部分是由于施工不规范引起的，因此为了做好热力管道施工安全管理工作，需要重点从三个方面加强管理：一是加强施工人员安全技能培训，严格按照相关规定开展施工作业；二是在开工前制定全面、科学的施工安全防护措施与应急预案，并在施工过程中加强监督管理；三是挖掘道路和靠近建构筑物施工时，要依规办理相关审批手续，加强现场安全防护和沟通协调。

第18章 运营管理

广义上来说，热力管道的运营管理可分为行业监管、企业管理两个层面，其中行业监管可分为政府主管部门监管和行业自律组织指导，企业层面运营管理，即供热企业与热力管道运行服务密切相关的各项管理工作，主要包括生产调度、运维巡检、腐蚀控制等。本章重点介绍企业层面运营管理。

18.1 生产调度

18.1.1 管理内容要求

热力管道权属单位承担运营管理的主体责任，其生产调度一般包括运营管理制度、人员管理、调度实施和运行调控四个方面。

1. 运营管理制度

按照国家相关法律法规要求，供热企业（单位）应根据相关规范制定完善的运行管理制度，主要包括以下制度：岗位责任制和交接班制度；安全检查制度和运行记录制度；管网及设备维护保养与定期检修制度；节能管理制度和能耗统计分析管理体系；事故处理应急预案和事故报告制度、安全操作规程；抢修抢险制度和备品备件管理制度；物资管理；档案信息管理制度；信息报送制度。

2. 人员管理

热力管道运行涉及人员主要包括调度人员和操作人员。各类人员应熟悉、掌握供热供暖系统有关运行操作规程和安全规定，经培训、考核合格后，方可从事相应的岗位。特种设备操作人员应取得国家特种操作人员证书方可从事相应的操作。

（1）调度人员。调度人员主要负责管网的安全运行，掌握管网运行状态，执行管网运行参数，一般应该具备下列能力：准确、熟悉掌握各热源情况（包括运行模式、最大供热能力、限制运行参数等）、管网、热力站分布情况，有突发情况时能迅速、准确判断原因并采取相应措施；熟练掌握、全面工艺流程和岗位职责、操作规程及生产经营情况，对公司生产运行进行合理安排和协调，以使生产系统达到高效。

（2）运行维护人员。运行维护人员主要包括运行人员和维护人员。运行人员应掌握运行范围内可能出现的各种故障的特征、产生原因、预防措施以及处理方法。维护人员应熟悉管辖范围内管道的分布情况及主要设备和附件的现场位置，并应掌握各种管道、设备及附件等的作用、性能、构造及操作方法。

3. 调度实施

（1）基本要求。

供热管网运行调度应符合下列基本要求：供热系统启动、运行、调整、停运等一切操作必须实行统一调度管理；供热系统调度中心应设供热平面图、系统图、水压图、全年热负荷延续图及流量、水温调节曲线图表；采用监控屏幕瞬时显示供热系统主要运行参数；供热系统的运行调度指挥人员应具有较强的供热理论基础知识及较丰富的运行实践经验，并应能够判断、处理供热系统可能出现的各种问题；供热系统调度应确保系统安全、稳定运行和连续供热；发挥供热系统各供热设备的能力，实现正常供热；结合系统实际情况，合理使用和分配热量；确保各用热单位的供热质量符合规定标准，满足用户需要。

（2）实施过程。

运行调度的实施需要经过五个阶段，分别是运行准备、管网启动、热态运行、停运、运行总结。各阶段的工作内容见表 18-1。

运行调度阶段及其主要内容　　　　　　　　　　表 18-1

序号	阶段划分	主要工作内容
1	运行准备	热源保障、运行方案及应急预案编制、运行记录准备、管网清洗、试压查漏、全面检查
2	管网启动	热水管网注水与升压、蒸汽供热管网暖管、设备试车、初调节、升温及检查
3	热态运行	运行与调节、补水及定压、运行检查
4	停运	停运方案编制、停运基本要求、停运具体操作、停运后维护
5	运行总结	供暖期运行分析、召开总结会、制定下一年度计划

1）运行准备阶段。

① 热源保障。

供热企业（单位）应提前与各热源厂沟通，确保正常供热。热源为区域锅炉的根据供热能力制定整个供暖期的燃料及物资储备计划，并按照计划落实资金，备齐供暖期间常用的消耗物料和设备易损件。

② 运行方案及应急预案编制。

供热系统运行技术管理部门应根据实际需要绘制供热调节曲线图表、供热管网平面图，根据当地气象条件、管网分布情况和供热系统各用户的负荷分布情况等进行水力计算，绘制供热管网运行水压图，按照管网图和水压图制定供热管网运行方案和事故应急预案。

③ 运行记录准备。

统计设备运行记录、交接班记录、设备保养抢修记录、单位主管和管理人员检查记录、巡视检查记录、事故记录和系统能耗统计记录等相关记录，提前印刷，做好准备。

④ 管网清洗。

新建管网施工、验收完成后必须进行冲洗，冲洗合格后才能投入使用，冲洗的具体方式有水力清洗、蒸汽吹扫、气压脉冲清洗。

⑤ 试压查漏。

应在正式供热前 1～2 个月进行注水试压查漏工作，做好系统的上水工作和管网的检漏、排气工作，为设备试车、查漏、抢修提供充足的时间。注水速度不宜过快，每次升压不得超过 0.3MPa，每升压 1 次应对供热管网检查 1 次，经检查无异常情况后方可继续升压。

一次管网和二次管网注水都应使用软化水，水质应符合《采暖空调系统水质》GB/T

29044—2012 的要求。

⑥ 全面检查。

供热管网投入运行前应对系统和关键部位进行全面检查。中继泵站运行前应进行检查和试车。

2）管网的启动。

① 热水管网注水与升压。

供热管网启动时，热水管线应根据热源厂的补水能力进行充水，并应严格控制阀门开度。充水期间应有专人在系统的高点进行排气，并做好系统的排污和泄水工作。管线应按照干线—支线—户线的顺序，且应尽量按地势由低到高进行充水。应先对回水管充水，回水管充满后，通过连通管或热力站向供水管充水。充水过程中应检查有无漏水现象。热水供热管网在充水过程中应随时观察排气阀的排气情况，待空气排净后，应将排气阀门关闭，并应随时检查供热管网有无泄漏。

供热系统充满水后，方可启动循环水泵，并开始升压。每次升压不得超过 0.3MPa，每升压 1 次应对供热管网检查 1 次，经检查无异常情况后方可继续升压。

当供热管网压力接近运行压力时，应冷运行 2h，在试运行的每个阶段应对供热管网进行全面检查，无异常现象时再开启热力站进出口阀门。

安装有离子水处理补水系统的泵站与热力站启动前，应先启动水处理设备制水。泵站与热力站启动后应对一、二级热水供热系统进行排气、排污和泄水。

② 蒸汽供热管网暖管。

蒸汽供热管网运行前应进行暖管，并应开启疏水阀门排净凝结水。新投入运行的蒸汽供热管网应经吹扫，吹扫所需排汽口断面不应小于被吹扫管道断面的 50%，吹扫压力应为供热管网工作压力的 75%。合格后方可缓慢提高蒸汽管的压力，当管道内蒸汽压力和温度达到设计规定的参数后，宜保持不少于 1h 的恒温时间，并应对管道、设备、支架及凝结水疏水系统进行全面检查，合格后方可进行正常的供热运行。

③ 设备试车。

注水完成后应进行设备试车，多热源联网运行的应进行联合试车，并于正式供热 7d 前进入冷态运行，严格按照生产调度指令、相关操作规程操作。

④ 初调节。

初调节宜在冷态运行条件下根据供热管网运行调节方案和上个供暖季的供热管网调节实际情况进行。试运行期间，还应加强系统调节，解决热网水力失调及局部不热的问题。

⑤ 升温及检查。

正式供热 7d 前，应对供热管网进行全面检查并做好记录。供热系统启动前，所有问题应处理完毕并做好系统的热态试运行。对于新接用户，应提前熟悉相关设备和档案资料，视新接用户规模，在规定的供暖期开始前不少于 7d 做好各项准备工作。

在热水供热管网冷态试运行正常、蒸汽供热管网暖管结束后，供热管网可进入升温阶段，升温速度由管网类型确定，新建管网不应大于 5℃/h，已运行多年的管网不应大于 10℃/h。在低温试运行期间，应对管道、设备进行全面检查，支架的工作状况应做重点检查。在低温试运行正常以后，可再缓慢升温到试运行参数下运行，当温度升至当日温度调节曲线所要求的温度值时，系统进入正常供热状态。

供热管网升温过程中，应加强对供热管网的运行进行全面的检查。

3）热态运行。

① 运行与调节。

供热单位应掌握每天的气象资料和至少72h的预报气温，根据气象变化对各项运行参数进行及时、科学地调整并记入运行日志，保持运行工况和用户室温的稳定。

锅炉及供热系统采用计算机监控的，应定期进行校验，保证其正确、灵敏、可靠，计算机应配有性能可靠的停电保护装置、连锁装置、手动和自动转换装置。

城市热网运行、调节和检修应有调度指令，调度指令在执行过程中应由运行人员、调度员、运行维修管理负责人和主管领导签字。

供热管网的运行调节应根据实际管网水力工况进行调整，完成运行调节后应对调节情况进行记录。

蒸汽供热管网中，当蒸汽用于动力装置热负荷或供热温度不一致时，宜采用中央质调节；当蒸汽用于换热方式运行时，宜采用中央量调节或局部调节。

② 补水及定压。

热水供热管网的补水点应视具体情况设定，当系统设两处及两处以上补水点时，总补水量必须满足系统运行的需要，每处补水点的补水压力应符合运行时水压图的要求。热水供热管网系统必须保持定压点压力稳定，压力波动范围应控制在±0.02MPa以内。

热水供热管网的定压应采用自动控制。

③ 运行检查。

供热管网投入热态运行后应对系统进行全面检查。

供热单位应根据巡回检查制度和运行记录制度，定期对供热系统的运行情况进行巡检，巡检频次每周不少于1次，并做好记录。当新投入的供热管网或运行参数变化较大时，应增加巡检次数。

4）停运。

① 停运方案编制。

供热管网停止运行前应编制停运方案。停运方案要明确停运时间、操作方法及主要设备、阀门的操作人。

② 停运基本要求。

供热系统停运时，应严格按照停运方案或调度指令进行各项操作，并及时现场清扫整理、能源计量统计和人员安排等收尾工作。

供热管网停止运行的操作应严格按停止运行方案或调度指令进行。

供热管网停止运行应符合下列规定：

a. 退热速度不宜过快，操作速度过快会造成管网振荡，并对热源造成冲击，发生水锤现象；

b. 非供暖季正常停运应根据热源的停运计划进行；

c. 带热停运应沿介质流动方向依次关闭阀门，先关闭供水、供汽阀门，后关闭回水阀门。

在供热管网降温过程中应对系统进行全面检查，停止运行后的蒸汽供热管网应将疏水阀门保持开启状态，再次送汽前严禁关闭；停止运行的供热管网应进行湿保养，充水量应确保最高点不倒空；较长时间停止运行的管道必须采取防冻、防水浸泡等措施，对管道设备及其附件应进行防锈、防腐处理；在冬季长期停止运行的管道，应将管内积水放出，泄水阀门应保持开启状态，再次运行前应将泄水阀门关闭。

③ 停运具体操作。

一级管网的供水温度低于50℃，且热源停止加热后，系统可转入冷运阶段；冷运阶段宜采用正常运行状态冷运2h后停1台泵，以后再冷运每8h停1台泵，直至全部停运，最后1台泵停运前应打开系统的旁通管阀门。冷运阶段泵站水泵的流量应与热源循环泵的流量相匹配；泵站水泵的完全停止应在热源循环泵完全停止之前完成。

混水系统应在一级管网的供水温度低于50℃时停止混水泵运行，然后随一级管网停运；间供系统应在一级管网的供水温度低于50℃并与一级管网解列后再停止二级管网系统循环水泵，与一级管网解列前应保证一级管网内水的循环；生活水系统应与一级管网解列后停止生活水系统水泵。

不采用水养护的供热系统应停止补水泵运行，再停止水处理设备的运行；采用水养护的供热系统应保证水处理系统的正常运行。

④ 停运后维护。

停止运行的热水供热管网宜进行湿保护，每周应检查1次，充水量应使最高点不倒空。

长时间停止运行的管道应采取防冻措施，对管道设备及其附件应进行防锈、防腐处理。

5）运行总结阶段。

① 供暖期运行分析。

运行结束后，供热单位应对供暖期运行情况进行分析，包括供暖期能耗分析、设备及系统运行状况分析。

② 召开总结会。

供热单位应组织召开供暖期供热运行阶段总结会，对供暖期能耗状况、设备及系统运行状况、存在的问题等进行总结和分析。

③ 制定下一年度计划。

供热单位应根据总结分析结果，制定年度检修、技改计划，并将供暖期运行记录及各种资料进行整理和立卷归档。

4. 运行调控

运行调控主要通过调控平台实施，调控平台应能对供热系统的运行参数进行监测、控制和记录。除常规数据监测外，供热单位应根据自身特点和需要，灵活调整功能，平台应既能自动状态时按照程序设定自行调整、异常时报警，还能随时切换为手动状态（单一或集群）。

供热系统从热源、泵站、热力网、热力站至热用户宜采用在线实时控制。通过检测热源、锅炉房、中继泵站、热用户、热力站等压力、温度、流量、热量数据，形成整张热网的数据模型。

调控平台需实时显示气温等天气因素，且能与数据分析平台、客服平台等平台实现数据的共享互通。供热系统检测的主要参数应包括压力、温度、流量及热量等。参数检测的重点应包括热源、泵站、热力站、热用户以及主干线的重要节点。

18.1.2　管理热点剖析

1. 多热源联网供热的运行与调节

城市化建设和供热行业的快速发展势必带来供热范围广、供热半径大等一系列变化，甚至还有跨区域供热的情况，如采用单一热源运行容易导致压力升高、平衡困难、管理难度大等问题，且集中供热系统具有热负荷随气温波动在供热初期、中期和末期差别大的特点，因此，带有调峰的多热源联合供热模式必然成为发展趋势。

此种供热模式需考虑以下问题：

（1）热源之间的参数匹配。多热源联网供热具备多热源联网调控调节作用，但多热源调控需要考虑各热源运行参数、热源成本等因素，因此，为提高运行经济性，应优先利用价格低的热源和运行热效率高的热源，通过调节运行参数实现供热经济性和供热质量的有效平衡。多热源联网运行时，热源分布在热网的不同位置，存在水力汇交点。当各个热源的运行工况发生变化时，水力汇交点将移动，热网的压力分布和流量分布也将随之变化，而且单热源枝状网运行时的水力工况变化的一致性和等比例原则在多热源联网运行时不再适用。由于各个热源之间的相互作用，联网后的水力工况与各个热源解裂运行的水力工况会有很大的变化。

（2）多热源联网运行的补水定压。一个热网中只能有一个定压点，而多热源联网运行的热网，由于考虑到有可能要解裂运行，每个热源处都会设置自己的补水定压点。在多热源联网运行时，一般主热源的回水压力最低，而其他辅热源的回水压力比它们单独运行时要高。因此，补水定压点一般应该设置在主热源的回水管道上，当主热源定压点压力恒定后，其他辅热源的原有单独运行时的补水定压点只能作为补水点。由于随着各个热源热负荷分配的变化，各个辅助热源的补水点处的压力也将不断变化（不是因为失水引起的），为了能在各种工况下都能满足定压点，各个辅助热源的补水泵扬程应满足极端工况下的压力，而且各个辅助热源的补水泵应能变频调速。考虑到各个补水点的水费用和水处理能力的不同，存在统一优化调度各个补水点补水量的问题。最好是在条件允许的情况下，实现各个补水点集中连网控制，此时虽然各个补水点的地理位置分布上相差很远，由于运行参数的集中采集、处理、分析，就跟控制一个补水点上的不同设备一样方便可行。

（3）长距离输配的经济性。长距离输配经济性的关键是降低沿程阻力损失、减少沿程热量损失、降低回水温度，选择摩擦阻力系数小的管材。因此，提高长距离输配管道的经济性的主要措施包括：采取降低管材摩擦阻力的措施；选择补偿量大的补偿器，减少补偿器的数量；敷设时避免复杂地形；改变传统的保温模式，适当增加保温层厚度，降低沿程温降；运行期间拉大供回水温差、降低回水温度，提高热源余热回收效率。

（4）调峰锅炉设置的原则。调峰锅炉是为了及时、快速补充短缺热量而设置的，因此调峰热源不宜选择燃煤锅炉，应优先考虑热效率高、启动速度快的燃气锅炉和电锅炉。同时，调峰热源的个数不宜过多，容量不宜过小。调峰热源的位置尽量远离主热源，在负荷比较集中的位置，并且相对主热源大体均匀分布，以利于管网调节。多热源及环形网的优化调度需在干管或环网上的适当位置设置调节阀门来调整各热源的匹配，达到运行工况稳定和最优。

2. 转供热用户的管理

目前根据各地供热管理条例，均未涉及转供热用户的管理，仅对直供用户供暖要求做出明确规定，但对转供热用户（自管用户）未作出要求。因转供热用户一般是按照实际消耗热量结算，且大部分为公建用户，无全天供暖需求，导致转供用户用热不规范，影响供热管网正常运行。一是运行期转供热用户随意、大幅度调整其一次侧阀门，导致一次管网波动大，影响其他用户的正常供热，影响热源的稳定性，严重时可导致整个高温水管网失衡；二是转供用户供热设施运行管理不规范，设备逐年老化、效率低下，导致一次管网回水温度逐年升高，这对热电厂和热泵等需较低回水温度的热源来说影响较大，甚至影响安全。

随着供热行业快速发展，对按需供热和精细化调节的要求越来越高，应加强和规范转供用户的管理。从供热单位层面，调度人员除常规的热源、管网、换热站、直供热用户管理外，还应加强转供热用户的监控，同时提前与转供用户沟通，协调用户更换效率低设备、科学调节运行；从行业层面，建议主管部门将转供热用户要求列入供热管理条例等相应政策法规，以为规范转供用户管理提供依据。

3. 供热热源与管网互联互通

因供热的运行、调度和应急操作均由供热单位负责，具有一定局限性，导致热量在热源层面的不平衡性，能源得不到充分利用和分配，集中供热规模和覆盖范围发展速度受到限制。如果把单热源供热系统改造为多热源联网系统，由主热源担负基本热负荷，调峰热源承担尖峰热负荷，这样不但可以减少庞大设备，进而减少初期投资，而且可以使更多的设备在满负荷下高效率运行，其节能、降低运行成本的效果显著。特别是对于以热电厂为主的多热网联网供热系统，一般热电厂承担基本负荷（热化系数多为 0.5～0.8），更能充分发挥其高效节能的优势。

为优化能源结构、统筹供热全域融合和城乡一体化发展、实现供热行业长期发展目标，推进供热热源和管网互联互通是将供热行业的发展趋势。

18.1.3 案例分析/创新举措

1. 淄博：全域融合供热专项规划

淄博市提出供热全域融合的思路，通过划定的几个供热分区，实现分区内部的融合和分区之间的融合，充分发挥大型热源支撑作用，进而实现供热的接续传递利用，达到"热源统筹、合理布局、环保优先、高效利用"的目标。

2020 年 10 月 20 日，淄博市人民政府正式下发《关于组织实施淄博市全域融合供热专项规划（2020—2035 年）》的通知，指导淄博市 2020—2035 年供热能源发展、热源发展、供热管网布局、融合供热、供热分区、供热计量、智慧供热等工作。

根据规划要求，淄博市将统筹全市热源利用和供热管网建设，充分发挥华电淄博热电、张店淄博热电、华能辛店、华能白杨河等大型机组供热优势，并将电厂高温水热源引入新区、经开区、文昌湖区、周村区等区域，以增强热源供应保障能力。2021 年，淄博市统一全市供热布局，结合供热需求等实际情况，合理布局工业余热热源点，统筹规划建设互联互通供热管网，供热管网互联互通和工业余热综合利用项目启动。

2. 菏泽：高新区热电联产集中供热项目

菏泽市高新区采用区域锅炉和小锅炉等分散供热方式。随着投资项目的增多，给高新区原本不足的供热基础设施带来了更大的挑战，供热质量和能力达不到有关要求，同时由于供热设施分散，污染严重，环保压力非常大。为加强高新区供热基础设施建设，满足国家环保达标要求，菏泽市委、市政府提出采用 PPP 模式建设高新区热电联产集中供热 PPP 项目。

该项目选择高温高压循环流化床锅炉，配套背压式汽轮发电机组，工业用气负荷采用 1.28MPa 背压排气直供，蒸汽采用钢套钢直埋蒸汽管道输送至各工业用户。民用供暖负荷采用高温水供热与二级换热站换热相结合，在热电厂内建设高温水首站，设计高温水供回水温度 110℃/70℃，经塑套钢高温水主管输送至各二级换热站进行二级换热，二级管网设计供回水温度 60℃/45℃，二级水经二级管网送至各热用户。

该项目建设内容包括医药化工、机械电子等产业。由于蒸汽是各产业必需的动力来源，菏泽民生热力有限公司为园区企业提供蒸汽，减少了因各企业自建供暖热源和动力源造成的能源浪费。该项目投资后，取缔了园内全部高污染、高能耗的小锅炉，极大地改善菏泽西部的大气和人居环境，缓解菏泽区域供热压力，提高城市供热能力和居民综合居住水平，于 2016 年冬天实现了集中供热，取得了良好的预期成果。

18.2　运维巡检

18.2.1　管理内容要求

1. 运维巡检职责的相关规定

依据国家相关政策文件及各地地下管线管理相关法规制度，地下管线运维巡检职责的相关规定如下：

（1）地下管线行业管理部门应当依照有关法律、法规和本条例的规定以及各自职责，对地下管线建设、运行维护和安全等工作实施行业监管；对地下管线运行维护实施监督管理，制定和组织实施地下管线安全应急处置预案。

其中公用事业管理部门负责居民生活集中供热工程的规划、建设和安全监督管理，制定并组织实施供热事故抢险救援预案等工作。

（2）地下管线权属单位应当对所属管线的建设、运行维护、质量和安全等承担主体责任，应当履行安全技术防范，建立地下管线巡护制度，对可能产生危险情形的地下管线所涉区段和场所进行重点监测，建立隐患排查治理和风险管理工作机制，制定地下管线应急处置预案并报行业管理部门备案，按照预案定期开展应急演练，发生管线事故组织实施抢修并向行业管理部门和其他有关部门报告等义务。

（3）地下管线出现故障、险情时，地下管线权属单位、管理单位应当及时组织抢修，同时向相关行业管理部门报告。抢修需要挖掘道路、影响交通或者占用绿地的，还应当同时通知道路、公安、交通运输、园林等主管部门，并在 24h 内按照规定及时补办相关手续。抢修后管位变化或者管线迁移的，地下管线权属单位或者管理单位应当自抢修结束之日起 15d 内将有关信息资料报送相关行业管理部门以及城建档案和地下管线管理机构。

（4）地下管线废弃的，管线权属单位应当报经相关行业管理部门批准，予以拆除，并采取技术措施消除安全隐患；不能拆除的，管线权属单位应当对其进行安全处置。废弃的地下管线拆除或者安全处置后，管线权属单位应当将拆除、安全处置的有关资料向相关行业管理部门备案，并报告城建档案和地下管线管理机构。

2. 运维巡检管理主要内容

（1）一般要求。

运维巡检管理工作应实现供热供暖系统完好、确保供热安全运行、延长设备和管网使用年限和节能环保的总体目标。运维巡检基本要求如下：

1）结合本单位实际情况，制定维修管理工作的各项规章制度，并建立维修管理规章和检查制度，监督规章制度的实施。根据供热供暖系统运维巡检的技术要点和政府有关规定，制定维修管理人员和操作人员通用工作标准，制定日常维护保养和定期检查修理的各项具体技术要求。

2）维修管理的各项具体工作，宜由专职或兼职的负责人分别承担，在维修管理负责人的指导和协调下开展工作。

3）供热管网运行、维护和管理人员应熟悉管辖范围内管道的分布情况及主要设备和附件的现场位置，并应掌握各种管道、设备及附件等的作用、性能、构造及操作方法。

（2）主要负责人工作内容。

运维巡检管理主要负责人应组织完成下列管理工作：

1）做好各专业技术人员和维修工的技术培训及考核工作。

2）非供暖期应做好供热供暖系统的检查修理工作，供暖期应加强供热供暖系统的维护保养和检查修理工作，确保供热质量，特别是元旦、春节等特殊时期的供热质量，并做好供热故障抢修准备工作。

3）停运前 1 个月左右维修技术管理负责人与维修施工管理负责人应共同组织专业技术人员和施工人员，进行供热供暖系统的年度普查，供暖期结束前做好维修项目技术定案工作。

4）维修项目的施工、验收、试运转和总结工作应由专业技术人员提供技术支持。

5）严格实施日常维护保养技术要求，做好供热供暖系统的维护保养工作。

（3）安全管理负责人工作内容。

运维巡检安全管理负责人应组织完成下列管理工作：

1）对员工进行安全教育和培训，人员经考核合格后方可从事相应的作业。特种设备作业人员安全培训和考试由市、区技术监督管理部门进行，取得国家特种作业人员证书的人员方可从事相应的作业。

2）施工安全管理，应在工程开工前进行安全交底。维修过程中应严格遵守安全操作规程，维修场地应有明显的警示标志。

（4）日常运维巡检的技术要求。

依据《城镇供热系统运行维护技术规程》CJJ 88—2014 等标准规范，供热管网投入运行后应定期进行巡检：供热管网应无泄漏；补偿器运行状态正常；活动支架无失稳、失垮；固定支架无变形；阀门无漏水、漏汽；疏水器、喷射泵排水正常；法兰连接部位应热拧紧；管线上应无其他交叉作业或占压热力管线。

管网巡检每周不应少于1次，当新投入的供热管网或运行参数变化较大时，应增加巡检次数。非供暖期的管线巡检可根据管线运行年限、运行期间实际情况、管线重要性等因素确定。当发现供热管网破坏时，应立即汇报尽快采取应急措施。

日常运维巡检工作包括：

1）制定日常巡检制度，包括巡检时间、巡检项目、发现问题的处置方法以及维护保养项目。

2）每年对供热管网、阀门井、阀门及其他附属设施进行检修，发现存在隐患，并予以消除，检修时应填写检修记录表。

3）定期对热网进行检修。

4）维修工作应由专人负责，维修完成后填写维修记录表。

5）定期维护保养换热设备、除污装置、水处理设备、阀门等设备设施，并建立维护记录表。

6）日常检修结果定期总结，形成总结报告，应包括检修项目、检修数量、检修中发现的问题、问题处理的方法、有无异常或突发情况等。

7）日常检修工作资料、记录等相关材料应妥善保管，建立档案。

18.2.2 管理热点剖析

1. 供暖季高温水管道查漏

供暖季高温水管道泄漏危害较大，若出现失水量大、管网掉压情况，不仅造成热量损失，还严重影响热源和首站设备运行，影响设备使用年限，甚至直接导致设备损坏；长期漏水部位，由于长期浸泡道路和建筑物，会发生道路坍塌、建筑物倒塌现象；由于高温水温度高，导致高温水泄漏烫伤人。因此，高温水管道泄漏不仅影响供热质量，还可能造成财产损失、人员伤亡，对供热行业的安全稳定发展产生不利影响。

高温水管道查漏难度大，主要原因为：大部分高温水管道为直埋敷设方式，且位于城市主要道路，噪声干扰严重，查漏较为困难；热力管网与污水管网、雨水管网交叉现象普遍，污水雨水渗漏后浸泡供热管网，不仅会腐蚀热力管网，还会严重干扰高温水管网查漏、维修。建议政府主管部门加大对污水、雨水管网的监管力度和事故惩处力度。

2. 无补偿冷安装直埋管道

近几年来直埋供热管道技术在供热系统设计和施工中发展迅速，部分地区城市的供热管道开始采用无补偿冷安装直埋敷设方式。经过研究和实践，供热直埋管道无补偿冷安装方式相比传统有补偿安装方式具有一定优势，但仍存在实际问题。

无补偿冷安装管道焊接和沟槽回填等安装过程都是在正常的环境温度下进行的，直管段通常不设补偿装置。管道在冷态的环境温度下处于零应力状态，在运行工况下热应力增大，但应力变化范围始终应控制在允许值之内。无补偿冷安装方式比较简单，且不会产生额外补偿器费用，具有比较短的施工周期。

但在实际运行中，无补偿冷安装直埋管道容易产生较大的轴向应力，在升温时产生较大热膨胀量，如果处理不当会产生裂缝、泄漏甚至影响供热生产安全运行，造成经济损失和社会影响。此外，相对有补偿施工方式，无补偿冷安装还存在管道寿命缩短的可能性。

18.2.3　案例分析/创新举措

济宁：供热管网运维中应用温度胶囊监测系统

传统的管网检漏方式主要分为两种：一是被动检漏法，二是音听法。这两种办法只适合漏水点已经存在很久而且明显出现漏水的症状，大部分发现状况时已经造成损失。

与传统管网检漏系统不同，温度胶囊热网监测系统检测速度快、精度高，可以实时监控供热管网的运行情况，实时监测管道周边土壤温度变化，并通过土壤温度变化曲线趋势，分析预测管道是否漏水，并发出漏水预警信号。当管网出现泄漏时，系统及时发出报警信号并精确定位故障点，为供热单位及时发现和处置故障提供支撑。

2017 年山东省济宁市汶上县阳城电厂到汶上城区管网建设工程实施了温度胶囊检漏系统，系统运行效果良好。该项目建设管网长度为 25km，方案设计对于新建管网焊缝处（保温补口处）均布设了"温度胶囊"，此外补偿器、阀门、弯道、顶管、管道井等地方也进行了预设安装，安装间隔距离控制在 12～20m，整个系统由 1457 个"温度胶囊"组成。

温度胶囊可以实时测量室外温度，监测管道周边土壤温度变化，并通过土壤温度变化曲线，分析预测管道是否漏水。可以通过热网监控系统对这些数据进行关联分析，提前设定预计温度，提前预防，防患于未然。当出现温度明显异常点的时候，系统会自动发出警示，通知现场巡查人员进行处理。对于已经建成并运行的老旧管网，也可以安装温度胶囊监测系统，在地下管道正上方或管道一侧钻孔，把"温度胶囊"放进去。由于穿孔需要对老旧管网走向布局十分熟悉，以避免对热力管道造成不必要的损害，因此，不建议对地下管网复杂以及各种管网、光缆交叉区域进行温度胶囊监测系统技术改造。

18.3　腐蚀控制

18.3.1　机理及影响因素

1. 管道腐蚀机理

腐蚀可以理解为材料在其所处的环境中发生的一种化学反应，该反应会造成管道材料的流失并导致管线部件甚至整个管线系统失效。在管线系统中，腐蚀的定义是：基于特定的管线环境，在管线系统所有的金属和非金属材料中发生的化学反应、电化学反应和微生物的侵蚀，该反应可以导致管线结构和其他材料的损坏和流失。除了腐蚀作用对材料的直接破坏外，由腐蚀产物所引起的管道损坏也可视为腐蚀破坏。管道腐蚀是否会扩散、扩散范围有多大，主要取决于腐蚀介质的侵蚀力以及现有管道材料的耐腐蚀性能。温度、腐蚀介质的浓度以及应力状况都会影响管道腐蚀的程度。

腐蚀主要分为化学腐蚀和电化学腐蚀。由化学作用引起的腐蚀称为化学腐蚀，由电化学作用引起的腐蚀称为电化学腐蚀。我国热力管道的铺设方式以直埋形式为主，而在热力管道所出现的问题中最为严重的就是腐蚀。热力管道的腐蚀包括化学腐蚀和电化学腐蚀。

化学腐蚀是指金属表面与非电解质直接发生化学反应而引起的腐蚀。该类腐蚀的特点是，在一定条件下，非电解质中的氧化剂直接与金属表面原子相互作用而形成腐蚀产物，腐蚀过程电子的传递是在金属和氧化剂之间直接进行的，所以没有电流产生。金属高温氧化一般认为是化学氧化，但由于高温可使金属表面形成半导体氧化皮，故也有学者将高温氧化纳入电化学机制中。

电化学腐蚀是指金属在水溶液中，与离子导电的电解质发生电化学反应产生的破坏。在反应过程中有电流产生，腐蚀金属表面存在阴极和阳极，阳极反应使金属失去电子变成带正电的离子进入介质中，称为阳极氧化过程。阴极反应是介质中的氧化剂吸收来自阳极的电子，称为阴极还原反应。这两个反应是相互独立而又同时进行的，称为一对共轭反应。

2. 管道腐蚀的危害

我国热力管道经常采用直埋敷设方式，热力管道除受输送介质影响外，还容易受到周围土体含水量、盐浓度、氧含量以及杂散电流等多种腐蚀因素的影响。

近年来，我国因热力管道腐蚀而发生供热系统故障屡见不鲜，不但影响供热系统的供热质量，而且因腐蚀导致的管道泄漏、爆炸事故还会造成严重的后果，危及人民生命财产安全。管道故障大部分是由管道腐蚀引起的，而且内腐蚀和外腐蚀通常是同时发生的，且外腐蚀比内腐蚀更严重，而阀门和补偿器损坏的主要原因其实也都是腐蚀。

由此可见，管道及其附件的腐蚀直接影响供热系统可靠性和安全性，如不采取防腐措施，将造成介质泄漏，可能引发重大安全事故。

3. 管道腐蚀影响因素

(1) 管线材质问题。

我国供热管道所使用的原材料一般为碳素钢，这种原材料的特性以及成分是导致供热管道出现腐蚀的根本原因。以钢为材料的热力管道在一定程度上会影响管道的使用寿命，降低供热系统的效率。所以，在建设供热管道时，要优先选择耐高温以及高防腐性的管道材料。

(2) 土壤成分问题。

土壤成分对于供热管道也有一定程度的腐蚀作用，不同地区土壤对供热管道的影响程度也不相同。相较于正常土壤地区，那些酸碱性较高的土壤地区对于供热管道的腐蚀更加严重。因酸碱性较高的土壤正负离子的运动相对更快，将加速管道外部腐蚀，从而影响热力管道的使用寿命。

(3) 土壤温度问题。

土壤内的温度也是造成热力管道腐蚀的原因之一。热力管道在输送热水或蒸汽时会散发一定热量，这种热量不只作用在管道内部，还会传递到管道外部，导致整体供热管道温度的升高。同时，供热管道周边土壤也会随着管道外壁温度升高而发生改变，在加热作用下原本在管道外壁附近的正负离子正常的化学运动会开始加速，进而不断增强正负离子作用的效果，造成管道外部腐蚀，降低了供热管道的使用寿命和供热效率。

(4) 内部介质因素。

1) 水中溶解氧的浓度。

在《供热采暖系统水质及防腐技术规程》DBJ 01-619—2004 中，要求补充水和循环水的溶解氧浓度都应小于 0.1mg/L；现行《工业锅炉水质》GB/T 1576 对大于 95℃

的热水锅炉用水有严格规定，不允许水中的溶解氧大于 0.1mg/L。在中性或偏碱性的软化水中，DO（溶解氧）可以加快腐蚀的速度，即使 DO 含量很低，也会使得腐蚀很严重。有资料表明，当水中 DO 分别为 0.1mg/L 和 8mg/L 时，腐蚀速度相差 40 倍。由此可见，供热管网中溶解氧浓度的增加，使其管网腐蚀速度不断加快，从而影响到供热管网的使用寿命。

2）水的酸碱度。

循环水的 pH 值也会给供热管网带来腐蚀影响。循环水的 pH 值低于 4.0 时，水体环境会加快氢的还原反应，使水体中的氢气增加，析氢反应就会强烈，此时的腐蚀速度急剧增长；循环水的 pH 值在 4.0～7.0 之间时，此时水中的氢元素和氧元素会发生还原反应，此时产生的腐蚀作用较小；在循环水的 pH 值处于 7.0～10.0 之间时，此时水体中会出现氧的还原反应，此时产生的腐蚀作用最大。循环水的 pH 值介于 10.0～12.0 之间，此时腐蚀反应仍会进行，速度相对较慢。因 pH 值增高时 OH¯ 会与金属离子反应生成氢氧化物沉淀，借此来起到抑制金属腐蚀的作用，减缓了腐蚀速度。

3）盐的浓度。

在供热管网内使用的是纯化水，所以当水中盐浓度变高，导电能力就会增加，同时腐蚀也会随之增加，这种状态会一直持续到盐的浓度十分高而抑制氧化反应，可见盐浓度也是不可忽略的因素。

18.3.2　管理热点剖析

1. 热力管道湿法保养

供暖季结束后，管道及设备处于充水带压状态，及时实施湿法冲压保养，无论是对热力站机组设备，还是对一次、二次管网系统均是有百利而无一害。

湿法充压保养，以最高处不倒空为原则。要求：采用软化水，pH＝9.0 以上，氯根不大于 25mg。一次、二次管网压力维持在 0.3MPa 以上。

一次、二次管网系统阀门按以下要求控制：

一次管网系统：关闭一次供回水总门及旁通门；关闭一次系统排污门、放水门、放气门；关闭一次水至水箱补水门。

二次管网系统：关闭换热机组二次进、出口总阀门；关闭二次系统所有放水门、放气门、排污门；关闭水箱至补水泵阀门；关闭自来水至水箱补水门。

2. 管廊内供热管道支架腐蚀问题

作为供热系统的重要一环，管道防腐必须引起重视。管道的构成，不仅包括管道本体，支撑管道的支架也很重要，一旦被腐蚀断裂，导致管道脱落，就可能会导致不可预估的后果。城市综合管廊内往往湿度较大，且易出现积水问题，管道支架腐蚀情况不容乐观。

管道支架腐蚀控制的措施主要有以下几方面：

（1）定期对外观进行检测。管道支架所处的环境较为复杂，雨季与高温季节对漆腐蚀影响更大，环境也会给管道支架造成一定的腐蚀，所以应定期对外观进行检测，及时发现涂层缺陷问题。

（2）加强防腐涂料性能。涂料为管道支架防腐提供了强有力的保障，从涂装部位来看，管道支架对于防腐的要求非常高，以此延长管道支架的服役寿命。管道支架防护涂料应具有优异的防腐蚀性、耐磨性、耐化学品性等。

（3）管道支架翻新修补。首先要对管道支架的防腐程度进行分析，如果在除锈过程中遇到锈蚀特别严重，支架打磨后已经很薄，就要进行更换。如果打磨除锈后，发现仅涂层表面有问题，这种条件下，直接对管道支架进行涂层修补即可。管道支架涂装下线时表面的气泡、颗粒等涂层缺陷问题以及运输过程中的磕碰造成的漆膜破损，一般都是非常小的局部问题，重新返回涂装线涂装，会增加成本，也有可能会造成漆膜过厚等二次缺陷问题产生。

3. 污水浸泡对供热管道的影响

供热系统一次管网和二次管网经常出现因排污管道堵塞，造成大量污水进入热力管道，使供热管道浸泡在污水之中。污水中的化学成分复杂，腐蚀性严重，对供热管道造成严重危害。

（1）供热管道保温层浸泡腐蚀脱落，供热管道中的热量被污水吸纳，热能被白白消耗，到用热户室内的热量减少，造成用户投诉增加、供热成本升高。

（2）管道控制阀门被污水腐蚀，锈死无法开启、关闭，如遇紧急情况或个别用户室内漏水抢修只能全线停止供暖、放水，更换处理。

（3）热力管沟长期被污水浸泡后形成下沉、变形、塌陷，不但毁坏管沟内的供热设施，影响或终止供热，或热力工作人员无法安全进入维修，甚至还会影响到居民、行人的安全。

（4）污水长期在管沟内浸泡，容易产生有害有毒气体，将严重威胁进入管沟进行维修作业人员的身体健康和生命安全。如果污水浸泡靠近建筑物进户口供热管道，污水产生的有害有毒气体会顺着供热管道进入用户室内，对居民生活环境造成危害。

4. 腐蚀控制措施

（1）外防腐措施。

要降低供热管道所接触外部环境影响，提高防腐性能，应选择符合防腐标准的防腐层材质，确保供热管道的使用寿命不会因为外壁防腐层的材质问题而降低。同时，要加强供热管道附近清洁工作，尽可能保持周围环境的干燥及通畅，选择拥有极高吸水性的保温材料，以此来防止因外界水汽原因而出现的加速腐蚀情况。通过供热管道外壁的腐蚀防护来提高供热管道的防腐性能，主要有以下几种方式：

1）油漆涂料（地上管道和设备）。

油漆是一种有机高分子胶体混合物的溶液。油漆主要由成膜物质、溶剂（或稀释剂）、颜料（或填料）三部分组成。成膜物质实际上是一种胶粘剂，它的作用是将颜料或填料粘接融合在一起，以形成牢固附着在物体表面上的漆膜。溶剂是一些挥发性的液体，它的作用是溶解和稀释成膜物质溶液。颜料是粉状，它的作用是增加漆膜的厚度和提高漆膜的耐磨、耐热和耐化学腐蚀性能。

选用油漆涂料的依据：考虑管道的敷设条件，应根据管壁温度和管外所处周围环境不同（如空气潮湿度、是否有腐蚀性气体、水浸等）选用耐壁温而且不与周围介质作用的涂料品种；考虑被涂物表面的材料性质；考虑施工条件的可能性，如不具备高温热处理条件，就不能选用烘干漆型；考虑涂料的价格，本着节约的原则，综合各种因素选用；考虑涂料品种的正确配套使用，一是要考虑底漆与面漆的配套，二是要考虑油漆与稀释剂的配套。

管道及设备刷油漆涂料的方法：

涂刷法主要是手工涂刷，这种方法操作简单，适应性强，可用于各种涂料的施工，但人工涂刷方法效率低，并且涂刷的质量受操作者技术水平的影响较大。手工涂刷应自上而下，从左至右，先里后外，先斜后直，先难后易，纵横交错地进行，涂层厚薄均匀一致，无漏刷处。

空气喷涂的工具为喷枪，其原理是压缩空气通过喷嘴时产生高速气流，将储液罐内漆液引射混合成雾状，喷涂于物体的表面。这种方法的特点是漆膜厚薄均匀，表面平整，效率高。只要调整好油漆的黏度和压缩空气的工作压力，并保持喷嘴距被涂物表面一定的距离和一定的移动速度，均能达到满意的效果。喷枪所用的空气压力一般为 0.2～0.4MPa。喷嘴距被涂物表面的距离：当被涂物表面为平面时距离一般为 250～350mm；当被涂物表面为圆弧面时，距离一般为 400mm 左右。喷嘴的移动速度一般为 10～15m/min。

为了减少稀释剂的耗量，提高工作效率，可采用热喷涂施工。热喷涂法就是将油漆加热，用提高油漆温度的方法来代替稀释剂使油漆的黏度降低，以满足喷涂的需要。油漆加热温度一般为 70℃。采用热喷涂法比一般空气喷涂法可节省 2/3 左右的稀释剂，并提高近一倍的工作效率，同时还能改变涂膜的流平性。注意事项：为保证施工质量，均要求被涂物表面清洁干燥，并避免在低温和潮湿环境下工作；当气温低于 5℃时，应采取适当的防冻措施；需要多遍涂刷时，必须在上一遍涂膜干燥后，方可涂刷第二遍；环境宜在15～35℃之间，相对湿度 70％以下。

2）沥青涂料（地下管道）。

埋地管道的腐蚀是由于土壤的酸性、碱性、潮湿、空气渗透以及地下杂散电流的作用等因素所引起的，其中主要是电化学作用。防止腐蚀的方法主要是采用沥青涂料，沥青是一种有机胶结构，主要成分是复杂的高分子烃类混合物及含硫、含氮的衍生物。

沥青分为地沥青（石油沥青）和煤沥青。地沥青有天然石油沥青和炼油沥青。天然石油沥青是在石油产地天然存在的或从含有沥青的岩石中提炼而得的；炼油沥青则是在提炼石油时得到的残渣，经过继续蒸馏或氧化后而得。在防腐工程中，一般采用建筑石油沥青和普通柏油沥青。煤沥青又称煤焦油沥青、柏油，是由烟煤炼制焦炭或制取煤气时干馏所挥发的物质中，冷凝出来的黑色黏性液体，经进一步蒸馏加工提炼所剩的残渣而得。煤沥青对温度变化敏感，软化点低，低温时性脆，其最大的缺点是有毒，因此一般不直接用于工程防腐。

沥青的性质指标：针入度、伸长度、软化点。针入度反映沥青软硬稀稠的程度，针入度小，沥青越硬，稠度就越大，施工就越不方便，老化就越快，耐久性就越差。伸长度反映沥青塑性的大小，伸长度越大，塑性越好，越不易脆裂。软化点表示固体沥青熔化时的温度，软化点低，固体沥青熔化时的温度就越低。防腐沥青要求的软化点应根据管道的工作温度而定。软化点太高，施工时不易熔化，软化点太低，则热稳定性差。一般情况下，沥青的软化点应比管道的最高工作温度高 40℃为宜。

3）防腐层结构及施工方法。

防腐层结构及适用情况见表 18-2。

防腐层结构及适用情况表　　　　　　　　　　　　　表 18-2

防腐层层次	普通防腐层	加强防腐层	特加强防腐层
1	沥青底漆	沥青底漆	沥青底漆
2	沥青涂层	沥青涂层	沥青涂层
3	外包保护层	加强保护层	加强保护层
4		沥青涂层	沥青涂层
5		外包保护层	加强保护层
6			沥青涂层
7			外包保护层
适用情况	腐蚀性 轻微的土壤	腐蚀性 较剧烈的土壤	腐蚀性 极为剧烈的土壤

沥青底漆的作用是为了加强沥青涂层与钢管表面的粘结力。沥青底漆是将沥青与溶剂按 1 :（2.5~3.0）（体积比）配制而成。先将沥青在锅内熔化并升温至 160~180℃ 进行脱水，然后冷却到 70~80℃，再将沥青按比例慢慢倒入装有溶剂的容器内，不断搅拌至均匀为止。

沥青涂层与沥青底漆使用同一种沥青配制，其熔化温度为 180~220℃，使用温度应为 160~180℃。当一种沥青不能满足使用要求时（如针入度、伸长度、软化点等），可采用同类沥青与橡胶粉、高岭土、石棉粉、滑石粉等材料掺配成沥青玛琦脂。配制时先将沥青放入锅内加热至 160~180℃ 使其脱水，然后一面搅拌，一面慢慢加入填料，至完全融合为一体为止。在配制过程中，其温度不得超过 220℃，以防止沥青结焦。

加强包扎层可采用玻璃丝布、石棉油毡、麻袋布等材料，其作用是为了提高沥青涂层的机械强度和热稳定性。施工时包扎料最好用长条带成螺旋状包缠，圈与圈之间的接头搭接长度应为 30~50mm，并用沥青粘合，应全部粘合紧密，不得形成空气泡和折皱。

保护层多采用塑料布或玻璃丝布包缠而成，其施工方法和要求与加强包扎层相同，作用是提高防腐层的机械强度和热稳定性，减少防腐层的机械损伤及热变形，同时也可提高整个防腐层的防腐性能。防腐层厚度要求及质量检查有以下三种：

① 一般普通防腐层的厚度不应小于 3mm，允许偏差为 0.3mm；

② 加强防腐层的厚度不应小于 6mm，允许偏差为 0.5mm；

③ 特加强防腐层的厚度不应小于 9mm，允许偏差为 0.5mm。

（2）内防腐措施。

1）材料选择方面。

钢质管道的内防腐一般采用涂敷保护层的方法进行处理，主要有无机涂层、有机涂层和固体熔结涂层三大类。具体涂料性能对比见表 18-3。

具体涂料性能对比　　　　　　　　　　　　　表 18-3

项目	水泥砂浆内衬	液体环氧涂料	熔结环氧粉末
抗冲击性能（J）	≥4.9	≥4.9	≥4.9
附着力（MPa）	较好	≤2 级	≤3 级
成膜时间（min）	短	实干≤240，表干≤1440	≤3

项目	水泥砂浆内衬	液体环氧涂料	熔结环氧粉末
化学稳定性	稳定	稳定	稳定
体积电阻率（Ω）	—	$\geqslant 1 \times 10^{11}$	$\geqslant 1 \times 10^{13}$
电气强度（kV·mm^{-1}）	—	$\geqslant 25$	$\geqslant 30$
涂敷及修补性	方便	方便	方便
对基底处理要求	St2.0	St2.5	St2.5
生态环境影响	环保	较差	环保
使用寿命（a）	10	15	20
综合造价（元·m^{-2}）	低	中	高

无机涂层主要是水泥砂浆内衬涂敷层。作为钢管内防腐最常用方法之一，水泥砂浆内衬具有耐水流冲击性能优良、防腐蚀效果好、施工简便、造价低的特点，且对管道内壁表面的处理要求较低，因此在工程中应用较广。

有机涂层主要是液体环氧涂料涂敷层，包括环氧煤沥青、环氧富锌漆、环氧钛白漆、环氧陶瓷等，特点是化学性质稳定、机械强度高、粘结力大、耐磨防腐效果好，但相对水泥砂浆内衬造价稍高，且对管道内壁表面的处理要求较高。固体熔涂层主要是指熔结环氧粉末涂敷层，综合性能良好、现场施工效率高、符合环保要求，其特点是耐水流冲击性能优良、防腐蚀效果好、固化时间短、表面平整，但这种涂层厚度较薄，易损坏，现场补涂不方便，对管道内壁表面的处理要求更高。

2）运行维护方面。

供热部门需要重视对于管道内部的防腐工作，首先应先改善管道内部供应热量环境，并且调换管道内部流通的水质，促使供热系统当中使用的循环用水是水质达标的热水；其次应定期检查供热系统中的水体溶解氧浓度，在完成对水体溶解氧的检测以后，发现溶解氧超标的情况下，利用化学试剂降低溶解氧浓度。检测热水的 pH 值，将该数值控制在合理的范围之内，如果发现热水的 pH 值不达标，可以利用碱性物质对其进行中和处理；再次还应不断调节热水温度，尽量避免可能对管道造成腐蚀的温度。如果供热系统处于停滞运行状态，工作人员需要及时将系统中的水清理掉，并且更换管道中的热水，做好管道内壁的保养工作。

18.3.3 案例分析/创新举措

1. 预制直埋防腐保温管应用

预制直埋防腐保温管是由输送介质的钢管、聚氨酯硬质泡沫塑料和高密度聚乙烯外套管，经高压喷注发泡紧密接合而成，具有密度小、强度高、导热系数低、绝缘效果好、热损失小、耐腐蚀性强、使用寿命长等优点。

与传统的地沟铺设管道相比，预制直埋防腐保温管还有总工程造价低、使用寿命长、占地面积小、施工周期短及维修工作量小的特点。一是总工程造价低，在供暖室外采用直埋防腐保温与传统的地沟管道相比，可节省整个地沟造价及其附属支撑装置，整个工程造价可降低 20%，其经济效益十分明显。二是使用寿命长，通常采用玻璃棉套管、矿渣棉、软木等因受地下水位及地沟内潮湿空气的影响，使管道腐蚀加快，一般使用寿命为10～20年，而直埋防腐保温管道由于防水性能好，不受地下水位影响，其使用寿命达40年。三是施工工期短，由于直埋防腐保温管不砌地沟，还节省了附属支撑装置等其他工程，所以比地沟管道可缩短施工周期30％以上。四是占地面积小，直埋防腐保温管道安装占地宽度仅是铺设的50％，给狭窄的街区道路集中供热提供了科学的使用条件。五是维修工作量小，直埋防腐保温管只要按施工要求施工，几乎不用维修，可以使用30～40年，而采用地沟敷设的传统保温方法，至少2～3年就要维修或更换一次。

2. 埋地供热管道阴极保护的应用

保温供热管道的外腐蚀主要是电化学腐蚀，造成这种腐蚀的主要原因是保温管道表面存在有电解质。用作供热管道的保温材料，按设计要求应该呈干态，干态的保温材料对金属不具有致腐性，但往往由于施工质量以及保温层结构不合理等原因使保温层遭水浸后长期受潮（俗称穿湿棉袄）的事例屡见不鲜。通过实验发现，不同种类的保温材料具有不同程度的吸水性能，并且吸水24h后一般都能接近或者达到饱和状态。

埋地管道腐蚀控制的最佳措施是采用防腐层和阴极保护相结合的双重保护体系，阴极保护可减少或抑制金属管道在涂层缺陷处发生的腐蚀，可使埋地管道包括已在运行的旧管道延长使用寿命到20～50年。

埋地供热管道实施阴极保护应采取的结构措施：（1）安装绝缘法兰使被保护管网和其他不需要保护的接地装置隔开；（2）设置测量点，以随时检测被保护的管道是否得到可靠的阴极保护（一般指测量保护电位）；（3）阴极保护系统的阳极装置不得同供电部门的地线、防雷接地等系统相连接；（4）在管沟内与被保护管道平行敷设的其他管线、通信电缆等也应纳入阴极保护范围之内，实现电位平衡；（5）供热管道在穿越公路、铁路时所增设的套管段，二者之间必须做绝缘处理或者做特殊阴极保护；（6）埋地供热管道与其支承点钢筋混凝土固定墩等要作电绝缘处理；（7）阴极保护通电点位置确定；（8）全段被保护管道防腐层质量检查；（9）被保护管道区域土壤电阻率测量；（10）供热管道周围存在杂散电流，对其大小和方位进行测量时，采取排流措施。

第19章 安全与应急管理

19.1 安全管理

19.1.1 管理内容要求

1.《中华人民共和国安全生产法》（2021年修订）的规定

（1）基本法律制度。

1）安全生产监督管理制度。这项制度主要包括安全生产监督管理体制，各级人民政府和负有安全生产监督管理职责的部门各自的安全监督管理职责，安全监督管理人员职责，社区基层组织和新闻媒体进行安全生产监督的权利和义务等。

2）生产经营单位安全保障制度。这项制度主要包括生产经营单位的安全生产条件、安全管理机构及其人员配置、安全投入、从业人员安全资质、安全条件论证和安全评价、建设工程"三同时"、安全设施的设计审查和竣工验收、安全技术装备管理、生产经营场所安全管理、社会工伤保险等。

3）生产经营单位负责人安全责任制度。这项制度主要包括生产经营单位主要负责人和其他负责人、安全生产管理人员的资质及其在安全生产工作中的主要职责。

4）从业人员安全生产权利义务制度。这项制度主要包括生产经营单位的从业人员在生产经营活动中的基本权利和义务，以及应当承担的法律责任。

5）安全中介服务制度。这项制度主要包括从事安全评价、评估、检测、检验、咨询服务等工作的安全中介机构和安全专业技术人员的法律地位、任务和责任。

6）安全生产责任追究制度。这项制度主要包括安全生产的责任主体，安全生产责任的确定和责任形式，追究安全责任的机关、依据、程序和安全生产法律责任。

7）事故应急救援和处理制度。这项制度主要包括事故应急预案的制定、事故应急体系的建立、事故报告、调查处理的原则和程序、事故责任的追究、事故信息发布等。

（2）安全管理职责。

1）各级人民政府的职责。

国务院和县级以上地方各级人民政府应当根据国民经济和社会发展规划制定安全生产规划，并组织实施。安全生产规划应当与国土空间规划等相关规划相衔接。加强对安全生产工作的领导，建立健全安全生产工作协调机制，支持、督促各有关部门依法履行安全生产监督管理职责，及时协调、解决安全生产监督管理中存在的重大问题。加强安全生产基础设施建设和安全生产监管能力建设，所需经费列入本级预算。

县级以上地方各级人民政府应当组织有关部门建立完善安全风险评估与论证机制，按照安全风险管控要求，进行产业规划和空间布局，并对位置相邻、行业相近、业态相似的生产经营单位实施重大安全风险联防联控。

乡镇人民政府和街道办事处，以及开发区、工业园区、港区、风景区等应当明确负责安全生产监督管理的有关工作机构及其职责，加强安全生产监管力量建设，按照职责对本行政区域或者管理区域内生产经营单位安全生产状况进行监督检查，协助人民政府有关部门或者按照授权依法履行安全生产监督管理职责。

2）应急管理部门职责。

国务院应急管理部门对全国安全生产工作实施综合监督管理；县级以上地方各级人民政府应急管理部门依照本法，对本行政区域内安全生产工作实施综合监督管理。

应急管理部门和对有关行业、领域的安全生产工作实施监督管理的部门，统称负有安全生产监督管理职责的部门。负有安全生产监督管理职责的部门应当相互配合、齐抓共管、信息共享、资源共用，依法加强安全生产监督管理工作。

3）生产经营单位的安全职责。

生产经营单位必须执行依法制定的保障安全生产的国家标准或者行业标准。生产经营单位必须遵守《中华人民共和国安全生产法》和其他有关安全生产的法律、法规，加强安全生产管理，建立健全全员安全生产责任制和安全生产规章制度，加大对安全生产资金、物资、技术、人员的投入保障力度，改善安全生产条件，加强安全生产标准化、信息化建设，构建安全风险分级管控和隐患排查治理双重预防机制，健全风险防范化解机制，提高安全生产水平，确保安全生产。

生产经营单位的主要负责人是本单位安全生产第一责任人，对本单位的安全生产工作全面负责。其他负责人对职责范围内的安全生产工作负责。

2. 《中华人民共和国国民经济和社会发展第十四个五年（2021—2025年）规划和2035年远景目标纲要》的要求

该文件提出坚持人民至上、生命至上，健全公共安全体制机制，严格落实公共安全责任和管理制度，保障人民生命安全。并从以下几个方面进行详细阐述：

提高安全生产水平，完善和落实安全生产责任制，建立公共安全隐患排查和安全预防控制体系。建立企业全员安全生产责任制度，压实企业安全生产主体责任。

加强安全生产监测预警和监管监察执法，深入推进危险化学品、矿山、建筑施工、交通、消防、民爆、特种设备等重点领域安全整治，实行重大隐患治理逐级挂牌督办和整改效果评价。

推进企业安全生产标准化建设，加强工业园区等重点区域安全管理。在重点领域推进安全生产责任保险全覆盖。

3. 《住房和城乡建设部关于在实施城市更新行动中防止大拆大建问题的通知》（建科〔2021〕63号）的要求

该文件从提高城市安全韧性出发，对市政基础设施安全管理提出要求。不"重地上轻地下"，不过度景观化、亮化，不增加城市安全风险。开展城市市政基础设施摸底调查，排查整治安全隐患，推动地面设施和地下市政基础设施更新改造统一谋划、协同建设。在城市绿化和环境营造中，鼓励近自然、本地化、易维护、可持续的生态建设方式，优化竖向空间，加强蓝绿灰一体化海绵城市建设。

4.《国务院办公厅关于加强城市地下管线建设管理的指导意见》（国办发〔2014〕27号）的要求

该文件对热力地下管线建设管理、运行管理过程中的安全管理提出了具体的要求。

（1）加大老旧管线改造力度。对存在事故隐患的供热管线进行维修、更换和升级改造。

（2）加强维修养护。各城市要督促行业主管部门和管线单位，建立地下管线巡护和隐患排查制度，严格执行安全技术规程，配备专门人员对管线进行日常巡护，定期进行检测维修，强化监控预警，发现危害管线安全的行为或隐患应及时处理。对地下管线安全风险较大的区段和场所要进行重点监控。开展地下管线作业时，要严格遵守相关规定，配备必要的设施设备，按照先检测后监护再进入的原则进行作业，严禁违规违章作业，确保人员安全。

（3）消除安全隐患。各城市要定期排查地下管线存在的隐患，制定工作计划，限期消除隐患。加大力度清理拆除占压地下管线的违法建（构）筑物。清查、登记废弃和"无主"管线，明确责任单位，对于存在安全隐患的废弃管线要及时处置，消灭危险源，其余废弃管线应在道路新（改、扩）建时予以拆除。加强城市窨井盖管理，落实维护和管理责任，采用防坠落、防位移、防盗窃等技术手段，避免窨井伤人等事故发生。要按照有关规定完善地下管线配套安全设施，做到与建设项目同步设计、施工、交付使用。

19.1.2 管理热点剖析

1. 供热管线风险管理

供热管线风险是指供热管线建设或运行中，由施工建设、设备设施问题或环境改变引发突发事件并产生不利后果的可能性。不利后果泛指人身伤害或疾病、财产损失、环境破坏、城市运行中断或这些情况的组合。供热管线风险管理以保障供热管线建设和设施运行安全为目标，坚持行业主管部门组织督导，供热管线建设或运维单位具体实施，城市管理等部门综合协调的工作原则。供热管线建设或运维单位要建立企业风险控制措施，依据风险等级和可控性分类，分析存在的问题和薄弱环节，提出有针对性的分级管控措施。

（1）风险因素辨识。

安全风险辨识是动态排查、筛选并记录各类风险源的过程。安全风险辨识应基于"全面、系统"的原则，参照热力行业安全风险评估标准和清单，通过实地踏勘、现场测量、经验分析和查阅历史资料等方法，从不同层面、不同角度，分析、列举生产经营活动中存在的各种安全风险因素。充分考虑自然灾害对安全生产可能造成的不利影响，分析可能导致事故或突发事件发生的原因、致灾因子、薄弱环节等，并根据现行国家标准《企业职工伤亡事故分类》GB 6441，确定风险类型。

（2）安全风险评估。

安全风险评估应遵循系统性、时效性、专业性、统筹性和动态性原则。安全风险评估包括安全风险分析和确定风险等级等环节。安全风险评估是对辨识出的安全风险引发事故或突发事件的可能性和后果严重性两方面进行评估，并在此基础上确定安全风险的等级。安全风险分析包括安全风险的可能性分析和后果严重性分析。

（3）安全风险管控。

对安全风险控制措施主要包括工程技术措施、管理措施和应急准备。在安全风险控制措施实施前，应组织相关专家对安全风险控制措施的有效性（是否能使安全风险降到可容许程度）、合理性、充分性和可操作性，以及是否会引发新的安全风险等进行评审。对重大安全风险，管理单位负责编制专项管控方案和"一对一"事故应急预案并组织开展应急演练。

（4）安全风险动态管理。

应在安全风险评估结果的基础上，根据实际情况的变化和风险控制的成效、存在的问题，密切监测相关安全风险的动态变化。在安全风险监测结果的基础上，要重新评估并确定安全风险等级，调整安全风险控制措施，动态更新应每年不少于一次。

2. 热力管道隐患排查治理

由于供热管道管材质量差、敷设方式不科学、运行环境恶劣、长期超期服役、管线设备老化腐蚀、运行维护不当等安全隐患导致的管线事故时有发生。隐患排查治理是安全管理的重要抓手，及早发现隐患、及时治理隐患，能够有效防范事故的发生。

《国务院办公厅关于加强城市地下管线建设管理的指导意见》（国办发〔2014〕27号文）明确提出"加强城市地下管线维修、养护和改造，提高管理水平，及时发现、消除事故隐患，切实保障地下管线安全运行。开展城市地下管线普查时要同步开展隐患排查，全面了解地下管线的运行状况，摸清地下管线存在的结构性隐患和危险源。"《国家安全监管总局办公厅关于进一步做好隐患排查治理常态化机制建设试点工作的通知》及《国务院安委会办公室关于建立安全隐患排查治理体系的通知》也对建立安全隐患排查治理体系提出了明确的要求。

3. 热力管道有限空间作业安全

热力管道有限空间主要包括相对封闭的检查室和管沟等空间，是热力管网检维修的主要工作场所。热力管道有限空间因长期封闭，自然通风不良，高温高湿并存，缺氧危害普遍存在。对于热力管道有限空间，由于受结构尺寸、两通风井之间管沟长度等影响，部分管沟通风阻力大，实际通风效果不理想。近年来，随着我国城镇化进程的不断加速，热力管道长度高速增长，检查室的数量迅速增多，热力管道有限空间作业频次和从业人员数量急剧增加，从业人员在其内作业的安全问题也越来越突出，缺氧窒息事故时有发生。

（1）热力管道有限空间作业缺氧窒息的主要原因。

1）供热检查室和管沟内的爬梯、平台、阀门等为金属材质，这些金属材质在高温高湿环境下极易发生氧化腐蚀，消耗氧气，另外供热检查室和管沟一般为钢筋混凝土结构，钢筋腐蚀也会消耗氧气。

2）部分热力管道有限空间内比较潮湿，存在污水或淤泥，微生物极易生长和繁殖，好氧微生物在分解有机物的过程中消耗大量氧气，生成二氧化碳和水并释放能量。

（2）热力管道有限空间作业缺氧窒息事故预防对策建议。

热力管道有限空间缺氧，加之高温高湿的恶劣环境，易导致窒息、中暑等事故。根据热力管道有限空间的具体情况，可从以下几个方面着手预防事故的发生。

1）在较长管沟内设置通风井。为保障有限空间作业人员安全，进入前要求检测和通风。可在较长管沟内设置通风井，降低通风阻力，提高通风效果。

2) 限制高温持续工作时间。由于受隔热材料、运输介质温度等因素的影响，部分热力管道外表面温度较高，导致有限空间内部的高温环境，作业人员在内部作业对其心理和生理都会造成较大影响，易导致事故的发生。因此应严格落实相关标准规定的高温作业允许持续接触热时间限值，保证作业人员安全。

3) 加强有限空间耗氧机理研究。热力管道有限空间竖井部分较深且横向作业面较长，目前作业前使用泵吸式气体检测设备进行气体检测。受气体采样泵功率和采样管的材质所限，存在检测过深位置时可能会出现气体数据失真，以及采样管采集不到横向作业面气体等问题，因此利用现有的检测设备无法正确评估热力管道有限空间的作业风险。因此，为了从根本上提高作业安全，有必要加强有限空间耗氧机理研究，从建筑材料的选用、材料的保护等方面提出降低热力管道有限空间耗氧速率的方法。

19.1.3 案例分析/创新举措

1. 北京：建立供热行业风险管理工作体系

2012 年 4 月，为建立健全供热行业风险管理工作体系，规范风险管理工作流程，形成长效工作机制，北京市出台《北京市市政市容管理委员会供热设施运行风险管理实施细则（试行）》，规定了供热设施运行风险管理以保障北京市供热生产与运行安全为目标，坚持行业主管部门组织督促，企业具体实施的工作原则。按照风险管理的责任主体，将供热风险分为企业级、区县级、市级三个层级。供热设施运行风险管理工作流程由计划和准备、风险识别评估、风险多级控制、风险汇总上报和风险沟通五个环节组成。

2019 年 8 月，为建立供热行业安全风险管控机制，实现供热行业安全风险辨识、评估和管控全过程综合管理，形成长效机制，北京市城市管理委员会（原北京市市政市容管理委员会）出台了《供热行业安全风险辨识评估规范》，规定了供热行业生产运营安全风险的辨识、评估、管控要求，以及安全风险管理工作坚持"分级、属地管理，谁主管、谁负责，突出重点、注重实效"的原则。该文件对供热单位的风险管理职责进行了规定，供热单位是本单位安全风险管理的责任主体，其主要负责人对本单位的安全风险管理工作负责，保证安全风险管理所必须的安全投入，应建立健全本单位安全风险管理制度，并将安全风险管理纳入安全生产责任制；依据本规范组织辨识本单位存在的各类安全风险，形成本单位《安全风险清单》，进行风险评估，确定风险等级；组织制定、实施本单位安全风险管控措施、重大风险应急预案和应急演练；规定供热单位设置专职机构或专职人员负责指导协调、督促检查企业安全风险管理工作，并将安全风险管理工作纳入安全生产考核内容。

2. 北京：供热行业生产安全事故隐患排查治理

为进一步强化行业安全管理，严格落实供热单位安全生产主体责任和属地责任，建立生产安全事故隐患排查长效管理机制，2021 年北京市制定了《北京市供热行业生产安全事故隐患排查治理暂行办法》（京管发〔2021〕24 号）。

（1）各级部门的责任分工。市供热行业主管部门主要负责对全市行业生产安全事故隐患排查治理工作进行统筹协调和监督指导，对区供热行业主管部门进行检查，对供热单位落实情况进行抽查。区供热行业主管部门负责对属地供热单位落实生产安全事故隐患排查治理工作开展全覆盖检查，对生产安全事故隐患实行挂账督办，并对治理情况进行跟踪检查；同时将供热单位生产安全事故隐患排查治理情况纳入考核评价。供热单位结合供热行业特点，对生产安全事故隐患进行排查治理，落实各项责任。区行业主管部门应建立隐患整改督查核实机制。

（2）重大生产安全事故隐患处置。供热单位发现的重大生产安全事故隐患，应当及时向属地相关负有安全管理职责的部门报告，区供热行业主管部门接到报告后，应立即协调属地相关部门和街道（乡镇），采取挂账解决的方式落实隐患整改。对于因故未能及时解决的，供热单位要按照"一点一预案"的原则，逐一制定有针对性的应急预案并加强巡检，防止发生安全事故。

3. 宁夏：供热行业有限空间作业管理

2021年1月，宁夏回族自治区中卫市发布《关于进一步加强供排水、供热行业有限空间作业安全生产管理的通知》，要求各供热企业要依法履行有限空间安全生产主体责任，做好供热行业有限空间风险辨识，制定有针对性的应急预案，每年至少进行一次演练，定期进行修改和完善，并按规定向行业主管部门备案。要保证有限空间作业的安全生产投入，提供符合要求的通风、检测、防护、照明等安全生产防护设施和个人防护用品。

严格执行有限作业空间规章制度要求。各生产经营单位要建立专业的作业队伍开展有限空间作业，相关人员应经考核合格并取得特种作业上岗资格证书后上岗。要制定有限空间作业的规章制度和操作规程，严格执行有限空间作业审批制度，作业现场必须有负责人员、监护人员，要严格执行"先通风、先检测、后作业"的规定。在作业环境条件可能发生变化时，应当对作业场所中危害因素进行持续或定时检测，严禁在事故发生后盲目施救。

深入开展有限空间隐患排查治理。各供热企业要严格落实有限空间作业安全管理制度，全面开展隐患排查整治。对地下管道、地下室、暗沟、废井等有限空间作业的基本情况和危险因素，建立基础台账，对重点作业环节等进行检查。对查出的隐患，要逐一登记、建档立案，及时整改销号。各单位对排查整改情况应及时向行业主管部门报告。

严禁违法违规开展有限空间作业，各有关单位不具备有限空间作业的安全条件时，不得自行组织施工作业，应当委托具备专业单位进行。委托承包单位进行有限空间作业的，应当与承包单位签订专门的安全生产管理协议，或者在承包合同中约定各自的安全生产管理职责，并进行安全交底。

19.2　应急管理

19.2.1　管理内容要求

1. 《中华人民共和国安全生产法》（2021年修订）中的规定

（1）各级人民政府应急管理要求。

国家加强生产安全事故应急能力建设，在重点行业、领域建立应急救援基地和应急救援队伍，并由国家安全生产应急救援机构统一协调指挥；鼓励生产经营单位和其他社会力量建立应急救援队伍，配备相应的应急救援装备和物资，提高应急救援的专业化水平。

国务院应急管理部门牵头建立全国统一的生产安全事故应急救援信息系统，国务院交通运输、住房和城乡建设、水利、民航等有关部门和县级以上地方人民政府建立健全相关行业、领域、地区的生产安全事故应急救援信息系统，实现互联互通、信息共享，通过推行网上安全信息采集、安全监管和监测预警，提升监管的精准化、智能化水平。

县级以上地方各级人民政府应当组织有关部门制定本行政区域内生产安全事故应急救援预案，建立应急救援体系。

乡镇人民政府和街道办事处，以及开发区、工业园区、港区、风景区等应当制定相应的生产安全事故应急救援预案，协助人民政府有关部门或者按照授权依法履行生产安全事故应急救援工作职责。

有关地方人民政府和负有安全生产监督管理职责的部门负责人接到生产安全事故报告后，应当立即按照国家有关规定上报事故情况，并按照生产安全事故应急救援预案的要求立即赶到事故现场，组织事故抢救。参与事故抢救的部门和单位应当服从统一指挥，加强协同联动，采取有效的应急救援措施，并根据事故救援的需要采取警戒、疏散等措施，防止事故扩大和次生灾害的发生，减少人员伤亡和财产损失。事故抢救过程中应当采取必要措施，避免或者减少对环境造成的危害。

（2）生产经营单位应急管理要求。

生产经营单位应当制定本单位生产安全事故应急救援预案，与所在地县级以上地方人民政府组织制定的生产安全事故应急救援预案相衔接，并定期组织演练。

生产经营单位发生生产安全事故后，事故现场有关人员应当立即报告本单位负责人。单位负责人接到事故报告后，应当迅速采取有效措施，组织抢救，防止事故扩大，减少人员伤亡和财产损失，并按照国家有关规定立即如实报告当地负有安全生产监督管理职责的部门，不得隐瞒不报、谎报或者迟报，不得故意破坏事故现场、毁灭有关证据。

2.《中华人民共和国突发事件应对法》的规定

该法规定，国家建立统一领导、综合协调、分类管理、分级负责、属地管理为主的应急管理体制。突发事件应对工作实行预防为主、预防与应急相结合的原则。突发事件预防与应急准备工作主要包括建立健全突发事件应急预案体系、建设城乡应急基础设施和应急避难场所、排查和治理突发事件风险隐患、组建培训专兼职应急队伍、开展应急知识宣传普及活动和应急演练、建立应急物资储备保障制度等方面内容。国家建立重大突发事件风险评估体系，对可能发生的突发事件进行综合性评估，减少重大突发事件的发生，最大限度地减轻重大突发事件的影响。

3.《生产安全事故应急条例》（国务院令第 708 号）的规定

该《条例》强化了应急准备在应急管理工作中的主体地位。应急准备是应急管理工作的基本实践活动，是平时为消除事故隐患、遏制事故危机、有效应对事故灾难而进行的组织、物质、技能和精神等准备。每当发生重大险情或事故后，社会和公众关注的焦点往往是应急处置与救援的成效。而决定应急处置与救援成效的关键因素是平时的应急准备水平。应急处置与救援活动是检验应急准备水平最直接、最有效的方式。把应急准备作为加强应急管理工作的主要任务，并从应急预案演练、应急救援队伍、应急物资储备、应急值班值守等方面搭建了安全生产应急准备的基本内容。

该《条例》在总则中确立了政府统一领导、生产经营单位负责、分级分类管理、整体协调联动、属地管理为主的生产安全事故应急体制，明确规定了各级人民政府、应急管理部门、事故单位及其主要负责人在应急处置与救援中所承担的责任和应当采取的必要措施，以及相应的法律责任，既遵从了上位法明确的相关要求，又理顺了政府、部门、企业、社会等有关各方在生产安全事故应急工作中的职责和定位，为推动实现各担其职、各负其责的生产安全事故应急工作局面提供了法制保障。

该《条例》指出生产经营单位主要负责人对本单位的生产安全事故应急工作全面负责。《条例》明确了五项制度、一个机制和四方面应急管理保障要求，即：应急预案制度、定期应急演练制度、应急救援队伍制度、应急储备制度和应急值班制度，第一时间应急响应机制，人员、物资、科技、信息化等方面应急管理保障要求；同时，规定了应急工作违法行为的法律责任。

4.《中华人民共和国国民经济和社会发展第十四个五年（2021—2025 年）规划和2035 年远景目标纲要》的要求

该文件要求构建统一指挥、专常兼备、反应灵敏、上下联动的应急管理体制，优化国家应急管理能力体系建设，提高防灾减灾抗灾救灾能力。坚持分级负责、属地为主，健全中央与地方分级响应机制，强化跨区域、跨流域灾害事故应急协同联动。开展灾害事故风险隐患排查治理，实施公共基础设施安全加固和自然灾害防治能力提升工程，提升洪涝干旱、森林草原火灾、地质灾害、气象灾害、地震等自然灾害防御工程标准。加强国家综合性消防救援队伍建设，增强全灾种救援能力。加强和完善航空应急救援体系与能力。科学调整应急物资储备品类、规模和结构，提高快速调配和紧急运输能力。构建应急指挥信息和综合监测预警网络体系，加强极端条件应急救援通信保障能力建设。发展巨灾保险。

5.《国务院办公厅关于加强城市地下管线建设管理的指导意见》（国办发〔2014〕27号）的要求

该文件要求针对城市地下管线可能发生或造成的泄漏、燃爆、坍塌等突发事故，要根据输送介质的危险特性及管道情况，制定应急防灾综合预案和有针对性的专项应急预案、现场处置方案，并定期组织演练；要加强应急队伍建设，提高人员专业素质，配套完善安全检测及应急装备；维修养护时一旦发生意外，要对风险进行辨识和评估，杜绝盲目施救，造成次生事故；要根据事故现场情况及救援需要及时划定警戒区域，疏散周边人员，维持现场秩序，确保应急工作安全有序。切实提高事故防范、灾害防治和应急处置能力。

19.2.2　管理热点剖析

1. 应急保障新技术

供热管线事故处置引进各类抢修技术，如模具注胶堵漏、缠绕带堵漏、带压补漏、带水焊接、移动式蓄热车等各类新型技术，减少供热管线泄漏造成的停热事故对居民用热需求的影响。运用科技化手段提升应急保障水平，应用单兵视频系统与应急指挥平台建立非现场指挥部，同步建立应急现场实时图像与现场指挥全过程图像收集数据库，提高应急处置效率，缩短应急处置时间，为处理事件后进行分析研判提供依据。

2. 供热管线应急预案

编制供热管线事故应急预案，对科学应对供热事故、最大限度减少事故损失具有重要意义。

一是建立综合预案。该类预案是应对供热管线事故的综合性文件。预案应从总体上阐述供热管线事故的应急方针、政策，应急组织结构及相关应急职责，应急行动、措施和保障等基本要求和程序。二是建立专项应急预案。该类预案是针对具体的供热管线事故类别（如泄漏、爆管等事故）、危险源和应急保障而制定的计划或方案。预案应按照程序和要求组织制定，并作为综合应急预案的附件。专项应急预案应制定明确的救援程序和具体的应急救援措施。三是现场处置方案。该类方案需针对具体的装置、场所或设施、岗位制定应急处置措施，应具体、简单、针对性强。方案应根据风险评估结果及危险性控制措施逐一编制，做到事故相关人员应知应会、熟练掌握，并通过应急演练，做到迅速反应、正确处置。

19.2.3　案例分析/创新举措

1. 河北：建立供热行业突发事件四级应急响应

2017 年，河北省对《河北省供热行业重大突发事件应急预案》进行了修订，自 2017 年 9 月 25 日起实施。按照突发事件的性质、严重程度和影响范围等因素，新修订的应急预案将突发事件分为四级：造成全市所有区域连续停止供热 72h 以上，或发生一次性死亡 30 人以上的供热突发事件为Ⅰ级（特别重大）；造成 300 万 m^2 以上区域连续停止供热 72h 以上，或发生一次性死亡 10 人以上 30 人以下的供热突发事件为Ⅱ级（重大）；造成 100 万 m^2 以上区域连续停止供热 72h 以上，或发生一次性死亡 3 人以上 10 人以下的供热突发事件为Ⅲ级（较大）；造成 50 万 m^2 以上区域连续停止供热 72h 以上，或发生一次性死亡 1 人以上 3 人及以下的供热突发事件为Ⅳ级（一般）。

坚持属地管理原则，对照供热突发事件分级，相应建立四级应急响应。Ⅰ级应急响应由国家供热行业主管部门负责，Ⅱ级应急响应由省供热行业主管部门负责，Ⅲ、Ⅳ级应急响应由各市人民政府或授权有关部门负责。发生Ⅰ、Ⅱ级突发事件时，启动本预案及以下各级预案并及时上报国家有关部门；发生Ⅲ级、Ⅳ级事故及险情时，启动市级及以下应急预案，并及时上报省应急指挥小组办公室。

供热行业重大突发事件发生后，当地供热行业主管部门应立即向同级人民政府和省建设行政主管部门报告情况，突发事件信息报告要坚持早发现、早报告、早处置的基本原则。重大突发事件发生单位及主管部门接报后要立即启动应急预案，并做到迅速采取有效措施，组织抢险、抢救，防止事态扩大。当地供热行业主管部门协调有关部门对突发事件现场进行道路交通管制，根据需要开设应急救援特别通道，道路受损时应迅速组织抢修，确保救灾物资、器材和人员运送及时到位，满足应急处置工作要求。

2. 青岛：供热管网事故抢修应急预案演练

2021 年 10 月，青岛市开展了由青岛市城管局组织，青岛市公安局、市住房和城乡建设局、市北区政府及有关部门和企业参加的供热管网事故抢修应急演练，实景模拟了集中供热管线事故发生后，从应急响应到应急处置的全过程。

此次应急演练模拟"华电热力高温水主管网发生泄漏"场景，以检验抢修实效和应急保暖保供为主要内容。演练了泄漏事故场景发生后，巡检人员迅速逐级汇报情况，相关部门单位迅速赶赴现场，启动应急预案，成立现场抢修指挥部，组织抢修队伍到达现场，启动备用热源，关闭泄漏管线阀门，实施开挖、泄水、焊接作业等管线事故抢修环节。

整个演练从检验预案、磨合机制、锤炼队伍的角度，实景模拟了集中供热管线事故发生后，从应急响应到应急处置的全过程，展示了属地政府、管理部门、供热企业间整体协作、衔接有序、统一指挥的应急处置能力，有效提升了各部门、各企业的协调联动能力，为确保2021—2022供暖季供热生产安全稳定运行，最大程度降低突发事故对供热保障的影响提供保障。

第八篇　行　动　篇

第20章　基础保障体系

20.1　法律法规

20.1.1　法规体系情况

目前，我国国家层面涉及供热行业的法律法规较少，但部分省市基于各自需求制定了地方性法规规章，对供热行业建设管理进行了系统规定。

1. 国家层面

目前我国尚未出台专门针对供热行业的法律法规，但在特种设备相关法律法规有所涉及。《中华人民共和国特种设备安全法》（主席令第四号）、《特种设备安全监察条例》（国务院令第549号）从特种设备安全角度，明确了热力管道（根据国家市场监督管理总局发布《特种设备目录》，热力管道属于压力管道）经营、使用、检验、检测和监督检查的相关要求。

国家相关规范性文件中对供热行业发展、运行保障及供热管线管理提出了明确要求。2014年国务院办公厅发布的《关于加强城市地下管线建设管理的指导意见》（国办发〔2014〕27号）明确了城市各类地下管线（含供热管线）的规划、建设及运行管理工作要求。2021年10月发布的《中共中央 国务院 关于完整准确全面贯彻新发展理念做好碳达峰碳中和工作的意见》中提出，在北方城镇加快推进热电联产集中供暖，加快工业余热供暖规模化发展，积极稳妥推进核电余热供暖，因地制宜推进热泵、燃气、生物质能、地热能等清洁低碳供暖。该文件明确了未来供热行业发展方向。2021年11月发布的《住房和城乡建设部办公厅 国家发展改革委办公厅 国家能源局综合司 关于切实加强城镇供热采暖运行保障工作的通知》（建办城〔2021〕47号）明确了属地管理责任、供热设施运行管理、供热服务质量、工作协同机制方面的要求。

2. 地方层面

我国北方省市根据实际情况制定供热行业地方性法规规章，对本省市供热管理进行规范。天津市、辽宁省、黑龙江省、吉林省、内蒙古自治区、山东省、沈阳市、石家庄市等省市均出台了供热管理条例，北京市、河北省、河南省、哈尔滨市、郑州市等省市制定了供热管理办法。各省市法规规章主要内容包括供热设施的规划、建设、巡查维护、安全防护、应急抢修及监督管理等。部分省市相关法规规章见表20-1。

我国部分省市出台的供热行业法规规章

表 20-1

序号	省市	法规规章名称
1	黑龙江省	黑龙江省城市供热条例（2021 年）
2	内蒙古自治区	内蒙古自治区城镇供热条例（2011 年）（正在修订）
3	吉林省	吉林省城市供热条例（2021 年）
4	山东省	山东省供热条例（2021 年）
5	天津市	天津市供热用热条例（2018 年）
6	辽宁省	辽宁省城市供热条例（2014 年）（正在修订）
7	北京市	北京市供热采暖管理办法（北京市人民政府令第 216 号）（2019 年）
8	河南省	河南省集中供热管理试行办法（河南省人民政府令第 183 号）（2017 年）
9	河北省	河北省供热用热办法（河北省人民政府令〔2013〕第 7 号）
10	长春市	长春市城市供热管理条例（长春市第十五届人民代表大会常务委员会公告〔2021〕65 号）
11	兰州市	兰州市供热用热条例（2021 年修订）
12	石家庄市	石家庄市供热用热条例（2020 年）（正在修订）
13	西安市	西安市集中供热条例（2018 年）
14	沈阳市	沈阳市民用建筑供热用热管理条例（2011 年）
15	郑州市	郑州市城市供热与用热管理办法（2015 年）
16	哈尔滨市	哈尔滨市城市供热办法（哈尔滨市人民政府令第 235 号）（2011 年）

20.1.2　存在问题

1. 国家层面供热管线相关法律法规仍不健全

目前国家层面尚未出台专门针对供热行业的法律法规，仅在少数法律法规中涉及与供热有关的个别条款。例如，《中华人民共和国大气污染防治法》（主席令第三十一号）对供热热源提出了建设要求及违反规定的处罚要求；《中华人民共和国节约能源法》（主席令第四十八号）规定了供热计量相关要求；《中华人民共和国计量法》规定了用于贸易结算的供热计量器具实行强制检定的要求；《物业管理条例》明确了收取热费主体；《民用建筑供热计量管理办法》（建城〔2008〕106 号）为推进供热计量收费、计量改造提供了依据。这些法律法规及规范性文件中仅涉及了部分供热行业的内容，特别是涉及热力管道建设管理的内容很少且不系统、不全面。由于缺乏国家层面的上位法，导致各省市供热管线相关法规制度体系建设缺乏有力依据，主要还是结合自身需求出台相关政策文件。这些文件内容差异性较大，管理水平也参差不齐。供热管线领域亟需完善法律法规体系，规范我国热力管道规划设计、建设施工和运行管理，促进我国热力管道管理水平提升。

2. 地方供热相关法规制度文件还完善

虽然我国北方大部分省市已出台了省级地方性法规、部门规章、规范性文件，但部分法规制度存在与国家政策方向不完全一致的现象，不同地方、不同区域的技术底线要求也各不相同，对加强城镇供热用热管理、规范供热用热行为、保障供热用热双方合法权益的理解也存在较大的差异。国家碳达峰碳中和工作中明确了推进热电联产集中供暖、工业余热供暖、核电余热供暖及热泵、燃气、生物质能、地热能等清洁低碳供暖工作要求，然而各城市相关法规规章中涉及热电联产供暖、工业余热供暖、清洁低碳供暖等内容极少，难以满足供热行业发展需求。目前各城市热力管道超期服役现象较为普遍，管道外部环境影响因素更加复杂，纳入综合管廊的热力管道日益增加，这些新形势也给供热管线运行管理提出了新要求，也需要各城市加强供热管线运行管理法规制度体系建设。

3. 城镇整体供热管网的规范性文件缺乏前瞻性、统筹性和长远性

随着我国城镇化进程的加快，城市供热需求量不断增加，供热管网的管径和规模越来越大。而在城市建设过程中，地下空间涉及的基础设施管网不仅有供热，还有电力、电信、天然气、给水排水等多领域的管网敷设，由于早期我国一些城市缺乏对城市建设进行整体规划，造成城镇地下空间资源极度紧张。

部分供热管网只按当前的热负荷需求进行设计建设，缺乏前瞻性；当有更多供热需求时，却发现原有的地下供热管径偏小或长度不够，而地下空间已被其他市政设施占据，不具备扩大供热管网的条件，只能拼凑其他临时管线，"头痛医头、脚痛医脚"的现象常有发生。还有一些供热管线，由于城市缺乏统筹规划，在城市道路进行修建时没有随路建设供热管网；当发现有新的供热管网建设需求时，只能对修建没几年的道路不断开挖，不仅重复投资，而且严重影响市政交通，给人民群众的生活带来极大的不便。

此外，部分供热管网在规划建设的过程中没有考虑到运行维护的具体需求，后期建设的地面建筑占压了地下供热管网的维护空间。一旦供热管网出现泄漏等安全事故，不仅给及时抢修造成很大困难，同时也会给地面的建筑和人民群众的生命财产带来危害。

20.1.3　对策与建议

1. 健全国家供热行业法律法规体系

针对国家层面供热行业法律法规缺失问题，建议从国家层面对我国现行的供热行业法律法规及规范性文件进行收集和梳理，深入分析当前供热行业法律法规体系存在的问题和不足。着眼供热行业发展形势及管理需求，构建我国供热行业法律法规体系框架，明确国家法律法规体系层级、内容及法律法规制度文件。结合供热行业法律法规体系现状，研究制定供热行业法律法规制修订计划，加快推进国家供热行业法律法规体系建设进程。

2. 完善各地供热行业法规制度

各省市应针对热力管道超期服役、外部影响因素、管线入廊等实际情况，开展热力管道腐蚀老化、外力破坏、交叉影响等方面的研究和分析，完善热力管道巡查监测、隐患排查、安全防护、更新改造等方面的法规政策文件，以满足热力管道运行安全的需要。各省市还应结合我国碳达峰碳中和政策要求，梳理未来供热行业发展新要求，并针对性地制修订相关法规政策文件，进一步明确供热能源结构优化调整、低碳供暖、新能源供暖等工作要求，促进本省市供热行业碳达峰碳中和工作有序实施。

3. 加强城镇整体供热管网规范性文件的前瞻性、统筹性和长远性

城市建设的管理部门在制定整个城市发展规划过程中，应该把供热发展规划纳入到整个城市的发展规划体系中；在制定供热管网规范性管理文件的过程中，应把前瞻性、统筹性、长远性放在首位。如本地集中供热专项规划至少要按超前 10 年的需求制定本级热源供热管网建设和老旧管网改造计划，并分步实施；新区开发、旧城改造应当按照集中供热专项规划，配套建设供热设施，或者预留供热设施用地，预留的供热设施用地任何单位和

个人不得擅自占用或者改变用途；在供热管网施工建设和运行过程中，应考虑与其他水、电、气和通信等行业系统的协调与配合，对其有共性要求的规范性文件进行统筹管理。

20.2　标准规范

20.2.1　标准体系情况

1. 我国供热标准体系

早在 2002 年，为适应标准体制改革和加入世界贸易组织（WTO）的需要，建设部部署编制了包括城镇供热专业在内的《工程建设标准体系——城乡规划、城镇建设、房屋建筑部分》，该文件自 2003 年 1 月 2 日起实施。工程建设标准体系分为基础标准、通用标准、专用标准 3 个层次。2005 年，为促进城镇供热事业的发展，确保供热安全生产、输送和使用，建设部"建标函〔2005〕84 号"文件下达了修订《工程建设标准体系（城乡规划、城镇建设、房屋建筑部分）》的计划，进一步修订完善既有工程标准体系。

2007 年，建设部"建标〔2007〕127 号"文件下达了《城镇建设产品标准体系》的制定计划，对城镇供热产品标准体系进行了系统制定。2012 年，根据城镇建设产品标准体系要求，我国对城镇供热产品标准体系进行了优化和完善。该体系纵向划分为基础标准、通用标准和专用标准三个层次，横向划分为供热系统、供热热源、供热管网和供热换热站四个门类。其中，基础标准是指城镇供热专业范围内具有广泛指导意义的共性标准，如术语、分类、标志等。通用标准是针对城镇供热专业或某一门类标准化对象制定的共性标准，如通用的产品设计、制造要求，通用的检测、试验验收要求以及通用的管理要求等。专用标准是指在某一门类下的对某一具体标准化对象制定的个性标准，包括该门类中具体的产品、检测、服务及管理标准。

按照标准的适用范围和效力不同，我国供热标准可分为国家标准、行业标准、地方标准、团体标准和企业标准五个级别。其中，国家标准由国家市场监督管理总局与国家标准化管理委员会制定，在全国范围内适用，其他各级别标准不得与国家标准相抵触；供热行业标准由住房和城乡建设部制定，在全国供热行业范围内适用；地方标准由各省、自治区、直辖市的标准化行政主管部门根据地方特殊需求制定，在该省市范围内适用；团体标准主要由城镇供热协会等相关社会团体自主制定发布，国务院标准化主管部门等有关部门对团体标准进行规范、引导和监督；企业标准由相关供热企业根据本企业管理需求自主制定，在本企业内部适用。

2. 我国现行供热标准

经过二十多年的发展，我国供热标准从基础术语、设计、施工、验收到运行维护等环节已基本配套完成，同时还制定了一批供热工程急需的产品标准，为供热管网技术推广提供了技术支持。近年来，随着我国节能改造、余热回收利用、再生能源供热等相关技术的发展和应用，我国相关行业主管部门制定出台了太阳能供热、地热、风电清洁供热、生物质燃料供热系统建设管理方面的标准。

据统计，目前我国已发布供热相关国家标准、行业标准共 68 部，包括国家标准 35 部，行业标准 33 部（标准目录见附录 6），其中基础标准 5 部、通用标准 38 部、专用标准 25 部。基础标准主要涉及供热术语、标志、制图和安全信息分类等；通用标准主要涉及供热管线规划、设计、施工及验收、运行维护、抢修、热损失和保温检测、监测与调控、评价等；专用标准主要涉及管材、管件（阀门、补偿器）、热熔套、保温材料等。

从标准标龄分布看，国家标准平均标龄为 5.8 年，标龄主要集中在 5 年以内（图 20-1）。其中，标龄小于 5 年的国家标准有 25 部，占国家标准总数的 71％；标龄为 5～10 年的国家标准有 6 部，占国家标准总数的 17％。另外，还有 4 部国家标准的标龄超过 10 年（占比为 11％），包括《蒸汽供热系统凝结水回收及蒸汽疏水阀技术管理要求》GB/T 12712—1991、《冷热水系统用热塑性塑料管材和管件》GB/T 18991—2003、《冷热水用交联聚乙烯（PE-X）管道系统　第 1 部分：总则》GB/T 18992.1—2003 和《城镇供热系统评价标准》GB/T 50627—2010。

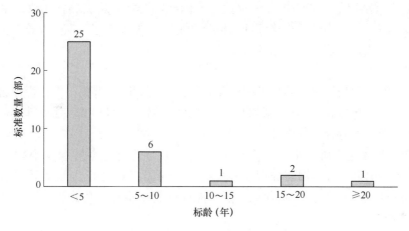

图 20-1　我国国家标准标龄分布情况

相对国家标准，行业标准更新相对较慢。行业标准平均标龄为 7.3 年，标龄主要集中在 10 年以内（图 20-2）。其中，标龄小于 10 年的行业标准共有 25 部，占行业标准总数的 76％；标龄 10 年以上的行业标准共有 8 部，占行业标准总数的 24％。

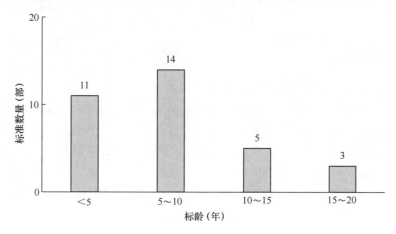

图 20-2　我国行业标准标龄分布情况

2016 年以来，随着国家市场监督管理总局（原国家质检总局）、国家标准管理委员会印发的《关于培育和发展团体标准的指导意见》（国质检标联〔2016〕109 号）的出台，以及新《标准化法》的实施，我国积极鼓励学会、协会、商会、联合会、产业技术联盟等社会团体协调相关市场主体共同制定满足市场和创新需要的团体标准，进一步激发供热团体标准活力，增加标准有效供给。近几年来，中国城镇供热协会、中国工程建设标准化协会、中国电力联合会等社会团体积极参与供热行业团体标准的研究和编制工作，陆续制定了一批供热团体标准，主要涉及热力管道规划、供热保温塑料管道工程建设、区域供热系统工程、热电联产机组供热管网技术监督、清洁供暖系统建设等。该系列团体标准是对我国供热国家标准、行业标准的有效补充。

除了上述标准之外，北京市、天津市、河北省、辽宁省、吉林省、黑龙江省、山东省、陕西省等省市根据地方特殊需要，制定了具有地方特色的供热地方标准。如北京市自 2013 年以来先后制定了 9 部供热管线相关地方标准，主要涉及供热管线改造、有限空间作业、节能监测、施工保护、维修管理及供热企业安全等级评定、企业服务等。各地出台的地方标准也是我国供热标准体系的重要补充。

3. 供热标准国际化

近年来，我国积极推进供热标准国际化，加强了与国际标准化组织的交流合作，进一步增强我国在国际标准化活动中的影响力。国家能源局、住房和城乡建设部等部门启动了供热行业标准英文版翻译工作。

2017 年，国家能源局发布了《风电清洁供热可行性研究专篇编制规程（英文版）》NB/T 31114—2017E、《生物质成型燃料供热工程可行性研究报告编制规程（英文版）》NB/T 34039—2017E，并于 2018 年制定了《能源行业标准英文版翻译指南》（国家能源局公告 2018 年第 11 号）。

2019 年，住房和城乡建设部研究整理了《城乡建设领域标准国际化英文版清单》，构建了城乡建设领域标准英文版体系，梳理了城镇供热领域英文版标准清单。目前已启动 3 项供热标准英文版翻译工作，分别是《热量表》《聚乙烯外护管预制保温复合塑料管》及《高密度聚乙烯外护管硬质聚氨酯泡沫塑料预制直埋保温管及管件》。今后，我国将稳步推进供热标准外文版翻译，为实现标准互联互通及推动"一带一路"倡议的实施提供基础性支持。

20.2.2　存在问题

1. 智慧供热、新能源供热技术标准规范仍缺失

近年来随着我国智慧供热、余热供热、新能源供热技术的快速发展和推广，电厂冷凝水利用、烟气余热回收、工业余热供热、大温差技术等已在多个城市的供热工程中应用并得到大力发展，污水源、低温空气源热泵等技术得到了广泛的应用。此外，随着我国碳达峰碳中和政策相继出台实施，也对供热行业节能减排提出了要求。然而，目前我国在余热供热、新能源供热、低碳供热及智慧供热（如智能控制产品、技术）等方面的技术标准仍有缺失，难以满足供热行业的发展需求。

2. 供热行业标准体系有待健全

目前我国仍缺乏热力管道安全相关标准，亟需制定管线运行安全、防外力破坏及安全管理相关标准。另外，国家标准《供热工程项目规范》GB 55010—2021 于 2022 年 1 月 1

日正式实施，该标准是我国供热领域唯一的全文强制标准，然而目前我国尚未出台相关配套标准规范，造成该标准的推进落实中还存在困难。

3. 标准制修订时间较长

欧洲供热行业起步早且发展较快，标准系列较完善，对标准修订的频次较高，一般 5 年左右时间即对标准进行更新。然而，我国供热相关国家及行业标准的制修订时间跨度相对较长，部分标准修订时间需要近 10 年或 10 年以上的时间，难以满足当前供热行业的现实需求。同时，近年来我国供热行业快速发展，新材料、新技术、新产品的不断涌现，标准滞后将会对相关新技术、产品等的推广应用及供热行业的健康发展带来不利影响。另外，我国标准制修订需要经过立项申请审批、启动制修订、征求意见、专家审查及报批等阶段，此过程一般需要经历两年左右的时间，造成标准编制时间较长。

4. 技术标准在实际生产运行管理过程中所发挥的作用需要加强

美国、欧盟、日本等发达国家和地区拥有完善的标准，实施保障体系与法律体系、市场准入、合格评定三个环节相互衔接配套。产品要在市场上流通，获得市场准入的重要条件是产品应当符合技术法规和相关标准的规定，需要通过合格评定。政府的主要职责是监督与执法，而企业的任何违法行为都可能带来法律的惩罚和失去进入市场的资格，直接危及企业生存。目前我国供热标准的保障体系存在缺失现象，由于国家层面的上位法和地方层面的规章制度和规范性文件尚不健全，技术性标准受重视的程度有很大的局限性，尤其是标准中与安全、节能减排有关的约束性技术条文在落地的过程中尚存在监督和执法不够完善的现象。

20.2.3　对策与建议

1. 健全供热强制性标准的配套措施

针对《供热工程项目规范》GB 55010—2021 全文强制标准配套措施缺乏的情况，建议加强对该标准的宣贯培训和解读，以提升供热管网设计、施工及运行维护人员对标准的精确理解和把握，进一步推动该标准有效执行。同时，应尽快出台相应的配套标准规范，保障该标准顺利实施，从而进一步推动我国供热工程建设质量提升。

2. 结合供热行业发展需求完善标准体系

针对供热管线安全特点，研究编制供热管线风险评估、隐患排查治理、施工安全防护、企业管理评价等方面的国家、行业标准，同时可以对供热管线安全及企业安全管理相关地方标准、团体标准实施情况进行总结和提炼，升格形成国家、行业标准。结合我国供热行业发展目标和需求，建议加强对我国智慧供热、余热供热、新能源供热等新技术、新产品、新材料的研究和总结提炼，加快制定出台相关标准规范，以标准化促进供热行业创新发展。

3. 加快推进亟需标准的出台实施

供热行业相关部门、供热企业要加强供热行业新技术、新产品、新工艺的研究开发，在形成标准的同时促进先进技术方法的应用，加快推进双碳政策的落地，推动供热行业的技术进步。供热行业标准化主管部门要重视本行业急需标准的立项需求，针对智慧供热、新能源技术及我国碳达峰碳中和等方面急需标准的立项项目，要适当缩短标准立项及制修订周期，提高标准的时效性，增加急需标准的有效供给。

4. 加强技术标准在实施过程中的保障体系的建设

学习国外的先进经验，尤其对涉及城市安全、供热质量、环境保护、资源利用，以及对行业发展竞争力有重大影响的供热技术标准的制定，要建立完善的法规体系予以保障和监督。

20.3　基础信息

20.3.1　总体情况

1. 基础信息内容

供热管网主要基础信息包括：位置信息、管线走向、高程、偏距、管径、管线材质、管线类别、管线规格、压力等级、载体特征、建设年代、埋深、权属单位、管网监测数据等。

从施工与验收的角度，根据《城镇供热管网工程施工及验收规范》CJJ 28—2014 标准要求，针对竣工验收电子文档中与管线相关的主要信息及资料包括以下内容：焊口对接记录、焊口（编号）、管道轴线定位记录、焊缝表面检查记录、焊口保温记录、管线回填（铺设警示布）记录、固定支墩配筋图、尺寸图、实际管道井尺寸、单元关断阀、自立式压差控制器、管道井内分户锁闭阀、一网、二网、换热站竣工图、室内供暖图等。

从管线普查的角度，根据《住房和城乡建设部等部门关于开展城市地下管线普查工作的通知》（建城〔2014〕179 号）的要求，应全面查清城市范围内的地下管线现状，获取准确的管线数据，掌握地下管线的基础信息情况和存在的事故隐患，明确管线责任单位，限期消除事故隐患。普查内容包括基础信息普查和事故隐患排查。基础信息普查应重点掌握地下管线的种类、数量、功能属性、材质、管径、平面位置、埋设方式、埋深、高程、走向、连接方式、权属单位、建设时间、运行时间、管线特征、沿线地形以及相关场站等信息。事故隐患排查应全面摸清存在的结构性隐患和危险源，特别是要查清重大事故隐患，包括：隐患地点、隐患类别、隐患部位、隐患描述、责任单位、责任人、是否有安全标志、是否采取整改措施等。

2. 基础信息利用

基础信息是热力管网运行管理的重要支撑，在管网运行维护、巡检、应急抢修及改扩建中具有重要作用。

2019 年 11 月 25 日，中华人民共和国住房和城乡建设部、中华人民共和国工业和信息化部、国家广播电视总局和国家能源局联合发布《关于进一步加强城市地下管线建设管理有关工作的通知》（建城〔2019〕100 号），通知要求各地管线行业主管部门和管线单位要在管线普查基础上，建立完善专业管线信息系统。

管线综合管理牵头部门要推进地下管线综合管理信息系统建设，在管线建设计划安排、管线运行维护、隐患排查、应急抢险及安全防范等方面全面应用地下管线信息集成数据，提高管线综合管理信息化、科学化水平。积极探索建立地下管线综合管理信息系统与专业管线信息系统共享数据同步更新机制，加强地下管线信息数据标准化建设，在各类管线信息数据共享、动态更新上取得新突破，确保科学有效地实现管线信息共享和利用。

鼓励应用物联网、云计算、5G 网络、大数据等技术，积极推进地下管线系统智能化改造，为工程规划、建设施工、运营维护、应急防灾、公共服务提供基础支撑。

20.3.2　存在问题

1. 原始基础信息资料缺失现象严重

但由于历史原因，我国北方地区供热管网建设年代不同、建设标准和管理水平参差不齐，一些城镇供热管网基础信息缺失的现象还很严重。这主要体现在管网产权不清、档案资料不全、信息质量不高等方面，甚至管线走向及位置均不明确。

2. 管线设计资料及竣工资料等未实现数字化交付和信息化管理

有些供热管网虽然有设计资料和竣工资料，但多为纸质版、PDF 扫描文件等形式，无法实现直观统计且查找不方便，影响使用的效果。一些建设历史长（最早 20 世纪 50、60 年代）的供热管网，初期多为纸质资料，中间年代遇到翻修改造后，竣工资料未得到及时更新，部分工程项目信息资料不全或不准确，严重制约了大型供热管网智能运维管理一体化平台的建设。

3. 现有的信息化基础数据由于数据标准化不统一难以得到共享

由于区域不同、企业不同，供热行业地下管网的信息化建设标准各不相同，造成供热行业内部信息化平台数据难以共享。同时由于供热行业地下管网的信息化建设与水、电、气等其他地下管网的信息化建设的标准也不完全相同，造成同一个城市中的管网数据也难以得到共享。数据共享问题制约了城市建设和管理服务支撑。

20.3.3　对策与建议

供热管网的基础信息涉及企业生产经营活动过程中所产生、获取、处理、存储、传输和使用的一切数据和业务，是供热系统安全运行高效运行的基础支撑。针对上述供热管网基础信息中存在的问题，可采取以下几点措施：

1. 开展供热管网普查工作

通过现场探测、查阅历史资料等方法，重新梳理现有供热管网基础数据，绘制综合管线图，建立数据库和城市综合管线信息系统做好动态归档管理。

2. 提升供热管网信息的电子化水平

通过 GIS、北斗等技术及建筑信息模型（BIM）三维设计，对设计资料、监测数据及竣工资料信息进行电子化，提升热力管网数据的完整性。

3. 建立供热管网基础信息数据标准，实现数据共享

在基础信息中规定以统一编码的形式来标志各种信息资源，并利用统一存储架构来实现整体规划存储容量支持，多协议存储，利用率可以得到提升，并能够提供足够灵活性，建立统一标准数据接口，对当前各个地下管网或不同地下管网的数据输入输出格式制定标准协议，以有利于应用系统或者业务模块间的，数据交换利于业务扩展，提高基础信息的数字化效率，从而实现数据共享。

第 21 章 建 设 施 工 技 术

21.1 敷设技术

21.1.1 直埋敷设技术

直埋敷设技术就是将预制的保温管道直接埋入地下，利用管道自身的机械强度及其附件来共同承受管道供热时产生的热应力的一项技术。其工程造价低，热损失小，节约能源，防腐，绝缘性能好，使用寿命长，占地少，施工快，有利于环境保护和减少施工扰民，具有良好的社会效益和经济效益。

直埋敷设方式包括有补偿敷设和无补偿敷设两种。

1. 有补偿直埋敷设

有补偿直埋敷设指通过管线自然补偿和补偿器来解决管道热伸长量，使热应力最小的一种敷设技术。因设置了补偿器，管道运行中产生的膨胀变形可以利用补偿器进行吸收，在热力管道中产生的轴向应力最小，所以只有冷安装敷设方式。有补偿敷设人为设置补偿弯管和补偿器，虽然会降低管道应力，但会引起下列问题：

（1）补偿装置需要维护，宜安装在补偿小室内，这不仅会增加投资，还会增大管网的热损失，从而降低系统的经济性；

（2）几十年的集中供热经验表明，补偿器和固定支架应用在供热管网中，使管网的运行稳定性以及安全性大大降低，使管网中的薄弱环节增加，增加管网的事故概率，降低管网的可靠性。

因此，只有在对热力管道安装安全有特殊要求或者是安装条件不具备的时候，才采用有补偿直埋敷设方式。

2. 无补偿直埋敷设

无补偿直埋敷设指管道在受热时没有任何补偿措施，只能依靠管道自身性能变化来抵消应力变化的一种敷设技术。安装方式主要为无补偿预热安装和无补偿冷安装。

无补偿预热安装直埋敷设是指在安装过程中对管道预升温加热、焊接的一种敷设技术。无补偿冷安装直埋敷设是指供热工程中所应用的管体焊接和沟槽回填等，能在常温环境下使用的技术。冷安装适用于低温水系统，但其便于分支引出，适宜市内集中热力管道敷设，所以对于分支较少、地下障碍较少、地势平坦、地质条件好的高温水系统也可以优先采用冷安装。在冷安装技术处理难度大的工程中应优先采用预热安装，例如地形复杂、分支多、平面折弯多、高程起伏大、地质条件不好等条件下，采用冷安装难以保证施工质量，且安全隐患多，此时应优先考虑预热安装。

无补偿敷设在长直管线上不用专门布置补偿器，在自然形成的弯管补偿器或自然形成的弯管补偿器不能满足要求时，才会设置少量补偿器进行保护。对于设计供水温度较高的热力管道，无补偿管段热应力会比有补偿敷设高得多，设计不当或施工不规范等可能会引起下列问题：

（1）在整个锚固段内，可能产生沿轴线方向的循环塑性变形；

（2）浅埋的管道、高程上变化剧烈的管道、地下管线复杂和地下水位较高的管道可能产生整体失稳；

（3）大管径的管道，特别是有缺陷、有折角的大管径管道可能会产生局部皱结；

（4）管件及管道附件，如三通、折角和阀门等，可能会产生局部皱结和疲劳破坏。

3. 改进措施及建议

针对上述直埋敷设技术所出现的问题，可以从以下几个方面做出改进：

（1）确保工程质量及工程进度，要求安装队伍在技术素质达标的前提下，要有强烈的责任心，对安装队伍的选择要严格，施工管理人员的技术素质要过硬。

（2）设计中必须认真进行管网定线，减少折弯，依据热力计算结果，灵活应用有补偿和无补偿敷设，权衡冷安装和预热安装的利弊，扬长避短，保证管网使用寿命。

（3）在实际的受力设计中，应考虑大直径管道受力特点，根据具体的情况，选择相应的管道失效方式进行分析和验算，才能保证管道受力设计的合理、工程的运行安全。

21.1.2　非开挖施工技术

非开挖技术指的是在不对地表进行挖槽的情况下，通过多种不同的岩土钻凿技术手段对地下管线进行铺设、更换以及修复的新施工技术。非开挖技术不会阻碍交通，不会破坏绿地、植被，不会影响商店、医院、学校和居民的正常生活以及工作秩序，解决了传统开挖施工对居民生活、交通、环境及周边建筑物基础的不良影响和破坏，具有较高的社会经济效果。

目前非开挖技术在热力管道的应用主要分为顶管法、水平定向钻井法、浅埋暗挖法和盾构法等。

1. 顶管法施工技术

顶管施工又称为顶进法施工，是指利用顶进设备将预制的箱形或圆形构造物逐渐顶入路基，以构成立体交叉通道或涵洞的施工方法。顶管施工需先在确定的管段之间设置工作坑和接收坑，然后在工作坑内安装推力设备将导轨上的顶管机头推入土体，由机头导向，将预制的钢筋混凝土管向前顶进，前端土体通过工作坑运出，最后完成管道铺设。

顶管施工技术不需要开挖面层，不会造成地面建筑物的拆迁或重复建设，不破坏环境也不影响交通，其他临近管线也不必因此转移或加设防护措施，施工不受气候和环境的影响，省时、高效、安全，综合造价低。

2. 浅埋暗挖法施工技术

浅埋暗挖法施工基本做法是，先按设计深度挖一竖井，竖井的井位可根据具体情况设在马路上或马路以外的地方，如人行道、绿地、小区等，当竖井开挖到设计标高时，再由竖井向隧道的两个方向开挖。

该法施工时，利用新奥法原理，先在围岩中开挖一个较小的进尺；利用时空效应，即时架设格栅钢构，并施做喷射混凝土，形成刚性较大的初期支护；如此循环，直至初期支护的隧道贯通，然后再施做模筑的混凝土二次衬砌，最后修筑竖井恢复路面。为保证工程的安全，在施工的全过程，要对隧道内的变形和地面沉降等进行监测，以随时修正设计和施工方案。浅埋暗挖施工法示意图如图 21-1 所示。

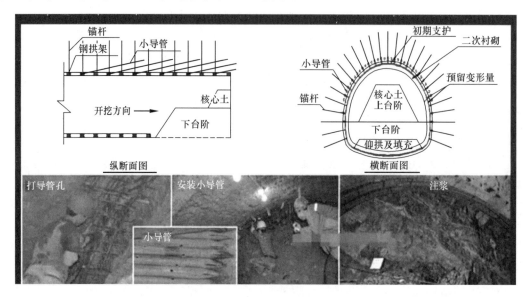

图 21-1　浅埋暗挖施工法示意图

　　浅埋暗挖施工方法是一种相对成熟的非开槽施工工艺。但涉及每个具体工程，由于地下地质情况错综复杂，地面构筑物情况各异，尽管依据已掌握的资料做出了详细周密的施工方案，但在具体实施过程中，往往会遇到一些意想不到的问题，影响施工进度，甚至工程质量。因此，除需要预先作好充分准备外，如何针对施工过程中出现的意外情况，采取哪些技术措施保证工程质量，是一个非常值得研究和探讨的问题。

　　应用浅埋暗挖施工方法，施工前应先做工程地质地勘报告和水文地质分析报告，并对施工过程中的重点难点进行评估，施工过程中对隧道的安全施工出现不利的因素进行分析，并制定相关解决方案。例如，当隧道施工穿越民房时，为了避免因夯管产生的高分贝噪声干扰居民生活，且防止夯基钢管的振动对土体产生扰动，可采取在隧道起拱线以上打入无缝钢管超前小管棚，灌注改性水玻璃溶液对土体进行固化。这种技术处理较好地避免了夯入无缝钢管时的振动对土层的影响，提高土体的承载力和抗变形能力。待拱顶土体固化后，将原设计的隧道钢格栅施工的步进间距缩小，并且每开挖一个步长后，及时喷射混凝土，使之快速形成较强的支护体系，有力控制了土体的变形。在施工全过程中，对地面和民房的沉降进行监测，切实保证隧道及地面民房的安全。又如，当隧道穿越城市主干路时，为避免夜间通过重载车辆造成塌方的情况，采用隧道的环境注浆，有效控制围岩变形，还可采取临时架设支撑，提高隧道抗变形能力的措施。

　　浅埋暗挖法施工工艺具有隐蔽性大、作业空间有限、环境恶劣、循环性强、隧道围岩的变化错综复杂、作业的风险大等特点。施工过程中的安全和质量问题与地面的最大沉降量、隧道埋深、土层含水率、地面构筑物的结构形式和基础情况相关，也与地下其他管线和隧道的相对位置、结构形式、其他管线渗漏等多种因素相关。

3. 盾构法施工技术

盾构法施工一种全机械化施工方法。它是将盾构机械在地中推进，通过盾构外壳和管片支承四周围岩防止发生往隧道内的坍塌。同时在开挖面前方用切削装置进行土体开挖，通过出土机械运出洞外，靠千斤顶在后部加压顶进，并拼装预制混凝土管片，形成隧道结构的一种机械化施工方法。

盾构法施工在铁路隧道中应用非常广泛，施工技术也很成熟，但该技术应用于供热管线的施工起步较晚。2014 年首都北京机场二高速东苇路附近的国内第一条热力盾构工程隧道成功穿墙，标志着我国供热隧道盾构技术正式使用，全面实现了多管热力隧道的非开挖建设。

随着城镇集中供热负荷的不断增加，需要把上百千米外的电厂余热输送到城区，以替代市中心的燃煤锅炉房，实现清洁供热。这种长距离的输配干线往往需要穿越山林、河流、交通要道、人口密集区和建筑，地层与地下水条件极其复杂，还不允许降水施工，这些特点非常适合使用铁路或排水常规的盾构技术。但是，对于供热管网来说，它还具有其他任何市政工程都不具备的特点，即管道特性是高温、高压、大推力及竖向集中荷载，结构寿命受管道大推力以及高温环境影响的问题尚未得到很好的解决。

4. 非开挖定向穿越施工技术

非开挖定向穿越施工技术以定向钻施工方法为基础，通过利用水平定向钻机可控钻进轨迹的方式，在不同深度、地层进行钻进，通过定位仪的导向辅助使敷设管道直达设计位置。

非开挖定向穿越施工技术主要包括地质勘探、设计穿越轨迹、方位角测量、钻机定位、钻导向孔、扩孔、回拉铺管以及清理现场等几项工作。其中地质勘探方法主要包括地震波法、红外辐射法以及电磁法等。钻导向孔、扩孔以及回拉铺管构成了水平定向钻铺管工艺。该工艺使用水平导向钻机从起点开始按照设计的钻孔轨迹在地下进行钻进；在到达终点位置后，钻机斜向从终点位置钻出地表，形成中段水平、两端翘起的导向孔；随后反向进行扩孔，并将管线回拉到钻孔内，完成热力管道的铺设工作。

21.2　焊接安装技术

热力管道一般采用钢制管道，包括螺旋钢制管道和无缝钢制管道；近年来在二次管网上也有少数使用塑料管。在钢制管道连接的时候涉及钢管的焊接与安装，同时钢制管道与设备、阀门等连接也需采用焊接。这些焊接焊缝的坡口和焊接质量应符合现行国家标准《工业金属管道工程施工质量验收规范》GB 50184，《现场设备、工业管道焊接工程施工质量验收规范》GB 50683 的要求。

21.2.1　人工焊接安装技术

1. 有支架的管道焊接安装

有支架的热力管道进行钢管与钢管的对接焊接时，管道的中心线和支架的高度应测量无误后方可进行安装和焊接。

管道安装时，要对管道的高低位置进行测量。先安装钢管，然后再安装检查室，最后安装支管。钢管对口焊接时，纵向焊缝之间应相互错开 100mm 弧长以上，管道任何位置不得有十字形焊缝，焊口不得置于建（构）筑物等的墙壁中，且与墙壁的距离应满足施工的要求，当外径和壁厚相同的钢管或管件对口时，对口错边量应按相关标准规定执行。

管道两相邻环形焊缝中心之间的距离应大于钢管外径且不得小于150mm。

管道穿越建构筑物的墙板处，应按设计要求安装套管，穿过结构的套管长度，每侧应大于墙厚20mm，穿过楼板的套管应高出板面50mm。

2. 直埋预制保温管道焊接安装

直埋预制保温管道用的是开槽埋管的方式。施工时，沟槽开挖和土方回填与给水排水等市政管道的施工技术相同，不同的是管道的安装、焊接和功能性实验。热力管道采用的是成品的直埋保温管，沟槽开挖完成后通过吊机下管阻断，然后再进行工作钢管的对口焊接和附件的安装。热力管道的附件包括支架、阀门和补偿器。管道及附件安装完成后，通过强度实验检查管道支撑及接口的承载力，其中强度实验不包括附件，并且实验前无需回填土进行保温。强度试验合格之后，对接口位置进行除锈防护、接口处保温发泡和保温外护管进行补口。保温外护管要做气密性实验，完成后全线回填土方。测量设计标高，最后再进行严密性实验，对整个管网进行全面性检查。之所以在回填之后再进行严密性实验，是为了避免土方回填对管网的扰动影响（图21-2、图21-3）。

图21-2　直埋保温管对口焊接

图21-3　接口处外护管进行补口气密性实验

21.2.2　管道自动焊接技术

　　热力管道是集中供热系统中工程量最大、投资最多、施工任务最重、综合影响因素最多的一个环节。管道敷设安装期间，目前主要采用人工焊接的方式，焊接质量受焊接工人的技术水平限制和施工环境的干扰。在恶劣的焊接条件下，焊接工人容易疲劳，难以较长时间保持焊接工作的稳定性和一致性。热力管道投入运行后，若发生腐蚀泄漏则需根据腐蚀情况制定相应的修复方案，进行应急抢险修复。传统的方法是利用人工进行管道切割、对口和焊接。该方法费时费力，影响居民供热，而且影响路面交通。因此，管道自动焊接技术的应用和提升尤为重要。

　　为解决以上问题，北京市热力集团首次将管道自动焊接技术引入热力管道安装领域。

　　热力管道自动焊接系统由自动焊机、行走轨道、焊接电源等组成。焊接时行走轨道夹装在待焊管道上，自动焊机沿轨道爬行焊接，焊接工艺采用高效率、低成本的混合气体保护焊。

　　针对热力管道焊接工作空间狭窄的特点，自动焊机的伺服电机采用高扭矩扁平化电机，且电机与丝杠的连接采用高精度直联配合，省去了联轴器的高度。经过优化设计，自动焊机的尺寸为 450mm×370mm×250mm。全位置自动环焊缝焊机和横缝自动焊机工作示意图如图 21-4 所示。

　　为满足狭小空间的平稳焊接，需要有稳定的焊接行走。一方面自动焊机的底盘采用了航空铝合金为主体材质，既能满足强度要求，也能减轻自身重量；另一方面行走轨道采用弹性钢带，固定在管道上时，焊机运行平稳，无明显形变，结合伺服行走电机的精确位置控制，可达到焊接稳定的目标。轨道与管道的固定采用螺母锁紧，为了使轨道与热力管道达到良好的固定效果，且受力均匀，整条轨道采用条形铝合金块作为垫块，既保证了强度，又使得各个接触点受力均

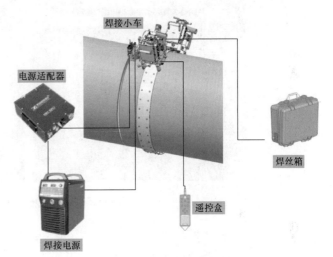

(a) 全位置自动环焊缝焊机

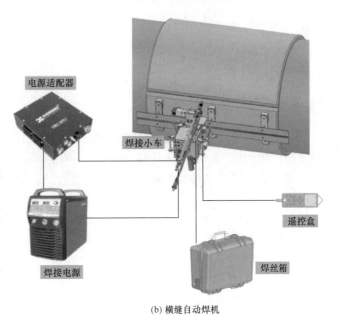

(b) 横缝自动焊机

图 21-4　自动焊机工作示意图

匀，保证了行走轨道既能满足光管的焊接，也能满足预制直埋保温管的焊接。

在实际的焊接中，由于管道对口及焊缝坡口都存在误差，使得每个焊缝的尺寸都会在一定范围内有偏差，人工焊接时会对这些偏差调整焊接的相关参数。自动焊机采用了激光视觉跟踪，在焊接时实时采样焊缝的几何尺寸，包括焊缝的顶部宽度、底部宽度、深度、错边等信息，控制系统根据获取的几何信息，提前规划焊接参数，在基础参数上进行修正，实现坡口变化时自动微调焊接参数，提高自动化程度。激光焊缝跟踪系统与视频监控系统如图 21-5 所示。

图 21-5 激光焊缝跟踪系统与视频监控系统

综上所述，热力管道焊接系统具有以下优势：对工作空间要求小；既可焊光管，也可焊预制保温管；焊接速度比人工焊接快，焊接质量稳定可靠，大大提高供热管网的施工质量和效率。

21.3 无损检测技术

21.3.1 主要检测技术

直埋热力管道的施工特点主要表现为管线现场敷设距离长、作业范围宽大；其通常部署在供暖间歇期（4～10 月），雨季与汛期会对工程施工进度造成较大影响，通常会在现场组织分段开挖快速回填的施工作业方式，增加不同工序之间衔接的紧凑度。因为是在地下埋设管道，所以一旦后期使用过程中局部发生泄漏问题将导致检查、维修的难度显著增加，特别是当市区繁华地段发生泄漏情况时，将会引发巨大的环境污染问题，影响市容，带来交通阻塞等问题。故而，加强直埋热力管道焊口施工质量的控制具有极大的现实意义，而无损检测作为管道焊口质量控制的最后一个环节，其发挥的作用是无法比拟的。

对于直埋热力管道对接焊缝，当前国内普遍采用传统手工向下施焊方法，但该方法在本体重力等因素的作用下容易使其根部出现焊瘤及内凹型质量缺陷；而不规范使用焊接工艺也可能造成未焊透、未充分熔合及局部裂纹等缺陷。

当前国内管道项目施工中常用的无损检测技术主要有四种类型，即超声波、磁粉、射线和渗透检测法。在直埋热力管道焊缝检测实践中，要综合分析焊缝结构、位置、各种检测技术的特点及适用范围等，并考虑实际检测操作对管道施工工期、成本投入等产生的影响。

1. 超声波检测

超声检测一般采用 A 型脉冲反射法，该方法通过电路发生的一些有频率的电脉冲，然后反映到具体的电声换能器的探头上面，最后通过换能器发出超声波这样一个过程来进行。这种超声波面对不同的工件会形成不同的反射和透射，反射出来的波会被电换能器接受，形成电信号，经过扩大、调理后被计算机进行系统化处理。

焊缝中存在缺陷的形式不同，在超声波检测中凭借反射波的波幅、静态波形以及动态波形判定缺陷的性质是需要一段时间积累基础经验的。如果一旦判定为危害性缺陷，如裂纹、未熔合等，则不受缺陷发射波幅和指示长度的限制，必须判废返修；如果确定是气孔、夹渣等缺陷，可测定其波幅和指示长度，根据《承压设备无损检测 第 3 部分：超声检测》NB/T 47013.3—2015 的质量评定标准对缺陷进行评估。

另外，焊缝根部出现的反射波很多，单凭缺陷波的某些特征来判定其性质比较片面，还必须在探测前了解焊接接头坡口形式、焊接工艺、方法特点、热处理状态等加以综合分析判定，这就对超声检测人员的综合素质要求较高。检测人员需要具备丰富的现场检测经验，并不断地总结分析，寻求更加高效、准确的判别依据。

（1）气孔。气孔发射波的发射率普遍较高，球形发射体是影响波幅的主要因素，故而其通常不会处于较高水平。波形是单峰，相对较为稳定，探头位置一旦发生偏移，波形便即刻消失，从不同方向进行探测检查，能够获得大体相等的反射波。

（2）夹渣。夹渣发射波发射率、波幅均不高，波峰粗糙，主峰旁边生成了小峰，探头移动时波形会发生显著改变，在不同方向上进行探伤检查时，所得的反射当量会有显著差异。

（3）未焊透。未焊透反射波的发射率、波幅均较高，因为存在一定长度与固定的方位，当超声探头在水平方向上移动时波形通常不会产生显著波动，稳定性较高。由管道焊缝左右两侧分别进行探伤检查时，能够获得量值大体相等的反射当量。

（4）未熔合。未熔合反射波的发射率、波幅都较高，平移探头时波形较为稳定，从焊缝左右两侧分别进行无损检测后，所得反射当量存在差异，部分情景下只能从单侧探测到反射当量。

2. 磁粉检测

20 世纪初，磁粉探伤技术开始被应用于实际生产中，主要是用于检测钢材等金属材料的表面裂纹，但是只能检测表面裂纹，对于材料内部的缺陷则难以检测出来。20 世纪40 年代，将磁粉散布在液体中，形成了液体磁粉探伤技术。液体磁粉探伤技术的散粉效果更好，能够检测出更小的缺陷。20 世纪 50 年代，发展了交流磁粉探伤技术。与直流磁粉探伤技术相比，交流磁粉探伤技术的检测深度更大，能够检测出更深的缺陷。如今的磁粉探伤技术已经具备了数字化、智能化的特点，能够通过计算机进行数据处理和分析，提高检测效率和准确性。

磁粉探伤技术作为一种常用的无损检测方法，已经在工业领域得到了广泛应用。随着现代科技的进步，磁粉探伤技术的仪器设备和检测方法也不断创新和优化，可以检测出更小的缺陷和裂纹，并且提高了检测结果的准确性和稳定性。随着工业技术的不断进步和发展，磁粉探伤技术已经广泛应用于各种材料的检测，包括铁磁性金属、复合材料等。同时，在航空、汽车、船舶、铁路等行业也得到了广泛的应用。一般磁粉探伤技术不需要繁琐的准备工作和复杂的操作步骤，所需的设备和材料也比较简单，成本较低。

3. 射线检测

射线检测的原理是用 X 射线或者 γ 射线投照管道，经过被测管件射线会产生一定的衰减，用胶片接收到穿过被测管件的射线强度也不同，感光的胶卷会记录下管道内部的情况。射线检测从一开始被引入无损检测领域就成为备受推崇的无损检测方法之一，是目前应用范围最广的无损检测方法，也是钢制管道无损检测的必要环节。

X 射线或者 γ 射线具有极强的穿透性，可以穿透钢板照射到胶片上并使其感光，和一般照相相似，感光后的胶片乳剂层里的卤化银中出现潜影，因为密度不同的物质吸收射线的系数也不一致，所以照射到胶片上不同位置的射线强度也不同，对底片进行暗室处理后，得到的射线图片各处的黑度也就不同。若管道内部无缺陷，其密度几乎无差别，有缺陷的部位密度则与周围有很大的差异，经过该处的射线衰减系数也会不同，于是便可以通过灰度差异来判别缺陷。

X 射线数字成像检测技术是结合 X 射线检测技术以及计算机数字成像技术的一种新型无损检测方法，也是目前射线检测技术发展的主流方向。射线检测的检测结果有直接的图像记录，观察起来更直观，定性也更准确，而且对体积型缺陷检出率高。但传统的射线检测技术总体检测成本相对较高，而且每次检验间隔时间较长，检测速度较慢；并且因为射线具有极强的辐射力，过度接触会引发人体细胞病变；传统的射线检测技术需要对胶片进行暗室处理，需要用到显影液和定影液，这两种液体回收价值不大，同时也较难分解，对环境有较大的污染性。

值得一提的是，X 射线数字成像检测技术因为舍弃了胶片，选择计算机设备进行图像的形成和存储，不仅很大程度上节省了检测成本，提高了检测速度，而且几乎不会对环境产生污染。

4. 渗透检测

渗透检测的原理是利用毛细现象，在管道表面涂抹渗透剂，渗透剂在毛细现象的作用下，会渗进像表面裂纹和细小凹坑等这种存在于管道表面的缺陷中。一般采用的渗透液中都含有荧光物质，这种荧光物质在紫外线或者其他光源的照射下会发出黄绿色或艳红色的荧光，擦除渗透剂后，在管道表面涂抹显像剂，并用相应光源照射，能够标记出缺陷的位置和形态，从而检测出管道表面的开口缺陷。

渗透检测可以用于检测不同材料，包括金属或非金属材料、磁性或非磁性材料；也可以用于检测如焊接、锻造等不同加工方式生产的管道。对钢制管道的表面缺陷检测，检测结果更加直观、检测灵敏度较高，能标记出约 $0.1\mu m$ 宽的开口缺陷，而且渗透检测的操作较为方便、检测成本低廉。但是渗透检测仅能用于管道表面开口缺陷的检测，并且仅能检测缺陷最表面的形态和分布，无法确定缺陷的内部情况，所以较难根据检测结果给出定量评价，因此渗透检测检出的缺陷还要利用其他检测方法进行检测，才能完成对缺陷的具体评定。

21.3.2　常用检测标准

热力管道焊缝无损检测一般主要依据现行行业标准《城镇供热管网工程施工及验收规范》CJJ 28。管道焊缝的无损检测主要要求如下：

（1）焊缝无损探伤检验必须由有资质的检验单位完成。

（2）宜采用射线探伤。当采用超声波探伤时，应采用射线探伤复检，复检数量应为超声波探伤数量的 20%。角焊缝处的无损检测可采用磁粉或渗透探伤。

（3）无损检测数量应符合设计要求，当设计未规定时，应符合下列规定：

1）干线管道与设备、管件连接处和折点处的焊缝应进行 100% 无损探伤检测。

2）穿越铁路、高速公路的管道在铁路路基两侧各 10m 范围内，穿越城市主要道路的不通行管沟在道路两侧各 5m 范围内，穿越江、河、湖等的管道在岸边各 10m 范围内的焊缝及不具备水压试验条件的管道焊缝，应进行 100% 无损探伤检验。检验量不计在规定的检验数量中。

3）不具备强度试验条件的管道焊缝，应进行 100% 无损探伤检测。

4）现场制作的各种承压设备、管件，应进行 100% 无损探伤检测。

5）其他无损探伤检测数量应按规范执行，且每个焊工不应少于一个焊缝。

（4）当无损探伤抽样检出现不合格焊缝时，对不合格焊缝返修后扩大检验。

（5）焊缝的无损检验量，应按规定的检验百分数均布在焊缝上，严禁采用集中检验量来替代应检焊缝的检验量。

（6）焊缝不宜使用磁粉探伤和渗透探伤，但角焊缝处的检验可采用磁粉探伤或渗透探伤。

（7）焊缝无损探伤记录应由施工单位整理，纳入竣工资料中。

热力管道 X 射线实时成像系统满足如下现行标准：

（1）《对接焊缝 X 射线实时成像检测法》GB 19293；

（2）《承压设备无损检测　第 1 部分：通用要求》NB/T 47013.1；

（3）《承压设备无损检测　第 2 部分：射线检测》NB/T 47013.2。

第 22 章 运 行 维 护 技 术

22.1 泄漏检测监测技术

22.1.1 泄漏监测技术

对于新建热水供热管网，目前国内外应用比较成熟的技术是电阻及阻抗式泄漏监测系统。近年来，光纤监测技术在我国的供热管网中也开始应用。

1. 电阻及阻抗式泄漏监测系统

目前，直埋热水管网中常用的泄漏监测系统是基于电阻式或阻抗式的监测系统。在保温管道生产过程中，将金属信号线预埋在聚氨酯保温层中，现场接头保温施工时，将相邻两根保温管道中的信号线连接在一起，并安装各类端子和电缆，形成闭合的监测回路。此技术在欧洲已经过多年的应用，并形成相关标准《区域供暖管道-直埋热水预制保温管道系统-监控系统》EN 14419：2009。我国泄漏监测系统标准《城镇供热直埋热水管道泄漏监测系统技术规程》CJJ/T 254—2016 于 2016 年发布。

（1）基本原理。

通过测量保温层中信号线与钢管之间的电阻值来判断管网是否发生泄漏。泄漏分为 2 种，一种是工作钢管漏水，称为内漏；另一种是聚乙烯外护层漏水，称为外漏。无论哪种泄漏，水都会进入聚氨酯保温层中。干燥的聚氨酯保温层绝缘体，电阻值大于 500MΩ，处于绝缘状态。一旦有潮气或水进入保温层，埋设于保温层中的信号线与工作钢管之间的电阻值会逐渐降低直至为 0。通过电阻值的变化，即可判断管网中是否存在漏点，并通过测量阻抗值或电压值来实现泄漏点的定位。在欧洲，上述两种监测系统作为直埋管网的标准配置，已有多年的应用历史。阻抗式监测系统的检测精度为 ±3/500m，即在每 500m 范围内可以实现 ±0.6% 的定位精度。

（2）优缺点。

供热管网接头保温施工期间，可以通过信号线监测保温接头的施工质量，可以及时发现接头外护密封不合格或者接头施工时进水的情况，发现问题可以在管网回填前及时修复，把隐患及时处理掉，避免运行后出现问题。

作为管网中的薄弱环节，接头的施工质量直接影响着管网的使用寿命。相关数据表明，大多数直埋管网失效都是由于接头质量不佳引起的。在我国，施工管理较为粗放，在雨季或施工现场工作坑有积水时，往往会出现保温管进水的情况。另外，如果接头外护层密封不严，外来水有可能进入保温层。如果不能及时发现处理，很有可能导致保温层在高温运行下分解失效，影响管网的使用寿命。监测系统利用测量阻值变化的方法进行泄漏监测时，只要有水或潮气进入，保温层的阻值就会有明显变化。因此，在接头保温施工期间，可以边施工边测量，一旦发现问题，可在回填前修复。综上所述，安装泄漏监测系统有助于接头施工质量的提升，及时发现并解决施工中潜在的隐患，防患于未然。

该技术灵敏度高、报警及时。即使保温层中仅有少量水进入，也能及时报警。但由于灵敏度要求高，对接头干燥度要求高，导致恶劣雨雪天气时，接头返修率会提高。

该技术的缺点是，若同时出现超过 2 个的泄漏点，只能定位 2 个。第 3 个泄漏点只能在修复好前两个的基础上才能定位，对管网的施工要求较高。

2. 分布式光纤泄漏监测系统

分布式光纤泄漏监测具体的施工方法是待保温管道安装完毕后，将光缆布置在保温管外，沿管线敷设。

（1）基本原理。

分布式光纤泄漏监测系统通过感应温度的变化来判断是否发生泄漏。当管道保温层内进水或管道的保温层失效后，热损失增加，保温管道外表面温度升高，通过监测对比保温管道表面的温度变化，进行报警并定位。

光纤由石英玻璃拉制而成，通过不同形式的封装形成各种特性的光缆。光缆既是信号的传输介质，又是温度感测元件。施工过程中，在热力管道的侧下方或上方紧贴保温管外表面安装 1~2 根温度传感光缆，通过光纤分布式温度测量设备确定沿着管道敷设方向上的光纤温度，获取保温管道外表面的温度变化信息，通过对比温度变化，进行报警并定位。为防止光缆在施工过程中被破坏，常用铠装光缆。

光通过光纤传输过程中会发生拉曼散射现象，散射光按其波长可分为 Stokes 反射光（斯托克斯光）和 Anti-Stokes 反射光（反斯托克斯光）。其中 Stokes 反射光的强度仅取决于传输介质的结构，与传输介质的温度无关；而 Anti-Stokes 反射光的强度不仅取决传输介质的结构，还取决于传输介质的温度。因此，通过比较两种反射光的强度，可以计算出光纤的温度。该两束光照射在光电转换元件上产生与其强度对应的电信号，通过对电信号进行处理计算，可得出温度沿光纤的分布曲线。

光纤的熔接点不宜过多，否则会对定位精度产生影响。因此，分布式光纤监测系统更适于长输直埋管网或综合管廊（管沟）的泄漏监测，由于市内供热管网施工多为分段施工，如安装光纤监测系统，将产生大量的熔接点，影响监测精度。目前，内置光纤技术也在开发过程中，一旦成功，可有效解决熔接点过多的问题，可用于市内供热管网中。

（2）优缺点。

1）光缆可与防开挖破坏的安全监控系统集成应用，一根光缆里可设置若干根不同功能的监测光纤以及备用光纤。

2）针对同时出现多个泄漏点的情况，光纤监测系统都可准确定位。

3）由于光缆敷设于保温管道外壁，因此，当管道出现微小泄漏时，光纤监测系统不能立即报警，只有当泄漏点的保温管外表面温度发生变化时报警。非运行季也无法监测。

3. 管道温度胶囊

温度胶囊是一个集温度传感器、能量块及数据传输单元的设备，如图 22-1 所示。温度胶囊可安装在供热直埋管道附近，也可安装在管网检查室内（如图 22-2 所示），与分布式智能控制柜、监控终端组成监测系统，系统组成示意图如图 22-3 所示。

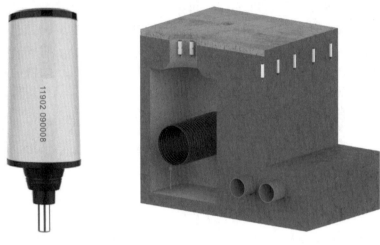

图 22-1　温度胶囊示意图　　　　图 22-2　温度胶囊安装示意图

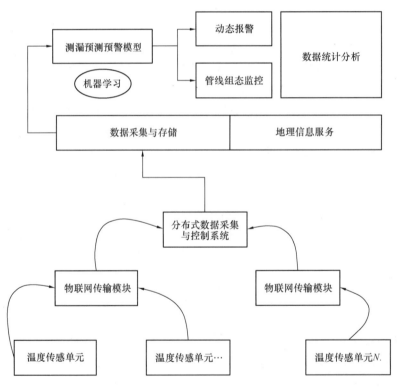

图 22-3　系统组成示意图

　　温度胶囊可以实时监测检查室环境温度、检查室内液位及直埋管段周边土壤的温度变化。通过温度胶囊所处环境变化趋势，分析管道是否发生泄漏、外来水是否入侵等异常。发生泄漏时，可及时发出报警信号，并实现故障点的精确位置，为制定抢修方案提供支持。

　　热力管道在地下或检查室区域一旦发生泄漏，管道泄漏处及周围区域的温度会逐步升高，设置在附近的温度胶囊会立即捕捉到这一变化，并通过数据传输单元将温度数据进行无线信号的发射，通过附近的分布式智能控制柜（即基站，可以布置在室外、换热站、周边建筑物等位置），将数据传送到本地终端或通过互联网传送到远程监测终端。

在检查室安装温度胶囊，建设管线监测系统，可通过实时监测检查室的温度，通过温度曲线和表格分析可以立刻锁定异常检查室；和管网地理信息系统相结合，通过导航可以快速赶赴问题现场进行处理，提高工作效率。通过该监测系统建成后，可实现对管道砂眼漏水、法兰滴水、检查室外来水浸入等进行报警。

该监测系统的应用，可大幅减少运行人员的运行巡检工作量，提高管网运维效率，降低运维人工成本。另一方面，为非供暖季的管网管线调试、管道翻修提供数据支持。随着该系统数据的积累、数据库的建立，利用大数据技术、机器学习技术，可建立运行数据预测预警模型，进一步提高供热管网监测的智能化水平。

22.1.2　泄漏检测技术

传统的检漏技术主要有相关仪、听漏仪、红外热成像仪等。近年来，一些新的检漏技术在供热管网中开始应用，主要有超声导波、温度胶囊、飞行球和轨道机器人等。

1. 相关仪与听漏仪

（1）技术概述。

相关仪是一种基于声学原理的检漏仪器。最新的相关仪采用超级移动计算机（UMPC）或普通笔记本电脑作为处理和主控单元，配备功能强大的专业相关分析软件，具有自动频率分析、自动滤波、3D 相关分析、多重相关技术、自动评价相关可信度等高端功能，能够快速、准确、可靠地定位漏水点。

听漏仪一般由主机、探头、耳机三部分组成。主机是低噪声、高放大倍数的放大器，除了可以调整放大倍数，通常还设有滤波器用于过滤干扰声音。目前市场上的设备，信号大小一般都使用数字显示方式。探头有多种形式，为在地面听音可以做得较为轻便，为了防止环境噪声或风声的干扰还可以外设防风罩；有的可以拧上金属棒当作电子听音棒使用；有的可以拧上磁钢便于吸附在管道或配件上使用。由于听漏仪具有较高放大倍数，很微弱的漏水声音能够被听到。

利用相关仪、听漏仪相结合对管道进行测漏，现在已经可以确定管道是否漏水，准确度已经很高。但是，如果需确定漏点的准确位置，还要通过使用仪器的人员和管道管理人员综合判断，来确认漏点。

（2）技术优势。

相关仪可以对穿越河底、铁道下或其他建筑物下的检漏人员难以接近的管道漏水进行检测。对于有些埋设很深，在地面无法听到漏水声音的漏水管道，相关仪更能显示它的优越性。对于传感器收到的环境干扰声音，如果不是来自同一个声源的，也就是不相关的，就不影响相关仪的工作，因此通常可以在白天使用相关仪进行检漏作业。相关仪数据准确性的影响因素较多，管道的材质、接口形式、管道水压、周边土质，甚至地下水位都会影响相关仪的检漏效果。

听漏仪主要是在地面使用，对地面、地下声音都有一定的要求。热力管道漏水对听漏仪的灵敏度要求更高，操作人员要有一定的分辨声音的能力，才能给出相对准确的漏点判断结果。听漏仪具有以下特点：重量轻，便于携带；听音性能优异；操作简单；地面小室内都可以使用；配备大容量电池，使用续航时间长。

2. 红外热成像仪

随着科学技术的发展，红外热成像技术由军用逐步迈向民用，特别是红外热成像终端设备的小型化、成像温度的精细化，为红外热成像技术在供热生产的应用带来了契机。特别是智能手机外接红外热像探头的普及，大大降低了设备成本，提高了设备的便携性，为红外热成像技术在日常供热管线查找漏点等工作的普及提供了便利条件。目前，国内外均有红外热成像技术应用于热力管道检测工作的先例。

（1）技术原理。

红外热成像运用光电技术检测物体热辐射的红外线特定波段信号，将该信号转换成可供人类视觉分辨的图像和图形，并可以进一步计算出温度值。红外热成像技术使人类超越了视觉障碍，由此人们可以"看到"物体表面的温度分布状况。

当热力管道发生泄漏时，热水与周围土壤进行热湿交换。随着时间推移，泄漏量增大，热湿迁移影响逐渐扩大，直至影响到地表温度场，并向外辐射红外线能量。通过扫描被测区域，观察整体温度分布状况，准确、快速地对地下供热管线泄漏部位进行定位，大大提高设备维护效率。

由于红外热成像只能呈现人眼可视范围内物体的外表面温度，所以在供热管线漏点定位方面，适用于各种管径的架空管线和埋深较浅的直埋管线。

（2）技术优势。

热红外成像仪具有以下技术优势：

1）较为精确地确认管线的泄漏点，同时反映问题的严重性；

2）不需要接触管道，安全性高；

3）检测方式操作简便；

4）检测结果直观，利用图像直接显现故障点位置；

5）测温速度快，效率高；

6）对周围环境无影响；

7）不影响供热生产过程，不影响用户用热。

红外热成像仪的应用受到人为因素和客观因素两方面影响：人为因素主要包括人员操作设备的正确性、对所涉及管线地区温度场的熟悉情况、对所涉及管线具体走向的了解情况；客观因素主要包括红外热成像设备的精度，管线所处位置有无其他热源的影响情况。

3. 超声导波检测技术

热力管道腐蚀是危害管道安全的重要因素，尤其是管外（即使是加装了防腐层后管外壁）的腐蚀问题非常普遍。因此，管道安全运行，首先要适时检测其管壁强度，出现被腐蚀或有裂纹、渗漏等要有预警。管外防腐层的剥除费用高，不但费时、费工，而且当遇有公路交叉时，管道只有进行大规模挖掘才能进行腐蚀检测。对管壁的超声导波检测为上述问题提供了一个非常好的解决方法。

（1）技术原理。

当超声波在杆、板或管道等结构中传播时，受结构的边界制导作用将形成机械弹性波叫超声导波。超声导波有纵波、扭力波、变形波、兰母波、水平剪切波和表面波等多种模态形式，超声导波在结构（如管道）中传播过程中，若遇到缺陷、法兰、弯头、T形管和支架等介质非连续处将产生反射回波，各结构的反射回波经传感器接收后可用于判定缺陷、法兰等结构距离传感器的位置以及缺陷大小等信息。

由于超声导波可沿管道整个截面传播且传播速度较快，因此可实现管道的全结构快速检测。应用于管道的有纵波和扭力波，由于扭力波只在固体中传播，所以扭力波是传输管道检测的最佳模态（由于纵波在固体与液体传播，所以对于液体传输管道来说，只能选择扭力波模式）。超声导波技术是基于磁致伸缩效应及其逆效应来进行检测的，磁致伸缩效应指磁铁性材料在物理尺寸上引起的微小变化与碳钢在外部的叠加磁场作用下引起的每百万之几部件的次序微小变化，磁致伸缩逆效应指由机械压力（或张力）引起的铁磁性材料的磁感应变化。

（2）技术优势与局限。

超声导波技术是一项新型的无损检测技术。超声导波与传统超声波检测的最大区别是，前者可在一个测试点对一个大的长距离管道的材质进行 100％ 的检测，而传统的超声波在一个测试点只能对该点进行检测。因此，超声导波不仅具有传播距离远、检测速度快的特点，而且免于扒剥保温层。超声导波技术正广泛应用于热力公司，特别是对于热力公司高温高压蒸汽管线的在线检测至关重要。

超声导波检测技术可对任意管径的管道进行检测。薄片探头可以有效解决热管及密排管问题，其可检测间距最小可达 2cm。

超声导波检测技术的主要优势有：

1）操作使用较方便，检测点只要选取得当，长距离检测的距离就大大增加；

2）检测迅速，在管道 360° 安装好探头后打开导波检测仪，几分钟即可对管道的正负方向完成检测；

3）检测能力强，对管道结构特征和缺陷特征分辨能力强；

4）能够检测某些人员无法到达的区域，如海平面以下管道、埋地管道等；

5）灵敏度高，截面损失率超过 2％ 的缺陷都可以被检测出来；

6）一次管线安装后，进行预处理的检测点可以保留便于以后的定期复查，如果是重要管段，可安放导波检测仪器全天候监测；

7）不易受到外界因素影响，如温度、压力和内部流动介质等。

超声导波检测虽然相对于传统常规的检测方法有很明显的优势，但也有它自身的缺陷和不足。局限性主要包括以下几方面：

1）导波检测所选择的检测频率必须先进行实验所得，这对检测造成不必要的时间和精力损失；

2）如果管道有多重缺陷，将产生叠加效应；

3）有严重缺陷的管道，检测长度将大大缩短；

4）缺陷的最小检测精度和检测范围都会因管道半径和壁厚变化；

5）检测主要以回波信号为准，焊缝的不均匀度严重影响导波检测的准确程度；

6）如果管道有外覆层（防腐带或沥青层），它对导波的回波信号有衰减效果，使导波检测的距离大大减小；

7）导波检测数据比较高端，需要专业的人员，并且管道检测的经验需要非常丰富才能读出关键信息。

（3）技术前景。

超声导波技术在当前的无损检测领域是一个热门且相对新颖的技术，无论是理论研究还是实际应用都还有较长的路要走。当前的超声导波检测局限性较大，但是不可否认的是，与传统的超声波检测相比其优势显著，更重要的是可根据超声导波在波导介质中传播的特性对波导介质的结构缺陷进行大范围的实时监测。但总的来说，由于超声导波具有其独特的性质，即频散和多模态特性，今后对导波的研究与应用也将围绕这二者进行。相信在不远的将来，超声导波技术不仅会应用于相关行业的无损检测及结构监测，也会在其他领域有更广泛的应用。

22.1.3 机器人巡检系统

轨道巡检机器人以智能 USR（Underground Shuttle Robot，USR）系统为核心，主要由巡检机器人本体、坞站（机器人充电设备）、通信系统、轨道系统和控制调度平台等组成。机器人本体如图 22-4 所示，搭载高清摄像机、红外热成像仪，采用轨道运行方式，完成检查室、管沟或管廊的巡检任务。可按实际使用需求拓展有毒有害气体、温湿度等传感器模块以及定位系统模块，监测地下管沟或管廊环境信息。巡检机器人系统能够对管沟结构完整性、环境信息、管道及设备附件运行情况进行检查，并对故障进行识别和定位。

巡检机器人具有运行速度可分级、续航能力强、主体结构防水、弯道通过能力及爬坡能力强、双视云台可实现升降及旋转功能等特点。运行速度分级能够最大限度提高机器人巡检效率，对巡检目标区域采用慢速细致检查，对于非重点巡检区域可采用快速行进。机器人车体最大运行速度为 3.6m/s，可根据运行巡检内容合理设定运行速度；坞站对机器人本体完成一次充电时间约 2h（可实现单程约 5km 的巡航）；设备耐受环境温度为 −10～+80℃，耐受湿度最高 100%；最小转弯半径 0.5m；运动精度 ±10mm；车体防护等级 IP68。

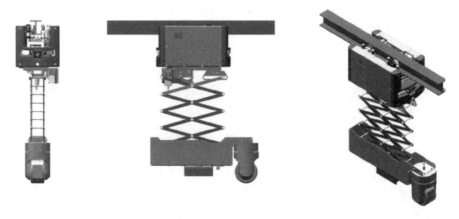

图 22-4 机器人本体（带有升降架）示意图

1. 运行速度分级

轨道巡检机器人能够快速完成既定巡检任务。巡检目标区域时，采用较小的速度（如巡检运行速度 0.83m/s），避免摄像区域变化过快影响成像质量；对于非重点巡检区域时，采用较大速度行进，从而提升巡检效率。

2. 定位、防水与耐热

巡检机器人采用体积小、成本低，且能在高温环境中保持性能稳定的霍尔传感器，实现车体的精准定位。主体结构防护等级 IP68，耐温达到 80℃，能够充分应对管网内可能出现的渗水、漏水情况，保证车体在恶劣情况下可靠运行，提高了车体的适应能力。

3. 通过能力强

巡检机器人车体结构紧凑，柔性关节连接，最小转弯半径 0.5m，大大提高弯道通过能力，能够适应管沟内狭小空间。最大爬坡能力 90°，能够适应管沟坡度和安装条件。

4. 系统自我保护

系统受到外部危险元素威胁或出现故障时，能够启动自我保护，不会导致故障的进一步扩大，或危害系统整体、周围设备或人员的安全。同时，系统自我保护硬件和软件均具备可拓展性，可根据具体情况加设保护仓，险情发生时机器人自主启用保护功能，快速入仓。

控制调度平台可以编辑机器人的巡检路径，并发送调度指令，控制机器人执行巡检任务，也能够控制车体到达指定位置，操控双视云台执行拍摄动作。高清影像画面、红外热成像画面、时间信息、机器人车体定位信息、行进速度信息、温湿度信息、保温状况、气体浓度信息等可在控制调度软件主界面上显示并进行存储，控制调度平台主界面如图 22-5 所示。

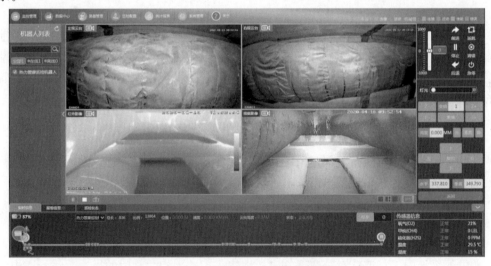

图 22-5　控制调度平台主界面

轨道机器人替代人工巡检，巡检效率高，不受巡检人员心理状态、作业水平等影响，且规避了巡检人员的安全风险，使得管网隐患故障的识别更为全面、精准。同时，借助红外成像的温度场数据对管网建模分析，可模拟计算管段的热损失，为保温更换、设计优化等管理工作提供科学的决策支撑。

22.1.4　应用现状与提升建议

经过多年的工程实践及推广应用，直埋管道监测技术得到了进一步的发展，实践经验及技术水平与一些发达国家接轨，工程应用普及程度需进一步提高。2016 年我国针对直埋供热管网泄漏监测系统的标准《城镇供热直埋热水管道泄漏监测系统技术规程》CJJ/T 254—2016 发布。但是，因预制直埋保温管道的设计及施工的特点，以及不同预制保温管道厂家的生产工艺及产品质量参差不齐，施工技术及操作水平尚待完善，全面实现预制直埋管道监测系统还需要一个过程。

1. 新建管网泄漏监测

我国城区内直埋供热管网中泄漏监测系统的普及率不高，长输管网由于远离市区，巡检难度大，管网安全要求更高，管网中应用比例相对高一些。

针对新建管网，泄漏监测系统对管网中保温管道及接口保温质量、工程施工及运营管理有较高的要求。受上述各种因素的影响，直埋泄漏监测系统还没有在供热管网中大范围地普及应用。尤其近年来，我国在供热工程招标中，多采取最低价中标的方式，进一步影响了保温管道及管路附件的质量及施工水平，进而影响了泄漏监测系统的应用效果。

欧洲在集中供热方面起步早，一直以来代表着国际供热领域的最高水平。其直埋供热管网中多数都安装了泄漏监测系统，有效提升了管网的寿命和安全性。建议对于新建管网，应大力推广安装泄漏监测系统，为管网运行维护提供技术支撑，有效提升管网的安全性。在供热管网的招标投标过程中，摒弃最低价中标的方式，采用高性价比的产品及技术，提高管网的整体质量及安全性，同时，为优秀的企业创造利润空间，有更高的积极性去进行科技创新。

2. 既有管网泄漏监测

老旧管网由于历史年代久远，在建设初期多数都没安装泄漏监测系统，给后续的泄漏监测及运行维护带来很大的不便。直埋保温管道出现泄漏后，如不能及时修复，聚氨酯保温层在高温水煮下会分解，最终将保温层涮空，泄漏的水会在工作钢管和聚乙烯外护管形成的空腔中流动，看见水冒出的地方不一定是泄漏点，这一现象为查找和定位漏点带来很大的困难。

针对直埋老旧管网的泄漏监测及定位，目前还缺少高效、准确的检测及定位手段，亟需相关的检测技术。建议相关部门关注并推动此项技术的开发，通过产学研相结合进行科技创新，解决工程实践中的技术需求，为供热管网安全运行提供技术支持与保障。

22.2　应急抢修与修复技术

在供热系统中，目前针对管道爆管事故大多采用关闭相关阀门的措施，将管道内的水在短时间内排净，然后对其进行修漏的方法。这样势必造成供热系统长时间停运，给用户冬季的工作和生活造成很大影响。因此，在应急抢修情况下，需要采用快速修复的方法尽快恢复供暖。

22.2.1　主要快速堵漏技术

1. 塞孔堵漏

塞孔堵漏是采用挤瘪、堵塞的简单方法直接固定在泄漏孔洞内，从而达到止漏的一种方法。这种方法实际上是一种简单的机械堵漏，适用于砂眼和小孔等缺陷的堵漏。施工工艺主要有以下几种：

（1）捻缝法。用冲子挤压泄漏点周围金属本体而堵住泄漏。这种方法适用于合金钢、碳素钢及碳素钢焊缝，不适合于铸铁、合金钢焊缝等硬脆材料以及腐蚀严重而壁薄的本体。

（2）塞楔法。用韧性大的金属、木头、塑料等材料制成的圆锥体楔或扁楔敲入泄漏的孔洞里而止漏的方法，称为塞楔法，适用于压力不高泄漏部位的堵漏。

（3）螺塞法。在泄漏的孔洞里钻孔攻螺纹，然后上紧螺塞和密封垫治漏的方法，称为螺塞法，适用于壁厚而孔洞较大的部位的堵漏。

2. 带水焊接堵漏

带水焊接也可细化分为带压堵漏，有几种方法实施，其中捻缝法是带水焊接常用的一种方法，使用气动设备对焊缝进行碾压，利用金属受压变形的特性，使其焊缝泄漏封闭，随后采用焊接方式对泄漏部位进行封堵。此方法适用于无法及时停运、管壁厚度在 6～8mm 的裂口型漏点。

带水焊接还有一种方法是利用带水焊接专用设备进行直接焊接。带水焊接的难点为不易引弧、稳弧，焊缝出现裂纹。可利用专业水下焊接设备，选用相同材质的水下焊条，配用直流焊机，用自耗式的焊接手法，形成焊道将漏点焊住。该方法适用于泄漏点在静压的漏水情况下，壁厚在 4mm 以上的管道漏点。

带水焊接有以下优点：① 在一定条件下，可满足带水实施抢修焊接；② 可减少因放水造成的不必要的经济损失；③ 节省抢修时间，尽快恢复供暖，减少社会影响。

带水焊接有以下缺点：① 被焊工件一般要求厚度在 4mm 以上，腐蚀严重的管道不适用；② 适用于泄漏点在静压的漏水情况下，壁厚在 4mm 以上的管道漏点；③ 对焊接人员的技术水平要求高，需进一步实操培养。

3. 带压焊接堵漏

带压焊接堵漏是在不停热、内部有压力的情况下进行焊接，具有一定的难度，因为泄漏出的介质会随着管内的压力、漏点大小的增加而增加。它阻碍了金属熔滴向熔池过渡，使焊接熔池不能正常地形成，焊接电弧不能稳定燃烧，有时甚至无法引燃电弧，还造成熔滴未到达熔池就被介质压力吹掉的现象。

焊补方法是直接或间接地把泄漏处堵住。这种方法适用于焊接性能好、介质温度较高的管道，它不适用于易燃易爆的场合。具体焊法如下：

（1）直焊法。用焊条直接填焊在泄漏处而治漏的方法，称为直焊法。这种方法主要适用于低压管道的堵漏。

（2）间焊法。焊缝不直接参与堵漏，而只起着固定压盖和密封件作用的一种方法，称为间焊法。间焊法适用于压力较大、泄漏面广、腐蚀性强、壁薄刚性小等部位的堵漏。

（3）焊包法。把泄漏处包焊在金属腔内而达到治漏的一种方法，称为焊包法。这种方法主要适用于法兰、螺纹处，以及阀门和管道部位的堵漏。

（4）焊罩法。用罩体金属盖在泄漏部位上，采用焊接固定后得以治漏的方法，适用于较大缺陷的堵漏部位。如果必要，可在罩上设置引流装置。

（5）逆焊法。利用焊缝收缩的原理，将泄漏裂缝分段逆向逐一焊补，使其裂缝收缩不漏有利于焊道形成的堵漏方法，简称逆焊法，也叫做分段逆向焊法。这种方法适用于低中压管道的堵漏。

（6）综合堵漏法综合以上各种方法，根据工况条件、加工能力、现场情况、合理地组合上述两种或多种堵漏方法，根据不同情况的漏点采用不同的堵漏方法，砂眼堵漏也可以结合粘钢方法和间焊法一起施工，称作综合性治漏法。如：先塞楔子，后焊接，最后加强固定；对于有些泄漏量不大，压力较低，管道有一定的金属厚度或位置又不允许加辅助手段的泄漏点，可采用直接焊接的方法，主要是通过与挤压法交替使用，边堆焊、边挤压，逐渐缩小漏点，最终达到堵漏的目的。

带压焊接堵漏在操作时应考虑具体的技术和环境条件，考虑现场的压力、温度、工艺介质、管材因素，采取相应的有针对性的技术措施，具体包括：

（1）焊接管材、板材的材料与原有管道的材料相匹配，焊接材料与原有管材相对应。

（2）在焊接堵漏时，考虑到泄漏介质在焊接过程中对焊条的敏感作用，打底焊条可采用易操作、焊接性能较好的材料，而中间层及盖面焊条则必须按规范要求选用。

（3）在直接焊接过程中，可加大焊接电流，使得电弧喷和作用大于介质泄漏压力，再辅之以挤压，逐层焊接收口，以达到消除泄漏的目的。

城市供热管网的特点是高温高压，稍有不慎，便会导致其他设备或人身伤害事故的发生，为此，必须在施工前制定周密的实施方案，包括可靠的安全措施，在施工中认真地加以执行。除此以外，以下几个方面的问题，尤其应该引起注意和考虑：

（1）在处理管道泄漏之前，要事先进行测厚，掌握泄漏点附近管壁的厚度，以确保作业过程的安全。

（2）在压力管道堵漏焊接时，应采用小电流，而且电流的方向应偏向新增短管的加强板，避免在泄漏管的管壁产生过大的熔深。

（3）高温运行的管道补焊时其熔深必然会增加，需要进一步控制焊接电流，一般可比常温调低10％左右。

（4）带压焊接堵漏的方法只能是一种临时性的应急措施，许多泄漏故障还须通过其他手段或者必要的检修来处理，而且即使采取了带压焊接堵漏，在管线检修时，应将堵漏部分用新管加以更新，以确保下一个检修周期的安全运行。

4. 管道贴补堵漏

管道贴补修复施工技术是采用贴补面的方法对管道进行堵漏，提高抢修速度。施工过程主要包括：开挖破除→泄水→抽水→剥开保温层→除锈→焊接补面（补强）→防腐→保温→试压→回填→恢复路面。

贴补面施工应满足以下要求：

（1）补面厚度与管道同径厚，原管道腐蚀程度情况，在管道壁厚小于3cm左右，不适用于进行补贴作业。

（2）补面长度控制在10~30cm。

（3）一次管网上贴补面，应在补面上加强焊（加筋焊接）。

（4）在管道设备上不允许加补面。

（5）管道两相邻环形焊缝中心之间的距离应大于钢管外径且不得小于150mm。

（6）夏季不供热情况下不受时间限制，但是冬季供暖情况下受时间控制在3h以内才可以贴补面。

（7）原管道壁处于3~5mm，补面可以贴适当尺寸；如果原管道壁过薄，不适宜采用贴补面方法。

（8）漏水点（腐蚀位置）小，漏水点周边管道完好，为尽快恢复供暖也用贴补面的办法。考虑管道压力，漏水点太大贴的补面承受不住压力。

（9）贴补面尽量贴圆形、矩形，避免正方形，在焊接过程中补面四角应裁成弧度，受力面接触性比较好，焊缝应完整并圆滑过渡（贴的补面四角不能出现 90°角，需要磨成弧度）。

（10）贴补面的厚度不得大于被焊件壁厚的 30%，且应小于或等于 5mm。

焊后检验应符合以下要求：

（1）焊后应进行焊缝外观及尺寸检查，并应符合下列规定：

焊缝外观应清理干净、完整并圆滑过度，不得有裂纹、气孔、夹渣及熔合性飞溅物等缺陷。

焊缝高度不应低于母材表面，并与母材圆滑过渡；凸出高度应打磨与管壁齐平。焊缝宽度应宽于坡口边缘 1.5~2mm。

咬边深度应小于 0.5mm，且每道焊缝的咬边长度不得大于该焊缝总长的 10%。

焊缝表面检查完毕后应按要求填写《焊接工艺记录表》。

（2）焊后应对焊接接头进行 X 射线探伤检测或超声检测无损探伤检测，并应符合下列规定：

检修的对接焊缝应进行 100% 无损探伤检查，有条件时优先选择射线探伤；无法进行射线探伤时进行超声探伤，超声仪应具有记录功能。

合格标准应符合现行行业标准《承压设备无损检测》JB/T 4730 的规定：X 射线 Ⅱ 级为合格、超声 Ⅰ 级为合格。

（3）若焊接不合格应进行返修，并按要求填写返修应填写《焊缝返修工艺卡》。

（4）应在工作压力下进行严密性检验。

5. 缠绕带堵漏

快速止漏捆扎带。捆扎带是固持部分与密封部分混为一体的堵漏产品，它的固持部分选用耐高温、高强度的合成纤维作为骨架，密封部分采用合成橡胶，运用特殊工艺包裹在固持部分上。由于合成橡胶与合成纤维都具有回弹力，同时合成橡胶间又都具有粘合性，在捆扎时，随着捆扎带的增厚，能不断产生挤压力，将穿孔紧紧地抱住，从而达到快速捆扎堵漏的目的。能在很短的时间内不需借助任何设备即可堵漏，操作简单，一人就可完成操作。

带压堵漏自熔胶带配合钢带封堵。带压堵漏自熔胶带又称供暖管道带压堵漏胶带、不停水堵漏胶带，是一种耐高温可叠接胶带。它由黏性高分子橡胶制成，胶带上附有易剥离保护层，能在 250℃ 下使用，自熔化技术可以使缠绕层自身融为一体，增加抗压强度，配合钢带使用可用于一次、二次管线砂眼封堵。其技术特点如下：① 使用方便、操作简单，可以带水带压操作；② 耐氧、耐热、耐高压、耐寒；③ 固化后强度高弹性好，不收缩、不腐蚀。

快速止漏捆扎带因其抗压和耐温条件适用于二次管线、独网小锅炉管线及户内管线的使用，操作简单，直管、弯头处的砂眼都可以使用。通常应用于金属管道、非金属管道，如：PVC 管线、PE 复合管线、玻璃钢管线等，既可以达到堵漏的目的又可起到防腐的作用，适用压力 1.6MPa 以下，温度 150℃ 以下的管线。

带压堵漏自熔胶带配合钢带封堵的方式适用于一次、二次管线砂眼封堵，因需配合钢带增加抗压能力，主要在直管段砂眼使用。通常应用于 PVC、碳钢、铸钢、不锈钢管道的堵漏修补。为达到最好粘接使用效果，使用前要清理缠绕表面，通常缠绕不低于 5 层。

6. 抱卡堵漏

抱卡（哈夫节）也称快速抢修节、修补器或抱箍，其结构简单，分铸铁或钢质材质，口径在 DN100～DN1800，有管身与接口两种型号，两片抱箍结合处的橡胶密封圈主要起密封作用。抱卡是用机械形式构成新的密封层，利用金属密闭腔包住泄漏处，通过连接处的密封胶圈对管道破损处实施封堵。该技术适用于一次、二次热力管道、换热站、锅炉房的管道快速连接和快速修补。

市场上常见的不同形式管道修补器如图 22-6 所示。

(a)单卡式多功能管道连接器

(b)齿环型多功能管道连接器

(c)非金属管道连接器

(d)折叠式管道修补器

(e)双卡式多功能管道连接器

(f)开启式管道修补器

(g)不锈钢板式修补器

(h)铸铁板式修补器

(i)多功能分流三通ZFJ-F

(j)双卡式多功能分流三通 RCD-T

(k)板式多功能分流三通 CRT-1

(l)板式多功能分流三通 CRFT-2

图 22-6　不同形式的管道修补器

管道修补器通常具有以下特点：

目前的产品多采用不锈钢材料，同等厚度下，不锈钢板的抗拉强度是普通热轧板和铸铁的 2～3 倍，所以在同等压力下，不锈钢板做的外壳更轻便，在抢修过程中更有利安装；

采用整体密封胶圈，胶圈内为网络状设计结构，主要是针对螺旋焊管可以达到持续阻挡挤压密封效果；

不锈钢防腐性能好，可以更有效地防止酸碱对产品的腐蚀，使用寿命更长；

轻薄的不锈钢板可以跟随管道变形而紧贴管道表面进行密封；

修补器整体质量轻，避免对管道造成二次伤害；

外壳尺寸可拼接、可扩展，应用灵活。

应用哈夫节的主要注意事项如下：

（1）该管件使用时的管口必须在一个轴线上。高差或水平差不能太大。

（2）橡胶密封圈与"哈夫节"结合部密封槽的连接不够紧密，在不停水带压施工的情况下，时有被水压"挤"出哈夫节密封槽的情况发生。安装前先将泄压孔上的丝堵折下，安装好"哈夫节"后紧固丝堵，或者使用粘胶剂把橡胶密封圈牢牢粘在密封槽内。

（3）"哈夫节"上下两片对夹于管道时，"哈夫节"槽内的橡胶圈对齐，特别是圆弧端"马蹄"处，严禁折弯，渐进紧固螺丝，使每个螺丝的受力均匀。

7. 模具注胶堵漏

运行中的管道发生泄漏，在不变更工况条件、不影响设备正常运行的情况下可用夹具包裹泄漏点，建立密封腔，以高于泄漏系统压力的推力注入密封剂，根据系统温度和注剂的流变特性，控制推进速度与密封制剂固化时间的协调，确保注剂充填效果，使注入密封腔的密封层均匀致密，并形成有效的密封比压，使泄漏被阻止，从而建立起新的密封结构。模具注胶技术可应用于直管段、法兰、阀门填料函、三通、弯头等的泄漏密封。适用于－180～800℃、－0.1～35MPa 的工况下。

不同形式的堵漏模具如图 22-7 所示。

密封剂。密封剂是应用带压密封技术进行流体介质泄漏封堵密封材料的总称，包括密

● 法兰夹具

凹形法兰夹具
Flange clamp

凸形法兰夹具
Flange clamp

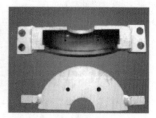
法兰角焊夹具
Clamp on the connection
of the flange and pipe

● 管道夹具

直管夹具
Straight pipe clamp

异径三通局部夹具
Unequal-T partial clamp

弯头夹具
Elbow clamp

● 特殊结构形式夹具

引流顶压夹具
Anti-pressure and
leading Flow clamp

隔离式夹具
Isolate-type clamp

设环形槽密封增强法兰夹具
Ring slot enhancing clamp

图 22-7　不同形式的堵漏模具

封注剂和紧固密封剂。在泄漏设备重新建立密封结构中，密封剂对工况条件的适应性是决定封堵成败的关键。

模具注胶技术具有以下优势：

（1）带温、带压操作，消除泄漏时不停产；

（2）易燃、易爆区域消除泄漏时不须动火；

（3）不破坏设备或管道的原有结构，新的密封结构易拆除，为以后的设备检修提供方便；

（4）泄漏部位不需做任何处理，即可进行带压密封堵漏，方法简便、操作灵活、安全快捷；

（5）适应性强，应用范围广，几乎适用于所有流体介质的泄漏；

（6）封堵过程简单快捷、施工周期短、工程时效高，具有较高的经济效益和较好的社会效益。

8. 穿管施工——大管穿小管

穿管段的现状管道作为穿管管道的外护管，形成"钢套钢"形式，穿管管道两端采用异径管与原管道相接。为避免内外管之间的摩擦，将端口处内外管道焊接封堵。大管穿小管原理示意图如图 22-8 所示。

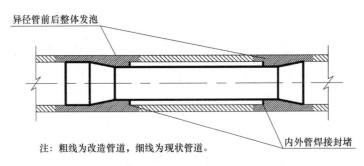

注：粗线为改造管道，细线为现状管道。

图 22-8　大管穿小管原理示意图

该技术适用于管道漏点位于开挖困难地点，如道路、占压建筑物等，该段直管段存在可开挖地点或检查室，方可进行穿管施工。穿管施工只能作为临时措施，管道不能长期运行使用，供暖结束具备修复条件后需进行翻修。

管道的供热能力受到管道口径的限制，因此，在穿管施工前需核实该段管道所带供热面积，穿管管道满足供热能力方可进行施工，且穿管口径宜选用比现状管道小一号口径。

22.2.2　应用现状及存在的问题

（1）管网出现泄漏时，抢修人员根据现场环境及施工条件、故障特点和紧急程度等采取相应的堵漏技术。到目前为止，还缺少高效、安全及便捷的带压堵漏抢修技术。现场泄压放水，抢修后还需补水升压，整个过程时间长、水资源浪费，紧急情况补水水质得不到保证，不仅影响抢修的效率，也导致能耗增加，资源浪费。

管道快速堵漏技术的适用范围和优缺点对比如表 22-1 所示。

管道快速堵漏技术对比　　　　　　　　　　　　　　表 22-1

技术名称	方法或使用设备	适用边界条件	优点	缺点
塞孔堵漏	1. 捻缝法 2. 塞楔法 3. 螺塞法	砂眼和小孔等缺陷的堵漏，漏点周边管道完好	操作简单	只适用于砂眼等小的漏点
带水焊接堵漏	1. 捻缝法 2. 带水焊接专用设备直接焊接	1. 管壁厚度在 6～8mm 的裂口型漏点 2. 在静压漏水情况下，壁厚在 4mm 以上的管道漏点	1. 可带水抢修焊接 2. 减少放水经济损失 3. 节省时间	1. 厚度 4mm 以上，严重腐蚀不适用 2. 静压漏水 3. 对焊接人员技术要求高
带压焊接堵漏	1. 直焊法 2. 间焊法 3. 焊包法 4. 焊罩法 5. 逆焊法 6. 综合堵漏法	适用于焊接性能好，介质温度较高的管道。 不适用于易燃易爆的场合	不停运放水、快速、不影响供热	临时性的应急措施，须通过其他手段或者必要的检修来处理，在管线检修时，应将堵漏部分用新管加以更新
管道贴补堵漏	电焊机、发电机、瓜皮、抱卡	1. 管道壁厚小于 3cm 不适用 2. 补面长度 10～30cm 3. 管道设备上不允许加瓜皮 4. 漏水点小，周边管道完好 5. 贴补面的厚度≤5mm	抢修速度快	适用于管道漏点较小的堵漏
缠绕带堵漏	1. 快速止漏捆扎带 2. 带压堵漏自融胶带配合钢带封堵	1. 适用于二次管线、独网小锅炉管线及户内管线，直管、弯头处的砂眼，金属管道、非金属管道 2. 适用于一次、二次管线砂眼封堵	1. 快速止漏捆扎带快速、不需借助任何设备，操作简单，既可以堵漏又可防腐。 2. 带压堵漏自融胶带配合钢带封堵需配合钢带增加抗压能力	1. 快速止漏捆扎带适用于二次管线、独网小锅炉管线及户内管线的处的砂眼。 2. 带压堵漏自融胶带配合钢带封堵的方式只适用于一次、二次管直管段砂眼使用
抱卡堵漏	分铸铁或钢质材质，有管身与接口两种型号	口径 DN100～DN1800，一次、二次热力管道、换热站、锅炉房的管道快速连接和快速修补。抱卡与管道固定受力位置的管道需完好	可以有效的防止酸碱的腐蚀，使用寿命更长。不锈钢板可以跟随管道变形而紧贴管道表面进行密封。外壳可拼接、扩展，应用灵活	管口必须在一个轴线上，高差或水平差不能太大。 橡胶密封圈与"哈夫节"结合部密封槽的连接不够紧密，在不停水带压施工的情况下，时有被水压"挤"出哈夫节密封槽的情况发生

技术名称	方法或使用设备	适用边界条件	优点	缺点
模具注胶堵漏	设备： 1. 模具 2. 密封剂	直管段、法兰、阀门填料函、三通、弯头等的泄漏密封。适用于－180～800℃、－0.1～35MPa 的工况下。 管道壁厚低于 3mm 时，不适用	1. 带温、带压操作 2. 不须动火 3. 不破坏设备或管道的原有结构 4. 泄漏部位不需做任何处理，即可进行带压密封堵漏	管材腐蚀严重，且管道壁厚低于 3mm 时，不适用此方法
穿管施工——大管穿小管	电焊机； 发电机； 钢管； 异径管	管道漏点位于直管段，且管道缩径后满足供热	开挖困难、特殊条件修复	供热能力受到管道口径限制，在穿管施工前需核实该段管道所带供热面积，穿管管道满足供热能力方可进行施工

（2）城区内的直埋供热管线存在被占压的情况，不仅给供热管网带来安全隐患，而且给管网的维修维护、管道更换带来极大的不便。在出现应急抢修时也影响了抢修技术的实施。

（3）大量地下工程建设穿越供热设施，极易对既有供热设施造成不良影响，直接影响供热设施的安全和正常运营。由于热力管道的特点是其输送的介质温度高、压力大、流速快，在运行时会给管道带来较大的膨胀力和冲击力，因此其爆裂具有极大的破坏性。从供热设施事故可以看出，其爆裂后产生的社会影响和财产损失，并不亚于排水设施破坏、道路坍塌、桥梁破坏及地铁停运而造成的损失。地下供热管线中被穿越破坏的情况时有发生，不仅给管网带来非常大的安全隐患，有的甚至造成非常大的损失和恶劣的社会影响。

随着城市化进程的发展，出现大量的地下工程，如地铁工程、工民建的基坑工程以及市政设施中的电力、燃气、给水排水、供热工程等等，这些工程往往邻近既有的供热设施，势必会对既有供热设施造成不良影响，易出现检查井结构变形破坏、管道结构开裂、管道变形破坏、补偿器失效等现象，甚至发生爆裂，直接影响供热设施的安全及正常运营。

新建地下工程在穿越供热设施时，会引起供热设施结构的附加变形，如果附加变形值超过一定范围，就会导致热力补偿设备作用失效，发生不同心和非正常变形，严重时可能会撕裂、崩漏，直接影响了供热管网正常运行，更会对邻近的施工人员造成很大的人身伤害。

（4）管线产权不清问题将影响管网的安全运行。城区内的部分二次管网产权不清，导致管理不到位、检修不及时，存在很大的安全隐患。

22.2.3　提升建议

（1）加大非法占压地下管线处置力度，解决管网运行隐患。建议相关部门严格地下管线管理，对非法占压地下管线行为进行限定及处置，以保证企业能及时、有效、合法对地下管线进行日常运行巡检、维护和消除隐患，确保地下供热管网安全、稳定运行。

（2）继续大力推进地下管线消隐工程，加大资金支持力度。地下管线消除隐患工程是一项涉及民生、城市生命线安全运行的重要系统工程，建议相关部门加大资金投入力度，加快整治步伐，彻底消除地下供热管线的隐患。希望政府能够出台延续政策并提高消隐改造资金支持比例，以缓解企业资金压力。

（3）供热管网具有高温、高压的特点，一旦出现管网爆裂的安全事故，不仅威胁百姓的生命安全，还将产生不良的社会影响。在寒冷地区冬季运行的管网，如果受损管网不能及时修复，还可能出现被冻裂的风险。近年来，媒体上常有城市供热管网出现爆管的事故。由于直埋管网埋于地下，是隐蔽工程，出现问题很难发现，所以，为防患于未然，建议提前对供热管线进行安全评估，对存在安全隐患的管网及时采取措施，防止或减少突发事故的发生。即采用安全系统工程原理和方法，对工程、系统中存在的危险、有害因素进行辨识与分析，判断工程、系统发生事故和职业危害的可能性及其严重程度，并根据评估结果采取相应的措施，保证管网的安全运行。

第九篇 借 鉴 篇

第 23 章 丹麦热力管道管理

23.1 区域供热发展历程

20 世纪 70 年代，受石油危机的影响，丹麦急需摆脱对进口能源的过度依赖，提高能源系统能效被提上了议事日程。20 世纪 70 年代末丹麦出台了第一个长期能源规划，丹麦能源署相应诞生，并发布了区域供热法令。自 20 世纪 80 年代开始，丹麦推行全国范围内的供热规划，在全国划分出不同区域以确保建立高效的、低排放的区域供热系统。自 1984 年起，丹麦北部海域天然气生产启动，丹麦的供热燃料从进口转向国内自产燃料，同时推行热电联产政策、启动能源税，确保能源系统的整体能效。自 1990 年开始，丹麦推行天然气热电厂、生物质燃料以及风能利用，同时对供热法进行修订，推出了新的规划指南，将国家层面的规划下放到市政府，由当地政府在规划时确定燃料选择、热电联产等供热方式。与此同时，从 1992 年开始，丹麦政府为了推进节能、热电联产以及可再生能源的使用，提供了一系列的政府补贴措施。此后可再生能源在发电领域得到大力发展，丹麦的主要城市周边有超过 250 座中小型热电厂得以更换燃料、技术升级并改造。到 21 世纪初，丹麦的区域供热系统开始以克服气候变化、推广可再生能源使用以及提高能效为目标，并提出到 2030 年丹麦的区域能源系统将实现 100% 使用可再生能源的目标。

到 2018 年底，丹麦区域供热已覆盖了 64.5% 的居民住宅，其他住宅约有 9% 采用燃油锅炉供暖，热泵和其他取暖方式约占 11.5%。区域供热热源中，热电厂占比约 66%，锅炉房占 34%。区域供热的燃料使用情况如下：生物质及垃圾占 70%，燃煤 9%，燃油 1%，天然气 19%，电约 1%。

23.2 区域供热发展趋势

丹麦制定的减排目标之一是到 2030 年，区域供热系统不再使用化石燃料，而生物质被视为有限的（从可用性角度）临时燃料，为了实现供热可持续化，丹麦正在寻找其他可再生能源。由可再生能源发电驱动的热泵预计将成为区域供热的主要热源，到 2050 年可能占供热总量 1/3 左右。

目前，丹麦区域供热系统中太阳能热利用强劲增长，特别适用于既有区域供热系统，以及在城镇和村庄周边的较小区域供热系统。现有的热电联产装置有很多已经具备日常储热功能，一些系统配备了季节性储热装置，从而可以将当地区域供热系统中太阳能热利用的份额增加至 40%～50%。

预计到 2050 年，丹麦垃圾焚烧厂将提供稳定的热量供给，可以承担供热基本负荷，供热量可占年度总热量的 1/4。

23.3　哥本哈根市经验

哥本哈根市建立了一个集成的区域供热系统，热量由垃圾焚烧炉（25%）和发电厂（70%）生产，锅炉房只生产 5% 的热量。该系统正在向第四代区域供热转变。

哥本哈根市的区域供热系统主要由 CTR 和 VEKS 两家公司运营。CTR 和 VEKS 拥有的供热输配系统与两个热电联产厂、三个大型垃圾焚烧炉连接，并由 20 个供热公司（由市政府或消费者拥有）进行运营，以保证最优运行与生产。所有供热公司形成很强的合作关系，为哥本哈根用户找到最具成本效益的解决方案。供热公司中，HOFOR 是其中最大的输配公司，其正逐步将运营的蒸汽系统改造为热水系统。

热力输配公司负责供热系统整体生产优化和输配（按小时的生产计划），热源包括热电厂、垃圾焚烧厂，调峰锅炉超过 50 座，以及逐年并入的其他小型供热设施。

热力输配公司现有供热输配系统主要数据如下：

供热面积：7500 万 m^2（室内建筑面积）；

年售热量：8500GWh；

年热力生产量：10000GWh；

热力管道：160km、25bar（最高温度 110℃）；

蓄热设施：三套 24000m^3 的蓄热罐。

该系统正在向第四代区域供热系统过渡，未来规划目标为：

热电厂将完全采用生物质燃料（木屑、稻草等）；

蓄热设施大大增加；

区域供冷系统从 5 个增加到 20 个左右，包括蓄冷设施、季节性蓄冷设施等，与区域供热系统结合进一步提高系统整体效率；

约 1000GWh 的独立燃气锅炉供暖用户将并入区域供热系统；

热力长输系统进一步扩大，再增加两个主要城市；

为了消纳风能的波动性，将采用更多更大的热泵以及电锅炉；

所有蒸汽系统均替换为热水系统；

唯一的一个高温热网（165℃）将替换为低温热网，热电厂的超高温热水将仅提供给工业生产使用；

用户系统进行更新改造，以期进一步降低回水温度（以及所需要的供水温度），从而降低输配热损失。

第 24 章　芬兰热力管道管理

24.1　区域供热系统现状

芬兰的区域供热在全国占有主导地位，区域供热系统覆盖了住宅、商业和公共建筑中的整体市场份额的 46%。其中 88% 的住宅采用区域供热，而独立房屋中也有 8% 采用区域供热。尽管芬兰是一个人口稀少的国家，但区域供热占有的市场份额非常高，很多城市的区域供热市场占有份额超过了 90%。芬兰区域供热的典型特征是在不同地区，其市场份额和未来发展趋势存在较大的差异。芬兰区域供热有 70% 为热电联供，主要燃料包括生物质燃料、泥炭、天然气、煤等。近二十年来，芬兰可再生能源（生物质能约占 85%）供热占比超过 40%，煤在供热领域的使用量逐渐减少。至 2020 年，芬兰区域可再生能源供热占比为 43%，煤占比约为 11%。

电供暖在独立住宅中很受欢迎，但由于近年来越来越多的热泵正在快速增加，电供暖份额有所减少。生物质（木柴）燃料在独立住宅和人烟稀少的农村得到广泛应用。

芬兰的城市化趋势迅速，推动了区域供热业务的增长。平均而言，区域供热的销售额每年增加 1%～2%。由于新建建筑能效高，同时对现有建筑的改造降低了热负荷需求，从 2020 年起，区域供热的销量增速逐步趋于平稳。

尽管供暖需求下降，但预计未来区域供热的市场份额仍然保持增长。2018 年新建建筑计入区域供热系统的占比仍超过了 60%。近年来，芬兰政府致力于实现碳中和，并努力兑现《巴黎气候协定》的承诺，每年投入大量资金推动减少煤炭、石油等化石能源使用量，鼓励利用可再生能源。

近年来，芬兰积极推行供热管网运行安全和节能增效方面的技术应用。芬兰供热管网系统实行较低的运行温度（部分城市回水温度低至 40℃），并采用预热无补偿安装方式，降低了管道应力和应力腐蚀，同时有利于新的热源（如空调系统冷凝热、锅炉烟气余热、工业过程余热、热泵等）以经济的方式输送到热网。芬兰注重供热水质管理，优良的水质减缓了管道内腐蚀速率，减少了失水量（失水量约为循环水量的 0.08%），在降低运行维护成本的同时，提高了供热管线的使用寿命。芬兰热力管道的期望使用寿命大于 50 年，部分在运热力管道使用寿命甚至超过 60 年，每年更换的热力管道占比仅为 0.5% 左右。在供热系统设计方面，芬兰热源供热能力至少留有 20% 的富裕量，以应对用户热负荷的增长，同时供热管网采用相互联通的环状布局，提高了管网运行的可靠性和事故备用性。此外，芬兰充分应用人工智能技术开发供热系统故障预测模型和可视化平台，为供热企业的智能化运营管理提供了技术支撑。

24.2　供热行业发展趋势

　　未来，芬兰政府为实现碳中和，将持续推进供热行业可再生能源的使用。芬兰供热能源结构逐步转型，煤、石油等化石能源使用量将逐步减少，生物质能、锅炉烟气余热、工业余热、热泵等新能源在供热领域的使用量不断增加，形成以可再生能源为主的多能源供给结构。伴随着能源结构的变化，以煤、石油为热源的供热系统将逐步被改造或替代，基于新能源的供热热源、供热管网系统及相关技术和装备将广泛应用。

　　随着人工智能技术、数字孪生模型等前沿技术的不断发展和应用，集成上述技术的供热企业运营管理系统日臻完善，将助力供热企业逐步实现智能化运营维护管理，进一步提高供热管网的可靠性和运行能效，降低运维成本。

24.3　开发智能管网解决方案

　　Silo AI 是北欧最大的私人人工智能实验室，开发了可定制的 AI 驱动的解决方案和产品，可实现城市基础设施、能源和物流智能监控和预测。为提高芬兰分区供热管网的性能、可靠性和能效，Silo AI 启动利用人工智能优化城市管道设施的项目，为城市管道运营商开发数据驱动的智能管网运营优化服务。

　　为了预测管道维护需求和优化管网管理，Silo AI 基于 Bentley iTwin 平台框架开发了智能的管道泄漏预测模型。作为管道泄漏模型的基础，Bentley iTwin 平台将多源数据集成到动态更新的数字孪生模型中，并将其与实景数据、传感器和人工智能相结合，网络运营商无需提供任何额外设备。同时，该模型具备管网运行状态监测、故障诊断和预警、辅助决策等功能，可为供热企业提供智能化的解决方案。

　　该解决方案将 Silo AI 先进的数据分析与 Bentley 基于云的界面相结合，实现了管道数据和资产的简单直观、可访问的可视化技术。通过将先进的数据科学与可视化技术相结合，对供热管网运行数据进行智能分析和诊断，可在供热管网泄漏或运行故障发生前进行预测和准确定位，有助于供热企业及时对供热管网进行维护。在可视化界面中，供热企业可以全面了解供热管网的运行状况，分析和预测运行效果和节能措施，从而优化分区供热中的热平衡及整个管网水流。

　　目前，该解决方案在芬兰区域供热管网中得到推广应用。基于 iTwin 的智能解决方案可预测管道故障、明确维护需求，避免管道泄漏等问题造成不必要的管道损坏、资源浪费和环境破坏，同时通过优化分区供热管网运营方案，将供应温度降低了 3℃，在提高能效的同时，减少了能源消耗，实现了降本增效。

第 25 章　德国热力管道管理

25.1　区域供热发展历程

德国总共有约 340 家供热企业，主要属于各个市政府，1990 年后随着电力市场的开放，一些私营公司也加入了供热行业。为了确保供热的连续性和可靠性，保护用户的权益，市政府可以授予投资方为某些规定区域提供供热运营和服务，而热力公司则必须遵循《区域供热通用条件条例》的有关规定。

近年来，德国采用热泵、生物质以及热电设施余热供暖的独立房屋逐年增加，但独立房屋仍然有大部分采用天然气锅炉取暖。根据欧洲热电协会（EuroHeat& Power）发布的信息，2017 年德国的供热总量达到 49475MW，供热管网总长度达 31610km。德国的供热系统采用了大量的蓄热装置，超过 1000m³ 并投入运行的蓄热设施总容量达 12645MW。

目前，德国供热系统热能主要来源于化石燃料，生物质、垃圾焚烧热回收相对较少。据德国区域供热协会的统计（AGFW，German District Heating Association），截至 2018 年，德国热电联产（CHP）发电厂使用的燃料中，生物质占 6%，垃圾焚烧热回收占 12%，而化石燃料占 82%（天然气占 45%，硬煤占 27%，褐煤占 10%）。供热锅炉房使用的燃料中，天然气占 78%，硬煤和燃油各占 3%；生物质和废热占 13%，其他燃料占 3%。

德国东部和西部的区域供热系统分布比例差别较大，西部地区区域供热所能覆盖的居住建筑约占 13.8%，而东部区域约占 30%。这个差别是由于东部区域普遍推行了区域供热政策，对建筑密集地区敷设供热管网，取消分散小锅炉，将原来大量使用褐煤的小锅炉替代为燃气大锅炉或热电厂，从而大大改善了大气质量。

25.2　相关法规

1. 热电联产法案 2017（KWKG 2017）

热电联产法案于 2017 年 1 月 1 日生效（KWKG 2017）。采用热电联产技术发电的目标为 2020 年达到 110TWh，2025 年达到 120TWh。作为基础法案，该法案规定，电网运营商需要优先采购热电厂电力并进行电力输配及分配。法案规定为热电厂、区域供热/供冷网络（新建和扩建）和能量存储设施（新建和扩建）提供热电附加费。原则上，对于热电联产电力，电网运营商在电力市场价格或热电厂运营商通过销售热电联产电力（仅适用于 100kW 以下的装置）获得的价格基础上支付溢价。这笔溢价的成本可以转移到所有电力客户身上并由其分摊。溢价仅在有限的时间内（有限的满负荷小时数）授予，用于抵消热电厂与传统发电厂相比所需要的更高的投资成本。

2. 促进热力行业可再生能源法案（EEWärmeG）

该法案确定的主要调节手段是规定在新建筑（或根据联邦州意愿，也可包括现有建筑）中在一定程度上使用可再生能源的义务。区域供热本身不被视为可再生能源，但如果大部分热量由可再生能源产生，如至少 50％ 的热量来自热电联产或其他余热或其组合，那么区域供热可被视为替代措施，使用可再生能源的义务被视为已被履行。

3. 节能条例（EnEV）

该条例旨在减少建筑物的供暖和热水能源需求。该条例要求应用整体方法，对涵盖整个建筑、工程系统和使用的主要能源考虑节能措施。例如，可以通过使用更多的保温措施或更高效的工程系统或初级能源技术方案来实现节能目标。该条例总体上反映了基于热电联产的区域供热的效率优势。

德国的联邦经济和能源部和联邦环境部计划对可再生能源供热法（EEWärmeG）和节能条例（EnEV）进行相互调整，将合并为《节能和可再生能源为建筑供冷供热法》（建筑能源法，Gebäudeenergiegesetz，GEG）。

4. 区域供热通用条件条例（AVBFernwärmeV）

该条例为向客户供应区域供热的标准商业条件设定了总体框架，向工业客户供应区域供热不属于该条例的范围。如果使用标准商业条件，连接到区域供热网络的客户有权根据条例中规定的通用条件获得热力供应。另一方面，区域供热公用事业公司只有在客户明确同意的情况下才能偏离这些条件。由于修订后的能效指令和新的可再生能源指令的规定，该条例必须根据消费者保护的新要求进行调整。消费者保护组织也提出了修订的必要性，他们建议在没有考虑区域供热的特点的情况下，简化燃气和电力法规的规定。

25.3　供热热源发展趋势

德国的区域供热在现有建筑存量中的市场份额增长缓慢，但在立法框架的推动下，新建筑的市场份额不断增长。2017 年新建筑中，区域供热的份额约为 8％，但多户住宅的比例则要高得多（2015 年约为 20％，2017 年约为 25％）。热泵是新建筑中第二受欢迎的技术（2017 年约为 35％），然而多户住宅建筑中，热泵排在第三位（约 25％），仅次于区域供热。

德国政府制定了供热转型目标，即到 2030 年，实现 50％ 的可再生能源供热。德国政府要求自 2025 年起，新建供热系统的可再生能源占比必须达到 65％；推进区域供热系统的扩建与低碳发展；扩大热泵使用规模（热泵使用量由 2020 年的约 140 万台增加至 2030 年的 600 万台）。与此同时，德国经济和气候保护部制定了高效供热管网资助计划，明确从 2022 年 9 月起至 2026 年提供 30 亿欧元资助新建供热管网和既有供热管网改造，主要资助新建管网（可再生能源使用量必须大于 75％）、既有管网改造（减少漏损、扩建和去碳化），以及热泵、太阳能供热、地热、余热、储能等供热设施建设和升级。

在未来十年里，区域供热的目标是脱碳、能源结构多样化以及增加可再生能源的部署。热泵、太阳能热能和地热能将发挥更加明显的作用，进一步挖掘新能源、余热的潜力。区域供热系统将更加灵活，能够响应热电联产和电力市场的需求。系统灵活性将成为供热公司的收入来源之一。此外，不同技术的耦合将至关重要，因此热泵、电热装置和蓄热装置的数量将有所增加。

　　未来德国供热设备变化及能效提升将促进以下三方面的技术发展：

　　（1）随着德国区域供热系统的逐步转型，以热泵、太阳能供热、地热、余热等可再生能源或余热为热源的供热系统日益增加，相应的热力管道系统及相关技术也将得到长足发展；

　　（2）随着新能源的使用，德国将采用低温供热系统以减少管道输配热损失，二次管网系统的供水温度在 50～80℃；

　　（3）在用户端采用先进创新的热水制备技术，比如利用回水管部分供热（LowEx 管网）。

25.4　德累斯顿市经验

　　以德累斯顿市（人口 551.072 万）为例，区域供热系统的开发是"德累斯顿西北"项目的一部分。该项目的总体目标是通过改善该地区的城市、经济、环境和社会条件来改善生活条件。整体开发策略之一包括通过扩大区域供热系统、采取更新改进措施来改善该地区的能源平衡。

　　区域供热系统开发分成三个阶段：第一阶段包括主输配线建设，包括连接到 Semper 歌剧院附近的现有区域供热网络、易北河下的 DH 隧道和连接到新学校。第二阶段提供了 Pieschen 和 Leipziger Vorstadt 区与 DH 网络的连接。第三阶段在 Pitschen 和 Leipziger Vorstadt 进行进一步的房屋连接。该项目的二氧化碳减排量预计超过 3300t/a。项目工期为 2017～2020 年，部分资金由欧洲区域发展基金提供。

第 26 章 俄罗斯热力管道管理

26.1 区域供热系统发展历程

在俄罗斯，区域供热被视为不可或缺的社会公共服务或公益。俄罗斯的区域供热起源于苏联时代，拥有世界上规模最大的区域供热系统。早在 1920 年实施的电气化计划就对热电联产和区域供热的一般应用做出了规定。1924 年第一个区域供热系统出现在圣彼得堡，1928 年莫斯科的区域供热系统得以交付。这些早期项目构成了东欧、中亚和东亚（蒙古和中国）等前计划经济体的区域供热系统的背景。

俄罗斯区域供热系统急需现代化改造，近年来已成为区域供热企业的当务之急。据估计，俄罗斯区域供热系统有 70％ 的资产（生产设施和区域供热网络）需要翻新或更换。

目前，俄罗斯大约有 50000 个区域供热系统，全国区域供热系统覆盖率达到了 80％。区域供热系统由 17000 家企业运营，其中 67％ 是国有企业，属于国有或市政府所有。

截至 2019 年，俄罗斯区域供热供应量达到 5537000TJ，区域供热系统管网总长度达 17 万 km。区域供热量主要分配给住宅和公共建筑（约 40％）、工业（约 45％）和其他消费者（约 15％），区域供热量中有 50％ 的热量由锅炉房提供，约 45％ 由热电厂提供。区域供热锅炉效率的平均效率在 70％ 左右，输配管网的平均效率为 75％（25％ 为热损失）。热电厂燃料中，天然气占 75％，煤炭占 20％。

26.2 相关法规

2010 年 7 月 27 日，俄罗斯通过了联邦法律《供热法》，该法为俄罗斯供热行业的纲领性文件。该法出台后，各级管理者开始加强对供热系统安全和质量的关注，供热系统的可靠性明显提高，重大事故发生率显著降低，事故处置也更加高效。

在《供热法》及其他相关法规法令中对区域供热作出了明确规定：

关于供热的联邦法律 #190-FZ（2010）定义了区域供热系统的条件和要求，涵盖了生产、传输、输配以及消费。该法律定义了区域供热系统的开发和运营，并规定了中央和地方政府机构的部门治理职责。此外，法律还规定了供热者、区域供热公司以及最终消费者的权利和义务。

关于区域供热定价的规定：第 1075 号政府法令（2012 年）对定价和电价设定的经济模式进行了规定。

关于节能、提高能源效率和某些立法法案的修正案：联邦法律第 261 号政府法令

（2009）规定了与住宅供暖部门相关的节能措施，包括强制性热量计量和基于能量消耗的计费方式。

关于向公寓和住宅建筑的所有者和用户提供公共服务的第 354 号政府法令（2011年）：提供公共服务的规则，其中包括质量技术法规。

关于在供热服务领域开展活动的社区复合组织和自然垄断实体批准信息披露标准：第1140 号政府令（2009 年）对供热行业参与者活动的信息透明度做出了规定。

26.3　供热热源发展趋势

近年来，为降低供热管网热损失，俄罗斯将热网现代化节能改造作为工作重点，积极推进供热系统现代化改造和建设。比较典型的案例有梅季希热网的现代化改造项目、圣彼得堡热网现代化建设项目、雅库茨克热电厂设备和热网重建及现代化建设项目、下诺夫哥罗德地区以及卡马河锅炉和供热系统现代化项目等。经过改造，俄罗斯各地区逐步开始建成现代化的供热管网。

与此同时，俄罗斯还开展了供热行业信息技术研究及应用，包括基于 CityCom 平台的城市基础设施工程信息化系统研究、区域环状管网与多热源管网可靠性计算方法应用、基于云服务的模型应用、供热分析模型研发与利用等。为提高供热管网运行效率，俄罗斯开展了聚氨酯保温技术、热力管道发泡保温新技术、柔性预制保温塑料管道等新技术新装备研发。

未来，随着供热系统现代化建设进程推进，俄罗斯将逐步对技术落后、设备陈旧、管网热损失严重的供热系统进行升级改造，新技术新装备也将在供热系统中得到逐步应用。相关技术措施如下：

（1）俄罗斯存在大量需要翻新或更换的区域供热设施，未来俄罗斯将在较长一段时间内逐步对既有老旧供热管网等设施进行升级改造，通过改造逐步消除存在运行风险或热损失严重的供热管网设施，供热系统的安全性、稳定性将逐步提升。

（2）俄罗斯将持续推进供热管网可靠性技术、绝热保温技术等新技术研发，形成适用于高温、大管径管网的热力管道装备，进一步降低供热系统的热损失，提高供热管网的运行效率。

（3）物联网、云计算等现代信息技术将在供热管网中逐步得到应用，不断发展成熟的供热系统分析模型、可视化平台等将为俄罗斯供热管网现代化建设提供助力。

26.4　梅季希市经验

梅季希市供热管网的现代化改造是最具代表性的实例之一。梅季希热网是在小型分散式锅炉的基础上建成的。由于得到瑞典国际开发署及世界银行的贷款资助，从 20 世纪 90年代开始，不断对热网进行现代化改造。目前，梅季希热网已成为俄罗斯最先进的集中供热系统之一。

供热管网的主要改造措施包括：

（1）改造的热力管道中有 85％采用了预制直埋的聚氨酯保温管；

（2）多个大型的热源项目连接，提高了供热管网运行的可靠性；

（3）更换了可自动调节的热源燃烧器，提高了锅炉效率，保证锅炉效率不低于 95％。

通过现代化改造，梅季希市供热管网热损失明显降低，供热管网运行成本也随之减少。据文献报道，每改造 1km 供热管网，每年可节约 100 万～120 万卢布。同时，梅季希市考虑利用生物质废弃物作为替代热源，以逐步减少化石能源的使用量。

第十篇 展 望 篇

第 27 章 发展阶段及现状特点

27.1 发展阶段

城市供热管道伴随我国供热事业的发展而发展。我国的集中供热起步于新中国建立初期，之后伴随着供热行业的发展，供热管道主要经历了四个发展阶段。

1. 缓慢发展阶段：1958 年起步至 1978 年

1958 年，北京成立煤气热力公司。当年 9 月，在苏联全面援助下建设的大型高温高压热电厂——北京第一热电厂开始发电。为配合北京第一热电厂的修建，北京于 1958 年开始兴建东郊热力网。1959 年，北京第一条通到市中心区的热力干管铺设工程完工，见图 27-1。这条热力干管全长 10 多千米，从北京第一热电厂出发，贯通东西长安街，为沿途一些重要的公共建筑使用由热电厂供给的暖气和热水创造了条件。

图 27-1 1959 年 10 月 1 日，《北京日报》7 版

之后，东北地区城镇供热陆续开始修建供热管网，但是我国当时的经济力量有限，举步维艰，我国各地城市基础设施落后，以分散供热为主。因此，这二十年间供热管网发展缓慢。

2. 平稳发展阶段：1978 年至 20 世纪 80 年代初期

我国集中供热事业取得国家的高度重视，随着大型国有企业的创建，热电厂、大型锅炉房等的建设数量增加，供热管网建设得到了发展。但在当时我国的经济条件下，集中供热只是存在于少数城市，并未全面普及。截至 1983 年底，三北地区 102 个城市中仅有 17 个城市建立集中供热设施，共敷设供热管道 600 余千米。

3. 飞速发展阶段：20 世纪 80 年代初期至 2002 年

20 世纪 80 年代初期开始，城市的建设和发展不断加快。集中供热逐渐从大型城市向二三线城市普及，这一时期是我国集中供热高速发展的时期，到 2000 年我国市政集中供热面积已有 11.08 亿 m^2，20 年间增长了 30 倍。供热管网的建设规模逐步扩大，各地尤其是东北、华北等气候寒冷的地区的城镇供热管网得到了飞速发展。

4. 高质量发展阶段：2003 年至今

2003 年，建设部、国家发展改革委员会等八部委下发文件《关于城镇供热体制改革试点工作的指导意见》（建城〔2003〕148 号）要求停止福利供热，实行用热商品化、货币化，集中供热市场化进程正式启动，城市集中供热得到快速发展。此后，国家相继发布多项产业政策，推动供热行业向绿色、节能、信息化方向发展。相关政府和供热企业从规划设计上、工程建设上、运行管理上对供热管网的质量控制纳入了一个新的台阶，各类管网新技术应用以及互联网、信息化的发展对中国的供热管网的质量提升起到极大的促进作用。供热管网进入高质量发展阶段。

27.2　现状特点

集中供热以其环保、安全、稳定、高效的优势，是城镇的能源建设现代化水平的重要标志之一。长期以来，中国热电联产集中供热充分发挥能源利用率高、环境效益好、供热质量高、安全可靠等多重优势；锅炉房区域供热也在经过清洁煤炭燃烧、天然气清煤降氮等政策和技术应用改造过程中，为建设节约型社会，实现节能减排发挥了重要作用，而在这个过程中，城镇供热管网承担着热电联产集中供热和锅炉房区域供热系统热媒输送的纽带和"血管"作用，越来越呈现出其重要的特点，并取得了突破性的成绩。

1. 北方地区城市集中供热管网覆盖率和规模居世界第一

自 20 世纪 80 年代以来，随着经济和电力工业的不断发展，北京、兰州、太原、吉林、哈尔滨等城市相继建成了多座热电厂，为工厂和居民提供生产生活所需的热量。在政府政策和资金的支持下，城镇供热行业迅速发展。20 世纪 90 年代，供暖改革开始。随着从计划经济向市场经济的改革进程，供暖的框架从"社会福利"转向"商品属性"和"公共产品"，城镇供热的运作和收费模式也发生了变化，城镇供热行业在提高城市居民生活水平、城市空气质量和提高能源效率方面发挥着重要作用，是中国北方城市的重要基础设施。

随着城市化进程的加快，北方地区城市供暖面积持续增加。根据《中国城乡建设统计年鉴（2021 年）》，集中供暖面积在过去十年增长迅速，2011 年至 2020 年期间年均增长 8.7%。中国拥有世界上最大的集中供热系统，冬季供暖覆盖了我国 15 省市 5 亿人口，占全国人口总数的 40%。全国管道长度达 50.73 万 km，较 2019 年增长 3.93 万 km，增长率约 8.41%；北方县级及以上城市管网覆盖率超过 90%，是世界上热网普及率最高的地区。

2. 供热管网的复杂性世界第一

（1）建设年代不同，质量参差不齐。

纵观中国供热管网的发展历史可以看出，各个城市的集中供热管网的发展序列并非均衡发展，在发展的过程中，城市的性质、地位、气象条件，以及城市的经济建设和能源建设的水平各不相同，因此，尽管截至目前中国集中供热管网的城市覆盖率以及规模居世界第一，但是地下供热管网的建设年代和建设质量水平参差不齐。

（2）供热区域地理气候条件复杂。

中国以秦岭淮河为界分为南北两区，北方采用集中供暖系统，而南方由于新中国成立初期的经济情况，不允许建设集中供热设施，这条南北分界线一直沿用至今。而中国的地形西高东低，呈阶梯状分布，山地高原多东西走向，横跨 6 个时区，这使得我国是世界上气候类型最复杂的国家之一，表现出来的气候条件也差异较大。《民用建筑设计统一标准》GB 50352 中对我国进行的气候区划分中，建筑气候区划包括 7 个主气候区，20 个子气候区。即使在北方，地区不同的省份，不同的城市，其供热所需要的温度、热量和供热的时间也各不相同，从而使得热力管网的运行参数和运行的时间以及寿命受到不同程度的影响。

（3）热力管网布置类型不同。

城市集中供热管网布置与热媒种类、热源与热用户相互位置有一定的关系，其布置需考虑系统的安全性和经济性。城市供热系统的特点是热用户分布区域广、分支多。在管网发生事故时，通常允许有若干小时的停供修复时间。有些热网为提高供热可靠性和应对供热发展的不确定性，在规划设计时就将热网像市政给水管网一样成网格状布置，但这样存在一定的问题，热网水力工况和控制得十分复杂，同时网格状管网投资非常高。在城市多热源联合供热时，有些规划设计时将热网主干线设计成环，管网环状布置，用户管网是从大环网上接出的枝状管网，这种布置方式具有供热的后备性能，运行安全可靠，但热网水力工况和控制得也比较复杂，投资很高。

（4）敷设方式多种多样。

供热管网的敷设从位置上来说，既有地上架空敷设，又有地下敷设。地下敷设又分暗挖敷设和明开敷设。明开敷设又分直埋敷设和地沟敷设。地沟敷设又分通行地沟、半通行地沟和不通行地沟。

不同的敷设方式，钢管外保温层的材料又各不相同。地沟里敷设的供热管的保温材料多用岩棉材料，这种岩棉材料属于软质材料，使用中易沉降，发生上薄下厚的现象，遇水还会脱落，直接影响保温效果；直埋管道的保温一般采用钢管外直接发泡将聚氨酯包在管道外面的方式，这种保温方式使得保温材料与钢管成为一体，保温效果远优于岩棉保温，但是聚氨酯发泡材料的最高使用温度需低于120℃，否则极易碳化脱落，严重影响管网的保温，甚至腐蚀管网。

3. 多热源联网水力平衡技术和远距离、超大口径管道的输送技术国际领先

通过地下供热管网与多种热源进行连接，可以使得供热热源互为备份，从而有效提高了供热保障的安全性。由于我国大中型城镇中人口多、建筑密度大，需要的热负荷高，经

过多年的实践，在供热运行调度时解裂运行、互为补充的水力平衡技术及功能，已经形成了中国供热的特色。

　　集中供热最早是在 18 世纪从美国发展起来的，由于当时科技水平和制造技术的限制，锅炉供热容量小，效率低，污染物排放量大，供热系统的规模较小，供热管网的距离较短，供热参数较低，且绝大多数热源厂建在城市人口密集区，供热范围极为有限。随着经济的快速发展，科学技术的进步，新型设备材料的发明，设在城市人口密集区的小锅炉房被拆除，取而代之的是远离城市人口密集区的大型高效环保的热源厂，使城市集中供热系统逐步向大规模长距离高参数的方向发展。

　　近年来生态环保已越来越引起社会各界的广泛关注，供热行业出于环保节能和降本增效的角度考虑，一方面积极推进城区内的燃煤锅炉房实施燃气改造另一方面积极探索新型供热模式，以城市周边 50～80km 长距离以外的火电机组发电厂的余热为热源进行长输管网的供热。这项供热技术，把电厂的余热，通过长输供热管网输送到城市内部，替代燃煤锅炉的供热，有效地解决了小散乱的燃煤锅炉供热的污染问题；通过中继泵站和隔压站的设计解决了管网大尺度的高压落差问题；通过在长输管网中设置合理的储热蓄热装置，解决了管网动态运行时水锤带来的潜在风险；通过在城区用户末端使用大温差换热器的技术，使得长输管网的一次回水温度降到 20℃ 以下，从而解决了长距离、远输送、大口径供热管网的输送经济性问题。

　　为了实现城镇的清洁供热，引入 50 或 70km 以外的远郊电厂的余热，通过大温差运行的常输管线，远距离地向主城区大热网输配从而替代城区内的燃煤锅炉房，或者污染较高的零散供热是解决城镇集中供热的行之有效的措施和方法，这一供热技术已经成为国际领先的超大口径管网输送技术。

第 28 章　面临的挑战及展望

28.1　面临的挑战

实现"碳达峰碳中和"是一场广泛而深刻的经济社会系统变革，城镇供热作为我国建筑领域尤其是北方地区重要的能源基础保障在新的形势下也将面临前所未有的困难和挑战。目前，我国总建筑面积为 650 亿 m^2，预计到 2050 年时，中国的建筑面积还会再增加 30%，总面积将接近 850 亿 m^2。过去十年，中国北方的集中供暖面积增加了两倍，随着城镇化的持续发展，预计至 2030 年城镇供热面积将由 2020 年的 123 亿 m^2 分别增加至 200 亿 m^2 和 240 亿 m^2。

按照目前 2020 年全国集中供热能耗强度计算，预计至 2030 年，我国集中供热面积总供热量约需 64.9 亿 GJ，折合标准煤 2.21 亿 t，二氧化碳排放 6.13 亿 t；2060 年，我国集中供热面积达到 240 亿 m^2 时，总供热量约需 77.9 亿 GJ，折合标准煤 2.665 亿 t，二氧化碳排放 7.35 亿 t。可见供热能耗总量增长呈刚性趋势，节能减排形势严峻，如不采取科学的技术路径和有效的政策措施，未来 2030 年和 2060 年供热能耗和排放将比 2020 年分别增加 62.6% 和 95.1%，给碳达峰和碳中和目标的实现带来巨大压力。

随着我国城镇化快速发展和城乡居民生活水平的提高，我国城镇供热面临三大难题：一是碳达峰碳中和对清洁取暖、减碳减排、建设生态文明等方面提出更高的要求；二是全国供热的需求总量逐年增大，除了北方城镇冬季供热以外，农村地区和南方区域对冬季供热也有强烈需求；三是人们对冬季供热的期望值由传统的"保障型"供热向新型的"舒适型"供热提升。

由于历史原因，我国供热行业起步晚、底子薄，发展至今仍然存在很多问题。特别是北方城镇集中供热系统，供热能耗占北方地区建筑领域能耗近 50%，占北方地区全社会能耗 8%，远落后于同等气候条件下发达国家的供热能耗水平。尽快确定一条未来升级转型发展的科学路径，进一步完善供热相关的政策和措施，避免在发展过程中走弯路，是眼前的当务之急。

28.2　发展展望

28.2.1　科学规划，稳步发展

随着城市管理各方面的科学化和精细化推进，城市热力管网的规划和建设水平将稳步提升。各地将依据城市总体规划组织编制地下管线综合规划，对各类专业管线进行规划，且城市地下管线综合规划，应注重与地下空间、道路交通、人防建设、地铁建设等规划的

衔接和协调，并作为控制性详细规划和地下管线建设规划的基本依据。长期以来地下管线领域"重建设、轻管理"的现象将全面改善，科学的规划将为地下热力管道的发展打开新的局面。

28.2.2　科技引领打造智慧供热管网

随着现代技术的发展，越来越多的技术手段将在城市供热行业得到深入的应用，通过科技的引领增强城市供热行业的发展活力，深挖发展潜力，打造城镇智慧供热管网。基于物联网、自控技术、电子技术、人工智能、大数据、数字孪生等技术，构建新智能化的热力管网平台，实现城市热力管网的运行状态实时监测、安全隐患可见可控、事故预测预警科学精准、应急处置联动高效，全方位确保管网安全、平稳、高效运行。

28.2.3　成为绿色供热的输送纽带

城市热力管道将成为未来清洁低碳、绿色供热的能源输送纽带。在城市大规模覆盖集中供热管网的基础上，集中供热管网逐步向可再生能源管网延伸、耦合，以新型供热管网的互联互通实现多种能源的互联互通。各种新材料、新工艺都将在供热领域得到发展，全力促进供热管网的发展。

28.2.4　接轨国际供热管网质量水平

近期，由中国牵头的国际标准化组织供热管网技术委员会（ISO/TC 341）获得国际标准化组织技术管理局（ISO/TMB）批准成立。ISO/TC 341 是我国住房城乡建设领域在国际标准化组织（ISO）申报成立的首个技术委员会（TC），目前中国秘书处组织来自 9 个国家 12 名专家组成了战略业务计划（SBP）编写组，经过多次国际会议讨论和修改完善，完成了 SBP 的编写工作，并通过了成员国 CIB 投票，成功构建了国际供热管网标准体系。它的建立标志着中国供热管网国际标准化工作进入到新的阶段。未来，中国供热管网将全面对接国内国际供热标准化工作，接轨国际供热管网质量水平，逐步实现中国供热管网走向国际化先进水平。

附录 4　相关法律法规列表

附表 4-1　热力管道国家层面法律法规

序号	法律法规名称	颁布机构	首次颁布时间	最新版实施时间
1	《中华人民共和国突发事件应对法》	全国人民代表大会常务委员会	2007 年 8 月 30 日	2007 年 11 月 1 日
2	《中华人民共和国特种设备安全法》	全国人民代表大会常务委员会	2013 年 6 月 29 日	2014 年 1 月 1 日
3	《中华人民共和国劳动法》	全国人民代表大会常务委员会	1994 年 7 月 5 日	2018 年 12 月 29 日
4	《中华人民共和国城乡规划法》	全国人民代表大会常务委员会	2007 年 10 月 28 日	2019 年 4 月 23 日
5	《中华人民共和国消防法》	全国人民代表大会常务委员会	1998 年 4 月 29 日	2021 年 4 月 29 日
6	《中华人民共和国安全生产法》	全国人民代表大会常务委员会	2002 年 6 月 29 日	2021 年 9 月 1 日
7	《国务院关于特大安全事故行政责任追究的规定》	中华人民共和国国务院	2001 年 4 月 21 日	2001 年 4 月 21 日
8	《建设工程安全生产管理条例》	中华人民共和国国务院	2003 年 11 月 24 日	2004 年 2 月 1 日
9	《特种设备安全监察条例》	中华人民共和国国务院	2003 年 3 月 11 日	2009 年 1 月 24 日
10	《生产安全事故报告和调查处理条例》	中华人民共和国国务院	2007 年 4 月 9 日	2007 年 6 月 1 日
11	《民用建筑节能条例》	中华人民共和国国务院	2008 年 8 月 1 日	2008 年 10 月 1 日
12	《电力安全事故应急处置和调查处理条例》	中华人民共和国国务院	2011 年 7 月 7 日	2011 年 9 月 1 日
13	《安全生产许可证条例》	中华人民共和国国务院	2004 年 1 月 13 日	2014 年 7 月 29 日
14	《公共机构节能条例》	中华人民共和国国务院	2008 年 8 月 1 日	2017 年 3 月 1 日
15	《生产安全事故应急条例》	中华人民共和国国务院	2019 年 2 月 17 日	2019 年 4 月 1 日

附表 4-2　热力管道相关地方层面法律法规

序号	省（自治区、直辖市）	地方性法规	最新实施时间
		主要省份	
1	黑龙江	《黑龙江省城市供热条例》	2021 年
2	河北	《河北省城市地下管网条例》	2015 年
3		《河北省供热用热管理规定》	2022 年

序号	省（自治区、直辖市）	地方性法规	最新实施时间
4	山东	《山东省供热条例》	2021 年
5	吉林	《吉林省城市供热条例》	2021 年
6	辽宁	《辽宁省城市供热条例》	2022 年
7	陕西	《陕西省城市地下管线管理条例》	2013 年
自治区			
8	宁夏	《宁夏回族自治区供热条例》	2012 年
9		《宁夏回族自治区城镇地下管线管理条例》	2017 年
10	内蒙古	《内蒙古自治区城镇供热条例》	2022 年
11	新疆	《新疆维吾尔自治区城市供热供水供气管理办法》	2007 年
直辖市			
12	北京	《北京市供热采暖管理办法》	2010 年
13	天津	《天津市供热用热条例》	2018 年
14		《天津市地下空间规划管理条例》	2018 年

附录 5　相关国家标准、行业标准列表

附表 5-1　热力管道相关国家标准

序号	标准名称	标准编号
1	蒸汽供热系统凝结水回收及蒸汽疏水阀技术管理要求	GB/T 12712—1991
2	冷热水系统用热塑性塑料管材和管件	GB/T 18991—2003
3	冷热水用交联聚乙烯（PE-X）管道系统　第1部分：总则	GB/T 18992.1—2003
4	城镇供热用换热机组	GB/T 28185—2011
5	城镇供热管道保温结构散热损失测试与保温效果评定方法	GB/T 28638—2012
6	城镇供热预制直埋保温管道技术指标检测方法	GB/T 29046—2012
7	高密度聚乙烯外护管硬质聚氨酯泡沫塑料预制直埋保温管及管件	GB/T 29047—2021
8	热量表	GB/T 32224—2020
9	城镇供热服务	GB/T 33833—2017
10	城镇供热用单位和符号	GB/T 34187—2017
11	硬质聚氨酯喷涂聚乙烯缠绕预制直埋保温管	GB/T 34611—2017
12	城镇供热系统能耗计算方法	GB/T 34617—2017
13	城镇供热预制直埋保温阀门技术要求	GB/T 35842—2018
14	城镇供热管道用球型补偿器	GB/T 37261—2018
15	高密度聚乙烯外护管聚氨酯发泡预制直埋保温钢塑复合管	GB/T 37263—2018
16	城镇供热用焊接球阀	GB/T 37827—2019
17	城镇供热用双向金属硬密封蝶阀	GB/T 37828—2019
18	城镇供热　玻璃纤维增强塑料外护层聚氨酯泡沫塑料预制直埋保温管及管件	GB/T 38097—2019
19	城镇供热　钢外护管真空复合保温预制直埋管及管件	GB/T 38105—2019
20	热水热力网热力站设备技术条件	GB/T 38536—2020
21	城镇供热直埋管道接头保温技术条件	GB/T 38585—2020
22	城镇供热保温管网系统散热损失现场检测方法	GB/T 38588—2020
23	工业低品位余热集中供热系统技术导则	GB/T 38680—2020
24	城镇供热设施运行安全信息分类与基本要求	GB/T 38705—2020
25	高密度聚乙烯无缝外护管预制直埋保温管件	GB/T 39246—2020
26	城镇供热保温材料技术条件	GB/T 39802—2021
27	保温管道用电热熔套（带）	GB/T 40068—2021
28	聚乙烯外护管预制保温复合塑料管	GB/T 40402—2021
29	锅炉房设计标准	GB 50041—2020

序号	标准名称	标准编号
30	太阳能供热采暖工程技术标准	GB 50495—2019
31	城镇供热系统评价标准	GB/T 50627—2010
32	民用建筑供暖通风与空气调节设计规范	GB 50736—2012
33	供热系统节能改造技术规范	GB/T 50893—2013
34	城市供热规划规范	GB/T 51074—2015
35	燃气冷热电联供工程技术规范	GB 51131—2016
36	供热工程项目规范	GB 55010—2021

附表 5-2　热力管道相关行业标准

序号	标准名称	标准编号
1	供热用手动流量调节阀	CJ/T 25—2018
2	城镇供热管网工程施工及验收规范	CJJ 28—2014
3	供热术语标准	CJJ/T 55—2011
4	供热工程制图标准	CJJ/T 78—2010
5	城镇供热直埋热水管道技术规程	CJJ/T 81—2013
6	城镇供热系统运行维护技术规程	CJJ 88—2014
7	城镇供热直埋蒸汽管道技术规程	CJJ/T 104—2014
8	城镇供热管网结构设计规范	CJJ 105—2005
9	城镇地热供热工程技术规程	CJJ 138—2010
10	城镇供热系统节能技术规范	CJJ/T 185—2012
11	城市供热管网暗挖工程技术规程	CJJ 200—2014
12	城镇供热系统抢修技术规程	CJJ 203—2013
13	城镇供热系统标志标准	CJJ/T 220—2014
14	供热计量系统运行技术规程	CJJ/T 223—2014
15	城镇供热监测与调控系统技术规程	CJJ/T 241—2016
16	供热站房噪声与振动控制技术规程	CJJ/T 247—2016
17	城镇供热直埋热水管道泄漏监测系统技术规程	CJJ/T 254—2016
18	热力机械顶管技术标准	CJJ/T 284—2018
19	热量表检定装置	CJ/T 357—2010
20	城市供热管道用波纹管补偿器	CJ/T 402—2012
21	高密度聚乙烯外护管聚氨酯发泡预制直埋保温复合塑料管	CJ/T 480—2015
22	城镇供热管道用焊制套筒补偿器	CJ/T 487—2015
23	隔绝式气体定压装置	CJ/T 501—2016
24	燃气锅炉烟气冷凝热能回收装置	CJ/T 515—2018
25	火力发电厂热电联产供热技术导则	DL/T 2087—2020

序号	标准名称	标准编号
26	供热计量技术规程	JGJ 173—2009
27	太阳能供热系统实时监测技术规范	NB/T 10153—2019
28	地热供热站设计规范	NB/T 10273—2019
29	农村住宅多能互补供热系统通用要求	NB/T 10773—2021
30	风电清洁供热可行性研究专篇编制规程	NB/T 31114—2017
31	生物质成型燃料供热工程可行性研究报告编制规程	NB/T 34039—2017
32	生物质锅炉供热成型燃料工程运行管理规范	NB/T 34064—2018

附录6 规 范 性 文 件

附表6 热力管道相关国家规范性文件

序号	发文机关	规范性文件名	发文文号	发布日期
1	中共中央 国务院	中共中央 国务院印发《关于进一步加强城市规划建设管理工作的若干意见》	—	2016年2月6日
2		《中共中央 国务院关于完整准确全面贯彻新发展理念做好碳达峰碳中和工作的意见》	—	2021年9月22日
3	中共中央办公厅国务院办公厅	中共中央办公厅 国务院办公厅印发《关于推进城市安全发展的意见》	—	2018年1月7日
4		中共中央办公厅 国务院办公厅印发《关于推动城乡建设绿色发展的意见》	—	2021年10月21日
5	国务院	《国务院关于加快发展节能环保产业的意见》	国发〔2013〕30号	2013年8月12日
6		《国务院关于加强城市基础设施建设的意见》	国发〔2013〕36号	2013年9月6日
7		《国务院关于印发大气污染防治行动计划的通知》	国发〔2013〕37号	2013年9月13日
8		《国务院关于深入推进新型城镇化建设的若干意见》	国发〔2016〕8号	2016年2月6日
9		《国务院关于加快建立健全绿色低碳循环发展经济体系的指导意见》	国发〔2021〕4号	2021年2月22日
10		《国务院关于印发2030年前碳达峰行动方案的通知》	国发〔2021〕23号	2021年10月26日
11	国务院办公厅	《国务院办公厅关于加强基层应急队伍建设的意见》	国办发〔2009〕59号	2009年10月18日
12		《国务院办公厅关于转发发展改革委住房和城乡建设部绿色建筑行动方案的通知》	国办发〔2013〕1号	2013年1月6日
13		《国务院办公厅关于印发突发事件应急预案管理办法的通知》	国办发〔2013〕101号	2013年11月8日

序号	发文机关	规范性文件名	发文文号	发布日期
14		《国务院办公厅关于印发大气污染防治行动计划实施情况考核办法（试行）的通知》	国办发〔2014〕21号	2014年5月27日
15		《国务院办公厅关于加强城市地下管线建设管理的指导意见》	国办发〔2014〕27号	2014年6月14日
16		《国务院办公厅关于推进城市地下综合管廊建设的指导意见》	国办发〔2015〕61号	2015年8月3日
17		《国务院办公厅关于印发国家大面积停电事件应急预案的通知》	国办函〔2015〕134号	2015年11月13日
18		《国务院办公厅转发国务院国资委、财政部关于国有企业职工家属区"三供一业"分离移交工作指导意见的通知》	国办发〔2016〕45号	2016年6月11日
19		《国务院办公厅关于全面推进城镇老旧小区改造工作的指导意见》	国办发〔2020〕23号	2020年7月20日
20		《国务院办公厅转发国家发展改革委等部门关于清理规范城镇供水供电供气供暖行业收费促进行业高质量发展意见的通知》	国办函〔2020〕129号	2021年1月6日
21	国家发展改革委	《国家发展改革委关于培育发展现代化都市圈的指导意见》	发改规划〔2019〕328号	2019年2月19日成文
22		《安全生产事故隐患排查治理暂行规定》	国家安全生产监督管理总局令　第16号	2007年12月28日
23	应急管理部	《生产安全事故应急预案管理办法》	国家安全生产监督管理总局令　第88号发布应急管理部令　第2号修正	2016年6月3日公布2019年7月11日修正
24		《高层民用建筑消防安全管理规定》	中华人民共和国应急管理部令　第5号	2021年6月21日公布
25		《城市地下管线工程档案管理办法》	中华人民共和国建设部令第136号	2005年1月7日公布
26	住房和城乡建设部	《住房和城乡建设部关于加强城市地下市政基础设施建设的指导意见》	建城〔2020〕111号	2020年12月30日成文
27		住房和城乡建设部关于印发《供水、供气、供热等公共企事业单位信息公开实施办法》的通知	建城规〔2021〕4号	2021年12月31日
28	自然资源部	《自然资源部关于以"多规合一"为基础推进规划用地"多审合一、多证合一"改革的通知》	自然资规〔2019〕2号	2019年9月17日

序号	发文机关	规范性文件名	发文文号	发布日期
29	生态环境部	环境保护部关于印发《建设项目主要污染物排放总量指标审核及管理暂行办法》的通知	环发〔2014〕197 号	2014 年 12 月 30 日
30		《关于进一步加强产业园区规划环境影响评价工作的意见》	环环评〔2020〕65 号	2020 年 11 月 12 日
31	公安部	《机关、团体、企业、事业单位消防安全管理规定》	中华人民共和国公安部令 第 61 号	2001 年 11 月 14 日
32		公安部关于修改《消防监督检查规定》的决定	中华人民共和国公安部令 第 120 号	2012 年 7 月 17 日
33	国家能源局	《国家能源局关于完善风电供暖相关电力交易机制扩大风电供暖应用的通知》	国能发新能〔2019〕35 号	2019 年 4 月 4 日
34		《国家能源局关于因地制宜做好可再生能源供暖工作的通知》	国能发新能〔2021〕3 号	2021 年 1 月 27 日
35	住房和城乡建设部 教育部 工业和信息化部 公安部 商务部 文化和旅游部 卫生健康委 税务总局 市场监管总局 体育总局 能源局 邮政局 中国残联	《住房和城乡建设部等部门关于开展城市居住社区建设补短板行动的意见》	建科规〔2020〕7 号	2020 年 8 月 18 日
36	住房和城乡建设部 工业和信息化部 国家广播电视总局 国家能源局	《住房和城乡建设部 工业和信息化部 国家广播电视总局 国家能源局关于进一步加强城市地下管线建设管理有关工作的通知》	建城〔2019〕100 号	2019 年 11 月 25 日
37	生态环境部 发展改革委 工业和信息化部 财政部	关于印发《工业炉窑大气污染综合治理方案》的通知	环大气〔2019〕56 号	2019 年 7 月 1 日
38	住房和城乡建设部等 15 部门	《住房和城乡建设部等 15 部门关于加强县城绿色低碳建设的意见》	建村〔2021〕45 号	2021 年 5 月 25 日
39	住房和城乡建设部	《国家发展改革委 住房和城乡建设部关于加强城镇老旧小区改造配套设施建设的通知》	发改投资〔2021〕1275 号	2021 年 9 月 2 日
40	工业和信息化部	《国家发展改革委 工业和信息化部关于振作工业经济运行 推动工业高质量发展的实施方案的通知》	发改产业〔2021〕1780 号	2021 年 12 月 8 日
41	住房和城乡建设部办公厅 国家发展改革委办公厅 财政部办公厅	《住房和城乡建设部办公厅 国家发展改革委办公厅 财政部办公厅关于进一步明确城镇老旧小区改造工作要求的通知》	建办城〔2021〕50 号	2021 年 12 月 14 日

续表

序号	发文机关	规范性文件名	发文文号	发布日期
42	国家发展和改革委员会	《国家机关事务管理局 国家发展和改革委员会关于印发"十四五"公共机构节约能源资源工作规划的通知》	国管节能〔2021〕195 号	2021 年 6 月 1 日
43	发展改革委 能源局 财政部 住房和城乡建设部 环境保护部	关于印发《热电联产管理办法》的通知	发改能源〔2016〕617 号	2016 年 3 月 22 日
44	税务总局	《关于延续供热企业增值税 房产税 城镇土地使用税优惠政策的通知》	财税〔2019〕38 号	2019 年 4 月 3 日
45	市场监管总局办公厅	《国家发展改革委办公厅 市场监管总局办公厅关于加快推进重点用能单位能耗在线监测系统建设的通知》	发改办环资〔2019〕424 号	2019 年 4 月 4 日

参 考 文 献

[1] 孙淼. 集中供暖多热源联网运行系统探讨[J]. 全面腐蚀控制，2019，33(05)：54-56. DOI：10. 13726/j. cnki. 11-2706/tq. 2019. 05. 054. 03.

[2] 李梦沙，李德英. 集中供暖多热源联网运行系统浅析[J]. 区域供热，2013(04)：66-69. DOI：10. 16641/j. cnki. cn11-3241/tk. 2013. 04. 026.

[3] 王玉虎，孙静静，程小松. 关于市政供热管网设计的探讨[J]. 中国资源综合利用，2019，37(05)：194-196.

[4] 虎文翔. 老旧小区改造工程中供热管网改造的探讨[J]. 山西建筑，2021，47(13)：159-160＋165.

[5] 周小炜. 供热改造项目的管网设计研究[J]. 科技风，2019(09)：153.

[6] 王新鲁. 城市供热管网的优化设计策略分析[J]. 中国石油和化工标准与质量，2021，41(11)：69-70.

[7] 孔令军，任传波. 温度胶囊检漏系统在供热管网中的应用[J]. 供热制冷，2018，30-31.

[8] 何旭东，王鋆. 多热源联供方案[J]. 中国仪器仪表，2010(11)：45-48.

[9] 刘晓昂，杨双欢，王晓红. 多热源联网运行优化配置应用实践[J]. 区域供热，2020(06)：59-65.

[10] 邹艾华. 基于GIS的地下管网信息化建设[J]. 工程技术研究，2021，6(08)：178-179.

[11] 曹民生，林庆军. 热熔连接管道施工要点[J]. 建筑工人，2011，32(02)：15.

[12] 唐木正. 保温管用耐热聚乙烯(PE-RTⅡ)管道技术与应用[J]. 橡塑技术与装备，2021，47(12)：38-43.

[13] 住房和城乡建设部工程质量安全监管司. 市政公用工程设计文件编制深度规定：2013年版[M]. 北京：中国建筑工业出版社，2013.

[14] 李志安，张福东，魏耀东. 压力管道设计[M]. 北京：中国石化出版社，2019.

[15] 蔡卫宏. 长距离低能耗输送供热管网技术研究及应用[J]. 节能与环保，2021(11)：94-95.

[16] 李昊泽. 供热管道及设备的保温与防腐措施探讨[J]. 全面腐蚀控制，2022(04)：036.

[17] 袁晓君. 热力管道防腐保温施工技术及质量控制策略[J]. 全面腐蚀控制，2023(07)，37(07)：113-115.

[18] 陈杰，李以通，张成昱，等. 我国集中供热管网维护修复技术发展现状分析[J]. 节能，2020，39(02)：115-118.

[19] 沈旭，白冬军，冯文亮. 城镇地下管网非开挖修复与检测行业市场调研[J]. 机电产品开发与创新，2020，33(05)：56-57.

[20] 冯天强. 浅谈市政管道非开挖修复技术的优势与发展[J]. 四川水泥，2023(08)：88-90.

[21] 姜倩，郑祥玉，秦敬韩. 直埋供热管道泄漏及保温结构破损非开挖检测[J]. 煤气与热力，2021.

[22] 崔耀华. 城市集中供热全网平衡软件介绍[J]. 区域供热，2006(03)：5.

[23] 孙清典，李灿新，杨学敏. 供热管网热平衡调节技术探讨[J]. 建筑节能，2010(07)：3.

[24] 牛小化，宋盛华，王佳，等. 直埋供热管道热网监测系统[J]. 煤气与热力，2008，28(12)：12-15.

[25] 葛斗福，贾孝义. 延长城市集中供热管网使用寿命的阴极保护[J]. 区域供热，1989(4)：21-26.

[26] 李艳芬. 具有防腐保温功能的直埋供热管道系统：CN201710741202.5[P]. CN107300091A[2023-09-17].

[27] 马贵东. 供热管网在污水中呻吟——浅谈新疆昌吉污水浸泡供热管网的现状，成因，危害及解决对策[C]//全国供热管网改造建设研讨会. 中国城镇供热协会；吉林省城镇供热协会，2010.

[28] 常文权. 供热管道冷安装无补偿直埋敷设问题技术探讨[J]. 工业 C，2016，(06)：86-87.

[29] 卢小莉，周璇，闫晓钰. 供热管线防腐蚀因素及防护策略分析[J]. 建筑学研究前沿，2016，(06)：86-87.

[30] 王艳霞，徐栋，刘克会. 城镇供热管道隐患辨识研究[J]. 安全，2019，40(06)：33-37.

[31] 赵振新，于海波. 浅谈供热管道的直埋敷设[J]. 林业科技情报，2009，41(03)：62-63.

[32] 袁娜. 热水管道直埋敷设研究[D]. 西安：西北大学，2007.

[33] 荣晓飞. 直埋敷设技术在热力管道施工中的应用分析[J]. 科学经济导刊，2020，28(22)：47.

[34] 原孝琪. 直埋敷设技术在热力管道施工中的应用[J]. 建筑工程技术与设计，2015，000(017)：183-183.

[35] 冯春. 直埋无补偿冷安装技术在供热工程热力项目的应用[J]. 中国科技纵横，2017(22)：2.

[36] 秦力平. 供热管道直埋敷设技术现状探讨[J]. 鸡西大学学报，2010，10(05)：58-59.

[37] 黄雷. 燃气工程施工中应用非开挖技术[J]. 城市建设理论研究：电子版，2012(3).

[38] 胡光，徐文龙. 非开挖技术在供热管道施工中运用的思考[J]. 区域供热，2017(4)：91-94.

[39] 范红海，李宁，王燕. 超声波探伤在直埋供热管道焊缝检测中的应用[J]. 黑龙江科技信息，2013(2)：23-23.

[40] 李一兵. 磁粉探伤技术在压力容器焊接接头缺陷检测中的应用[J]. 中国设备工程，2023.8.

[41] 张佳祥. 钢制管道缺陷 X 射线数字成像检测技术研究[D]. 杭州：浙江工业大学. 2017.

[42] 林剑锋. 温度胶囊泄漏监测系统在智能化供热运维管理中的应用[J]. 区域供热，2021(3)：8.

[43] 张平. 锅炉管道焊缝液体渗透检测技术[J]. 压力容器，2005，22(2)：5.

[44] 费巍巍，张庆，张志鑫. 长热集团智慧热网管控系统改造工程设计与应用[J]. 区域供热，2018(3)：5.

[45] 侯雅今. 城市供热管网集中检测系统的研究[D]. 河北：河北科技大学，2015.

[46] 关智勇. 大数据技术在供热运行中的应用[J]. 电声技术，2021，45(11)：37-39.

[47] 张浩. 大数据分析在热网优化运行中的应用[J]. 区域供热，2017，4：72-78.

[48] 周强. 集中供热系统的影响因素及运行优化调整[J]. 节能，2021，40(9)：20-22.

[49] 白鹤，杨亚龙，范文强. 大数据分析在供热运行监测和节能领域的应用[J]. 区域供热，2020(3)：5.

[50] 张建杰，盛和群，魏涛，等. 浅谈智慧供热技术在大型供热管网中的应用[J]. 区域供热，2021.

[51] 孙鹏. 计算机 BIM 技术在供热工程管理中的应用浅析[J]. 信息系统工程，2018，8：134-135.

[52] 郭红林. BIM 技术在供热管道顶管施工中的应用[J]. 安装. 2021，10：57-59.

[53] 刘宁，梅传颂. 浅谈北斗卫星导航系统在集中供热系统中的应用[J]. 区域供热，2021，4：6-12.

[54] 李松秒. 基于肯特法的集中供热管网风险评价研究[D]. 哈尔滨：哈尔滨工业大学，2021.

[55] 石兆玉. 供热系统多热源联网运行的再认识[J]. 中国住宅设施，2016(Z3)：43-49.

[56] 刘艳，杨春丽，谭聪，等. 市政供热管线有限空间作业主要危害因素分析及事故预防对策研究[J]. 工业安全与环保，2018，44(06)：90-94.

[57] 禹振国，许明春，王磊，等. 长距离输送热网技术在岳阳电厂供热中的应用[J]. 中国高新技术企业，2016(20)：2.

[58] 张骐，郭伟杰，谷亚军. 芬兰集中供热技术与典型案例[J]. 煤气与热力，2021.

［59］ 赵金玲. 俄罗斯供热发展历史与现状［J］. 暖通空调，2015，45(11)：10-15.

［60］ 有限空间作业安全技术规范 DB64/T 802—2012［S］.

［61］ 城镇供热直埋热水管道技术规程 CJJ/T 81—2013［S］.

［62］ 城镇供热系统抢修技术规程 CJJ 203—2013［S］.

［63］ 城镇供热系统运行维护技术规程 CJJ 88—2014［S］.

编制单位介绍

中国城市燃气协会

中国城市燃气协会（以下简称"协会"）成立于 1988 年 5 月。2021 年被民政部评为 4A 级社会组织，是国内城市燃气经营企业、设备制造企业、科研设计及大专院校等单位自愿参加组成的全国性行业组织，是在国家民政部注册登记具有法人资格的非营利性社会团体。

目前，协会共有 640 家会员单位，会员覆盖全国 31 个省、自治区和直辖市。协会设立 15 个工作机构，包括秘书处、科学技术工作委员会、培训工作委员会、企业管理工作委员会、信息工作委员会、产品管理工作委员会、燃气具专业委员会、液化石油气专业委员会、分布式能源专业委员会、安全管理工作委员会、液化天然气专业委员会、智能气网专业委员会、标准工作委员会、高校工作委员会、燃气用户服务工作委员会。

中国城镇供热协会

中国城镇供热协会（以下简称"协会"）成立于 1987 年 6 月，是经民政部登记注册，由城镇供热企业、有关企业事业单位、社会团体和个人自愿结成的全国性行业协会组织。协会主要职责是：受政府委托，开展供热领域相关法律、法规、行业政策的研究和制订；参与供热相关国家标准、行业标准的制定，组织团体标准的编制、发行及宣传贯彻工作；开展行业数据统计工作以及行业调查，收集整理国内外供热领域发展动态和基础性资料，发布供热行业信息和年度发展报告；开展国内外同行业经济技术交流与合作；开展咨询服务，推进供热行业科技进步和技术改造；组织供热行业业务技能培训工作；组织或参与新技术、新设备、新产品的鉴定和推广应用，推进供热领域节能减排、降本增效；发展供热行业公益事业，开展有益于行业发展的各类公益服务活动。

目前，协会共有单位会员 700 余家，个人会员 105 人，设有供热技术专业委员会、标准化专业委员会、冬冷夏热工作委员会、可再生能源供热供冷工作委员会、农村清洁供热工作委员会、城市能源规划专业委员会、地下综合管廊运营维护专业委员会、供热系统能效评价专业委员会 8 家分支机构。协会日常办事机构为秘书处、财务部、思想文化建设部、企业经营管理部、企业发展策划部、技术咨询部、专用设备部、供热计量工作部 8 个工作部门。

中国测绘学会地下管线专业委员会

中国测绘学会地下管线专业委员会（以下简称"专委会"）是地下管线规划、设计、建设、维护、管理及相关单位自愿组成的公益性社团组织。专委会的宗旨是贯彻执行党和政府的方针政策，遵守宪法、法律、法规，维护行业及相关单位的合法权益，反映委员需求，促进行业的横向联系，发挥政府与行业之间的纽带作用，推动地下管线行业的发展和进步，为我国的城市规划、建设、管理服务。

专委会成立于1996年2月，是原建设部科学技术委员会地下管线管理技术专业委员会。2005年1月，经民政部批准，成建制转入中国城市规划协会，成立中国城市规划协会地下管线专业委员会。2022年6月，成建制转入中国测绘学会，成立中国测绘学会地下管线专业委员会。专委会长期联络着管线行业内著名的专家、学者，并设有专家库，包含130位管线各个领域的专家。现有委员单位700余家，范围涵盖综合管理、权属单位、研究机构、城市勘测、软件服务、检测服务、管廊建设、仪器设备、行业协会、高等院校在内的地下管线全领域。

北京市科学技术研究院

北京市科学技术研究院（以下简称"市科研院"）是北京市人民政府直属的综合性科研事业单位，成立于1984年，2021年通过事业单位改革、企业改制重组，市科研院实现了整体性重构，包括内设机构25个，所属独立法人事业单位6个，以及院属企业12个。拥有国家部委创新平台3个，北京市级创新平台19个。

2014年，市科研院与北京市城市管理委员会联合共建北京地下管线综合管理研究中心。依托市科研院的科研及技术优势，集结国内外地下管线管理、城市管理、公共安全、应急管理等方面的研究力量，跟踪国内外管线管理及实践的前沿，力争建成国内一流的开放式的地下管线综合管理研究平台。近年来，研究团队承担地下管线相关项目100余项，其中国家级项目4项，省部级项目10余项，厅局级项目70余项，其他项目20余项；发表论文50余篇，SCI/EI/ISTP收录20余篇，出版专著4部，获得软件著作权20项；主持或参与编制各类标准20余部。

北京市燃气集团有限责任公司

北京市燃气集团有限责任公司（以下简称"北京燃气集团"）是一个有着60余年历史的国有企业。2006年12月31日，原燃气集团管道天然气业务与非管道天然气业务分立，分立后的北京燃气集团主要从事城市天然气业务，并于2007年5月在香港实现资产上市，截至2022年，燃气供应量220亿 m^3，燃气用户总数达728万余户，燃气管线长度近3.16万 km。

2011年，北京燃气集团成为全国燃气行业首个集团级高新技术企业，并连续四次保持高新技术企业资质。2015年，北京燃气集团荣获行业最高荣誉"詹天佑大奖"。在科技方面，北京燃气集团获得"特大城市燃气管网风险监测与管控关键技术研究与示范"荣誉、中国安全生产协会首届安全科技进步奖一等奖。在信息化方面，北京燃气集团以促发展、促效益为目标，不断扩大创新成果应用，推进创新成果转化，取得管理创新成果奖项。自成立以来，先后获得"北京十大影响百姓生活企业""全国企业文化建设50强""全国五一劳动奖状""首都平安示范单位""首都文明单位""全国模范劳动关系和谐企业""百家重诚信单位"等殊荣。

北京市热力集团有限责任公司

北京市热力集团有限责任公司（以下简称"北京热力集团"）隶属于北京能源集团有限责任公司，是集供热规划、供热设计、供热工程建设、供热设备制造、供热运营管理于一体的国有集中供热企业。

截至2022年年底，管理供热面积5.23亿 m^2，北京市域内供热面积3.48亿 m^2，市域外供热面积1.75亿 m^2；管理热力站6459座，锅炉房592座，热用户368万户。目前，北京热力集团96069供热服务热线为全市16个区9.33亿 m^2、一千余家供热单位，提供全年24小时的供热报修和咨询等服务。北京热力集团拥有5000多名具有中高级职称、掌握现代供热技术的人才队伍。

广州市城市规划勘测设计研究院

广州市城市规划勘测设计研究院（GZPI）创建于1953年，业务涵盖了城市规划、测绘地理信息、建筑设计、市政与景观、岩土工程、工程咨询、工程监理、工程总承包等领域。具有城乡规划编制、工程设计及测绘（含大地测量、测绘航空摄影、摄影测量与遥感、工程测量、界线与不动产测绘、地理信息系统工程、地图编制、互联网地图服务）等甲级资质、检验检测机构CMA资质（含259个检测项目）。

现有员工3000余人，其中，硕士以上学历超过三分之一。全院现有国务院特殊津贴专家2人、省工程勘察大师4人、市优秀专家4人。有正、副高职称的500余人，中级职称700余人，另有各类专业注册师500余人。广州市城市规划勘测设计研究院建院以来获各类科技进步奖、优秀工程勘察设计奖和专利奖超过2000项次，其中国际奖19项、国家奖9项、部级奖448项、省级奖650项、市级奖957项、专利奖5项。该院加挂"广州市地下管线信息管理中心"牌子，负责广州市地下管线信息管理工作。

天津市燃气热力规划设计研究院有限公司

天津市燃气热力规划设计研究院有限公司（以下简称"设计院"）是津燃华润燃气有限公司直属的全资子公司，始建于1976年，具有市政行业（城镇燃气工程）专业甲级、市政行业（热力工程）专业乙级、建筑行业（建筑工程）乙级、特种设备（压力管道设计）许可证等多项资质，并通过质量、环境、职业健康安全管理三个体系认证。

设计院现有各类专业技术人员80余人，其中具有中、高级以上工程师资格的70余人，硕士以上学位的近 20 人，专业面覆盖燃气、热力、电气、自控、建筑、结构、概预算、经济分析等多个专业，拥有国家一级注册建筑师、一级注册结构师、注册公用设备工程师、注册咨询工程师等专业注册人员近 20 人。

中国冶金地质总局地球物理勘查院

中国冶金地质总局地球物理勘查院（中勘地球物理有限责任公司）成立于 1965 年 3 月，是中国冶金地质总局下属的物化探专业特色二级院，主要从事航空物探综合站（磁、放、电、重）测量、高光谱遥感测量、地质物化探综合勘查、生态环境检测评价与修复治理、地质灾害调查评价、化验测试分析、测绘调查、市政工程物探勘察、城市应急及隐患排查治理、电力设备研发制造及运营维护等业务。

中国冶金地质总局地球物理勘查院拥有一批国内、外先进的物探装备，航空大比例尺磁法和放射性以及地面物探技术业内领先，拥有国内最先进的机载高光谱设备，首创了国内直升机支杆航磁测量系统、独有直升机吊挂三轴梯度测量系统，独创了国际领先水平的地球化学构造叠加晕理论、方法、技术；建有院士工作站，拥有国家认监委认证的测试中心。工作区遍布全国 34 个省区市，完成近 350 万测线千米航空物探工作，累计发现十余个超亿吨大型铁矿，140 余个中小型铁矿及多金属矿床，完成 300 多处矿区增储上产；运用独创的"构造叠加晕"技术完成 105 个矿山研究预测，探获金金属量近 400t；发挥综合物探技术方法优势，开展城市地下设施探查、道路安全隐患排查、工程物探勘察等项目。

淄博市热力集团有限责任公司

淄博市热力集团有限责任公司是经市委、市政府批准成立的市属国有企业，于 2020 年 6 月 11 日注册成立，注册资本 2.5 亿元，截至 2021 年底总资产 19 亿元，下辖淄博热力有限公司、淄博市环保供热有限公司、淄博市清洁能源发展有限公司、淄博市热力管网有限公司、淄博市碳生态发展集团有限公司 5 个全资子公司，是中国城镇供热协会常务理事单位，中国城镇供热协会农村清洁供热工作委员会和中国建筑节能协会城镇智慧供热专业委员会副主任委员单位。主营业务为全市城市集中供热供冷的规划、生产、运营，热力管网建设、维护、运营，清洁能源综合开发利用，热力装备制造产品技术研发和生产销售，热力设计和咨询服务，相关领域的投融资和资本运营等。

公司是淄博市规模最大的供热企业，供热区域覆盖淄博中心城区、高新区、经济开发区大部、桓台县西部并逐步向其他区县、功能区延伸，合同供热面积 3500 余万 m²。

杭州咸亨国际精测科技有限公司

杭州咸亨国际精测科技有限公司（以下简称"咸亨国际"），A 股上市企业，成立于 2008 年，是具备线下服务能力的全国性 MRO 集约化供应商。现有员工 1800 余人，下属子（分）公司 70 余家，业务遍及 70 多个国家和地区。

咸亨国际聚焦能源、交通、应急等领域，拥有自建的线上线下平台。咸亨国际打造了咸亨国际电气科技研究院、咸亨国际航空技术研究院、咸亨国际应急科技研究院、咸亨国际院前救护研究中心。

中交城市能源研究设计院有限公司

中交城市能源研究设计院有限公司（原中交煤气热力研究设计院有限公司），始建于1963年，位于辽宁省沈阳市，现隶属于中国城乡控股集团有限公司（中国城乡隶属于世界五百强企业——中国交通建设集团）。拥有市政行业（城镇燃气工程、热力工程）专业甲级；建筑行业（建筑工程）专业甲级；市政公用工程甲级资信；市政行业（燃气工程、轨道交通工程除外）乙级；化工石化医药行业（石油及化工产品储运）专业甲级；石油天然气（海洋石油）行业（管道输送）专业乙级；电力行业（风力发电）专业乙级；市政公用工程施工总承包叁级；压力管道 GA1(1)、GA2、GB1、GB2、GC1(2)、GC2、GC3 级和压力容器 A2 级第Ⅲ类低、中压容器，A3 级球形储罐特种设备设计许可；中国防腐安全证书及中国防腐蚀施工壹级资质证书等多种从业资质。公司于 1999 年通过了 ISO9001 质量管理体系认证，质量管理体系符合 GB/T 19001—2016/ISO 9001:2015 标准要求，是辽宁省高新技术企业、全国 AAA 级信用企业。

公司现有员工 255 人，其中教授级高级工程师 7 人，高级工程师 94 人，工程师 41 人，各类执业及注册人员 70 人。先后完成国家"六五""七五""八五"科技攻关项目。有数十项获得建设部、省、市级科技进步、优秀勘察设计、优秀咨询一、二、三等奖。

郑州热力集团有限公司

郑州热力集团有限公司（原郑州市热力总公司），成立于 1984 年 6 月，2019 年 12 月经市国资委批准，由全民所有制企业改制为国有独资的有限责任公司，注册资本 10 亿元，截至 2022 年 12 月底，企业总资产 137.37 亿元，现有职工 1389 人。

主要经营范围：集中供热、联片供热、供热服务、供热设施运行维护，热力工程设计，市政公用工程，供热设备制造销售，热力工程施工，供热技术开发、咨询，清洁能源利用，环保节能技术开发应用等。

云南大学

云南大学是国家首批双一流和 211 工程重点建设大学，是教育部与云南省"以部为主、部省合建"的全国重点大学，是中西部高校基础能力建设工程、以及云南省重点支持的国家一流大学建设高校，云南大学拥有地理科学、大气科学和地质科学一级学科博士学位授予权。

云南大学地球科学学院（云南省地理研究所）拥有省级创新团队和重点实验室，先后主持承担了国家 973 计划项目、国家自然科学基金重点项目、云南省自然科学基金项目等数十项，研究主题聚焦于全球和地区气候变化、土地利用评价、城乡与国土空间规划、水资源开发利用、生态环境保护与管理、遥感与 GIS 拓展研究等方面。多年来积累的区域气象、自然地理、经济地理、人文地理、城市地质、地理信息科学等专业的科研成果能够提供理论、方法和模型支持。现在拥有科研相关的实验室、仪器设备和相关设施包括：土地利用规划实验室，土壤实验室，地下水环境实验室，气象—水文实习基地，高性能计算机，虚拟现实街景成图系统，无人机、徕卡三维激光扫描仪等硬件设备和 ARCGIS、ENVI 等主流 GIS 和遥感专业软件，拥有通畅的国际国内学术交流渠道、完善的实验环境和优秀的科研人才，可为数据处理、建模、可视化仿真与分析等科研工作提供全方位保障。

北京市公用工程设计监理有限公司

北京市公用工程设计监理有限公司成立于 1974 年，隶属北京控股集团有限公司，是北京北燃实业集团有限公司的全资子公司。公司以城镇燃气、清洁供热、综合能源、新能源等专业技术为核心，为用户提供工程咨询、工程设计、工程监理、工程总承包、造价咨询、招标代理一体的解决方案和综合服务。分别在广东、河北、海南、西北等地成立分公司，积极参与京津冀协同发展、雄安新区、粤港澳大湾区建设、"一带一路"倡议等重大国家战略，业务足迹遍布全国十余个省市地区，并成功迈出国门。

公司成立以来，荣获多项国家、北京市以及行业专业奖项；参与多项国家、行业、地方标准的编制工作；连续数年被行业协会评为建筑设计行业诚信单位、建设行业诚信监理企业。

北京市燃气集团研究院

北京市燃气集团研究院（以下简称"研究院"）成立于 2009 年 12 月 31 日，是北京市燃气集团有限责任公司（以下简称"北京燃气集团"）的专业研发机构，主要开展以燃气为主的清洁能源领域技术研发和各级标准编制的任务。

截至 2022 年底，共有职工 70 人，硕士及以上人员共 56 人，其中硕士人员 45 人，博士人员 11 人。具有中、高级职称人员共 55 名，其中中级职称人员 30 人，高级职称人员 25 人。研究院设有集团博士后工作站，现有进站博士后一名。截至 2022 年年底，累计承担、参与各类项目 204 项，含政府项目 16 项，集团委托项目 185 项，横向委托项目 3 项。代表北京燃气集团主编、参编各级各类标准 106 项，其中国家标准 14 项，行业标准 13 项，地方标准 10 项，团体标准 13 项，企业标准 56 项。取得专利授权 113 项，其中发明专利 20 项；获得软件著作权登记 14 项；发表论文 200 余篇。获得北京市科学技术三等奖 1 项、国家能源局软科学成果二等奖 1 项、北京市安全生产科技成果奖 3 项、北京市企业管理创新成果 6 项、中国职业安全健康协会科学技术一等奖 1 项、华夏建设科学技术奖 1 项、中国腐蚀与防护学会科学技术一等奖 1 项、首都应急管理创新案例创新奖 2 项。

秦皇岛市热力有限责任公司

秦皇岛市热力有限责任公司，成立于 1987 年，是以供热生产为主，供热工程、市政公用工程施工等为辅的国有独资供热企业，具有市政工程施工总承包二级和建筑机电安装工程专业承包三级资质。现供热能力为3031MW，换热站400余座，供热用户达36万户，供热面积4000余万㎡，共计敷设地下供热管线约510km，是秦皇岛市最大的供热企业。

多年来，公司先后荣获第五届"全国文明单位"、国家级"安康杯"竞赛优胜单位、"全国青年文明号""全国供热行业能效领跑者""河北知名品牌""河北省供热行业先进单位""先进基层党组织"等荣誉称号。2020年公司荣获秦皇岛市政府质量奖。2021年，公司被中国建设工程协会授予2020—2021年度全国优秀施工企业。

淄博市清洁能源发展有限公司

淄博市清洁能源发展有限公司是淄博市热力集团有限责任公司全资子公司，按照上级部门及市热力集团公司统一部署，对原权属公司淄博光大防腐保温有限公司、淄博恒晟防腐保温工程有限公司、山东家家暖新能源有限公司和淄博瑞德热力设计有限公司相关资产进行梳理整合，于2020年12月注册成立，注册资本5100万元。

目前拥有省级工程试验室1个，供热专利10余项，中高级技术职称人员20余人，并外聘多名博士生导师作为咨询顾问。

北京市新技术应用研究所有限公司

北京市新技术应用研究所（以下简称"新技术所"）成立于1977年，2000年转制为全民所有制企业，2021年完成国有企业公司制改革，更名为北京市新技术应用研究所有限公司，隶属于北京市科学技术研究院。

新技术所汇集了许多高学位、交叉学科领域优秀人才，现有在岗职工47人，平均年龄35岁，其中博士7人，硕士9人，本科20人，研究生占比34%，本科以上占比76%，高级职称7人，中级和初级职称人数10人。新技术所先后获得省部级以上科学技术进步奖50余项，其中国家级奖项2项，市科技成果奖16项、市科技进步奖24项等。

北京热力装备制造有限公司

北京热力装备制造有限公司于1995年12月在中国北京经济技术开发区注册成立，是北京市热力集团有限责任公司的全资子企业，总投资近两亿元人民币，是北京市级企业科技研究开发机构，国家高新技术企业及中关村高新技术企业。企业历经20多年的发展，热力装备公司目前拥有"豪特耐""伟业"两大品牌。

公司的产品质量、环境、职业健康与安全管理体系通过国际知名认证机构挪威船级社DNV认证。目前拥有发明专利14项、实用新型专利110项、外观设计专利10项、计算机软件著作权8项。主编4项国家标准、1项行业标准及1项团体标准，参编十余个国家、行业及团体标准。

浙江庆发管业科技有限公司

浙江庆发管业科技有限公司主营 PE 电熔管件、热熔管件、球阀、钢塑转换接头等 PE 燃气、给水用管道配件，涵盖 $DN20\sim DN1000$，SDR17～SDR9，数千品种规格。公司拥有各类先进注塑机 42 台及大量数控精加工设备，聚乙烯管件年产能突破 10000t。

公司全面推行 6S 管理，导入 ISO 9001、ISO 14001、ISO 45001 等国际管理体系，通过欧洲 CE 和韩国 KS 认证，检测中心通过国家 CNAS 实验室认可，建设了六级质量管理网络的 MES 管理系统。公司组建工程技术中心，并先后与多所科研院校广泛开展科技合作，获 50 多项国家专利。此外，还积极参与行业规范和标准化建设。